偏光伝搬解析の基礎と応用

ジョーンズ計算法の基礎と偏光干渉，偏光回折，液晶の光学

小野 浩司 著

内田老鶴圃

本書の全部あるいは一部を断わりなく転載または
複写(コピー)することは，著作権および出版権の
侵害となる場合がありますのでご注意下さい．

はしがき

　偏光研究の歴史をひもといてみると，1669 年に Rasmus Bartholin がカルサイト（方解石）でのウォークオフ（結晶を通して見た文字が二重に見える現象）から複屈折を発見していることが第一に挙げられる．さらに 1690 年には，波動伝搬の法則で知られる Christian Huyghens がホイヘンスの原理に基づいて複屈折の説明を行っている．19 世紀には偏光現象の多くが発見され研究が一気に進んだ．1810 年に Etienne-Louis Malus が無偏光の光波をガラスで反射させると偏光することを見いだしている．さらに Malus は偏光子の透過光強度の法則として有名な Malus の法則を提唱している．翌年の 1811 年には François Arago が光学活性物質中を伝搬する光波の偏光面が回転する施光性を見いだしている．1828 年には William Nicol が方解石結晶を貼り合わせることによる偏光子（ニコルプリズム）を発明している．ニコルプリズムは，その後のグラントムソンプリズムやグランテーラープリズムといった偏光研究に欠かせない光学素子の発展につながっている．さらに，透過と反射の 2 つの磁気光学効果（磁性材料による偏波面の回転）が，Michael Faraday（1845 年）と John Kerr（1875 年）によってそれぞれ発見されている．理論研究では，19 世紀の後半に，1852 年の Geroge G. Stokes による Stokes パラメータによる偏光表現の提案に始まり，1892 年には Henri Poincaré による偏光記述のためのポアンカレ球の提唱がなされている．20 世紀前半には偏光解析を機動的に行うための実用的手法として，1940 年に Robert Clark Jones による Jones 法が，1943 年には Hans Müller による Müller 計算が提唱されている．当時 Polaroid 社の技術者であった Jones が偏光解析のための Jones 法を確立した背景には，1928 年に Polaroid 社の創業者である Edwin H. Land が 2 色性薄膜型偏光子（H 膜）を発明していたことがある．Polaroid 社のこれらの一連の技術開発の流れが，液晶表示素子の重要な技術的基盤となっている．

　筆者と偏光伝搬解析との関わりは，1994 年に，（株）クラレでの上司であった植月正雄主席研究員（当時）から，今後の光エレクトロニクス分野での偏光伝

搬制御の重要性を示唆されたことに端を発する．当時植月氏は，液晶プロジェクタのための巻き取り可能な光学スクリーンの開発に従事しており，①液晶プロジェクタの画素とスクリーンの表面構造によるモアレを防ぐ，②外光の存在下でも映像のコントラストを低下させない，という2つの課題を同時に解決する手段として，微細な繊維に偏光分離機能を持たせた織布系偏光スクリーンを提唱していた．織布系偏光スクリーンは残念ながら世の中に出ることはなかったが，1889年のThomas Alva Edisonによるkinetoscopeの発明以来，高品位の3次元投射映像を鮮明に観視することは世代を超越した願望となっており，映像の偏光をどう利用していくのかが今後とも重要であることは，液晶表示そのものが偏光制御を主原理とした表示方式であることと関連させるまでもなく論を待たない．植月氏からは，偏光伝搬解析について勉強するように勧められ，その際に「偏光伝搬解析についてはまとまった教科書がほとんどない」と言われながら，本書の参考文献にも載せている1940年代のJonesの一連の論文を紹介された．筆者は，1996年1月に，長岡技術科学大学に縁あって転職することとなるが，それまでの間にJonesの一連の論文を興味深く精査することとなる．

長岡技術科学大学に赴任してからは，多彩な偏光制御デバイスを実現するためには，光学異方性の3次元分布を高度に制御する技術が重要であるという観点から，川月喜弘教授（兵庫県立大学）と数多くの息の長い共同研究をさせて頂いている．川月先生は，同じ（株）クラレの出身であり，植月氏を上司に持っていた点からも兄弟弟子とも言える関係である．川月先生は，高分子液晶の光配向の分野で独創的かつ先駆的な研究を続けており，「光学異方性の3次元分布を制御する」という観点からも多くの貴重な成果を挙げている．川月先生との共同研究の結果，液晶表示用の位相差フィルム，低分子液晶の光配向膜，ベクトル型回折格子（偏光ホログラム），偏光回折格子液晶セル，偏光多値計算機ホログラム素子など，多くの偏光制御型光素子を提案してきている．

本書は，川月先生との共同研究を実施するに当たり，筆者の研究室の学生向け教科書として取りまとめたものを基にしている．第1部「偏光伝搬解析の基礎―偏光の基礎，回折，干渉，ホログラフィ―」では，先人たちの良書も参考および引用させていただきながら「光波伝搬と偏光の基礎および一連の解析方法」について取りまとめた．また，第2部「偏光伝搬解析の応用―液晶とベク

トルホログラム解析を中心として—」では，実際に我々が取り扱っている液晶を使った偏光制御デバイス，その中でもベクトルホログラムを中心に取り上げて，第1部で説明した解析手段の適用方法の実際を紹介している．第2部で偏光伝搬解析の応用を解説するに当たり，「液晶」を取り上げたのは，我々が偏光制御デバイスとしての液晶に着目してきたこともあるが，ねじれ配向も含めて液晶の多様な光学異方性分布中の偏光伝搬を解析する技術を紹介することが，偏光伝搬解析技術を習得するのに最適であると考えたからである．第2部では，回折，干渉，ホログラフィといった，直接偏光そのものではないが，偏光と回折，偏光と干渉，偏光とホログラフィという観点が重要となるため，第1部では，これらの基礎についての記述も付け加え，本書一冊で，様々な場面での偏光伝搬解析のための光学の基礎から実際の適用例まで読み通せるように工夫した．

　本書を取りまとめるに当たっては，参考文献に挙げさせていただいた書籍・文献を参考にしたのはもちろんのこと，筆者の研究室出身の多くの学生たちと議論をさせていただいた．特に，江本顕雄准教授(同志社大学)と佐々木友之特任准教授(長岡技術科学大学)の両先生には，直接本書に載せている図面の作成や数式の確認をお願いした．また，液晶の光学を長年研究してこられた，赤羽正志名誉教授(長岡技術科学大学)，木村宗弘准教授(長岡技術科学大学)には，学生の論文審査等を通じて長年にわたって多くの示唆をいただいた．この場を借りて深く感謝したい．

　最後に，植月氏から約20年前に示唆された「今後の光エレクトロニクス分野において偏光伝搬制御技術の重要性がますます増す」という言葉は，現在でも輝きを失っていないと思われる．この20年間を見ても，光記録，光通信，光計測，表示技術など，多くの分野で偏光を意識的に活用することで光技術の高度化が成されている．本書が，光分野を初めて勉強する学生たちの教科書として使われるだけでなく，光関連技術者が多くの問題を解決するために「偏光制御機能」を活用するための実用的な参考書のひとつとなれば幸いである．

2015年1月

小野　浩司

目　次

はしがき……………………………………………………………………………… i

第1部　偏光伝搬解析の基礎
偏光の基礎，回折，干渉，ホログラフィ

第1章　光波伝搬と偏光の基礎……………………………………………… 3
1.1　Maxwell 方程式と光波伝搬……………………………………………… 3
1.2　偏光伝搬の基礎…………………………………………………………… 7
1.3　偏光の記述と Stokes パラメータ……………………………………… 12

第2章　異方性媒体中の光波伝搬………………………………………… 19
2.1　誘電率異方性と屈折率異方性…………………………………………… 19
2.2　構造性複屈折……………………………………………………………… 29

第3章　Matrix 光学による偏光解析……………………………………… 37
3.1　Jones 法…………………………………………………………………… 37
3.2　拡張 Jones 法……………………………………………………………… 48
3.3　4×4 行列法……………………………………………………………… 51
3.4　Müller 計算………………………………………………………………… 57
3.5　Müller 計算と Jones 計算の比較………………………………………… 61
3.6　Polar plot…………………………………………………………………… 63

第4章　光波干渉の基礎…………………………………………………… 67
4.1　スカラー波の干渉………………………………………………………… 67
4.2　偏光の干渉………………………………………………………………… 69

第5章 光回折の基礎 **75**
- 5.1 Kirchhoff の回折理論 75
- 5.2 Fresnel 回折と Fraunhofer 回折 78
- 5.3 回折格子 84
- 5.4 ホログラフィ 109

第6章 時間領域差分法（FDTD 法）........ **117**
- 6.1 FDTD 法の基本原理と異方性媒体への適用 117
- 6.2 FDTD 法の実際 125

第2部 偏光伝搬解析の応用
液晶とベクトルホログラム解析を中心として

第7章 液晶の分子配向と光学 **129**
- 7.1 ネマチック液晶分子配向状態と Jones 行列 129
- 7.2 コレステリック液晶の光学 136

第8章 ベクトルホログラム **145**
- 8.1 薄いベクトルホログラム（偏光ホログラム）の基礎理論 145
- 8.2 薄いベクトルホログラム（偏光ホログラム）解析の実際 147
- 8.3 薄いベクトルホログラム（偏光ホログラム）中の偏光伝搬，FDTD 法による解析 174
- 8.4 厚いベクトルホログラムの解析 179
- 8.5 異方性を有する偏光記録媒体への3次元ベクトルホログラム記録 193

参考文献 205
索　引 209

第 1 部

偏光伝搬解析の基礎
偏光の基礎，回折，干渉，ホログラフィ

第1章

光波伝搬と偏光の基礎

1.1 Maxwell方程式と光波伝搬

　本項では，偏光伝搬を議論するにあたって，光波伝搬についての基本的な数学的な準備を行う[1~5]．光は電磁波であり，波動を形成する物理量(何が時間的に変動することによって波動が伝搬しているのか)は，電場 (**E**) および磁場 (**H**) である．電磁波は横波(波動伝搬の方向と物理量の変動方向が直交している)であり，その伝搬は図1.1のように示すことができる．

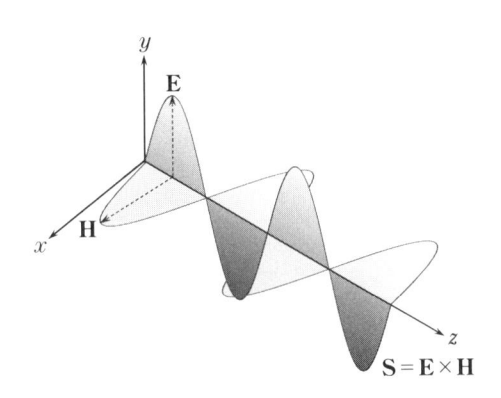

図1.1　横波としての光波(電磁波)の伝搬．

　電磁波の一種としての光波は，電磁場現象として取り扱うことになり，電磁場は，電場 (**E**) および磁場 (**H**) によって記述される．また物質との作用(媒体中の光波伝搬)は電束密度 (**D**) と磁束密度 (**B**) で与えられる．これらの4つの電磁場ベクトルの間に成り立つ4つの基本式がMaxwellの方程式であり，微分形では以下のように与えられる．

$$\mathrm{rot}\,\mathbf{E} = -\frac{\partial \mathbf{B}}{\partial t} \tag{1.1}$$

$$\mathrm{div}\,\mathbf{D} = \rho \tag{1.2}$$

$$\mathrm{rot}\,\mathbf{H} = \mathbf{j} + \frac{\partial \mathbf{D}}{\partial t} \tag{1.3}$$

$$\mathrm{div}\,\mathbf{B} = 0 \tag{1.4}$$

ここで，$\mathbf{E}$：電場 [V/m]，$\mathbf{H}$：磁場 [A/m]，$\mathbf{D}$：電束密度 [C/m^2]，$\mathbf{B}$：磁束密度 [Wb/m^2]，$\mathbf{j}$：電流密度 [A/m^2]，ρ：電荷密度 [C/m^3] である．(1.1)式はFaradyの電磁誘導の法則，(1.2)式は電場に関するGaussの法則，(1.3)式はAmpèreの法則，(1.4)式は磁場に関するGaussの法則(単磁極が存在する空間が見つかっていないので右辺は0)を，数学的に表現したものである．Maxwellの4つの方程式は互いに独立ではなく，(1.1)，(1.3)式のdivを取り，(1.5)式に示す電荷の保存則を用いて積分すると，(1.2)，(1.4)式が得られる．

$$\mathrm{div}\,\mathbf{j} + \frac{\partial \rho}{\partial t} = 0 \tag{1.5}$$

電場 ($\mathbf{E}$)，磁場 ($\mathbf{H}$)，および電束密度 ($\mathbf{D}$)，磁束密度 ($\mathbf{B}$)，電流密度 ($\mathbf{j}$) との間には

$$\mathbf{D} = \varepsilon \mathbf{E} \tag{1.6}$$

$$\mathbf{B} = \mu \mathbf{H} \tag{1.7}$$

$$\mathbf{j} = \sigma \mathbf{E} \tag{1.8}$$

の関係がある．ε，μ，σ は媒体に固有の物理量であり，ε：誘電率 [F/m]，μ：透磁率 [H/m]，σ：導電率 [S/m] であるが，光の周波数に物質の磁化は追随できないので，特別な場合(メタマテリアルのような人工物質)を除いて $\mu = \mu_0$ (真空の透磁率)としてよい．これら3つの物理量は，一般的には物質の対称性を反映したテンソル量となるが，等方性媒体ではスカラー量となる．

(1.2)式における ρ は遊離した電荷であるが，もし物質中に遊離電荷が蓄積されていても，光の電場によって可視光の周波数よりも十分に速い緩和時間で無限遠方に遠ざけられるか，境界面が存在する場合には，そこに蓄積されて表面電荷となる．したがって媒体中の光波伝搬を議論する場合には $\rho = 0$ として

第1章　光波伝搬と偏光の基礎

よい．(1.1)，(1.3)式にベクトル解析の公式 rot rot = grad div − ∇^2 を適用し，さらに(1.2)，(1.4)式を用いると，以下のような波動方程式を得ることができる．

$$\nabla^2 \mathbf{E} - \sigma\mu_0 \frac{\partial \mathbf{E}}{\partial t} - \varepsilon\mu_0 \frac{\partial^2 \mathbf{E}}{\partial t^2} = 0 \tag{1.9}$$

$$\nabla^2 \mathbf{H} - \sigma\mu_0 \frac{\partial \mathbf{H}}{\partial t} - \varepsilon\mu_0 \frac{\partial^2 \mathbf{H}}{\partial t^2} = 0 \tag{1.10}$$

絶縁体(誘電体)中では $\sigma = 0$ となり，光波の伝搬速度は $c = 1/\sqrt{\varepsilon\mu_0}$ で与えられる(古典論的な d'Alembert の波動方程式と上記の電磁波の波動方程式の対比から求められる)．今，以下の波動方程式

$$\nabla^2 \mathbf{E}(\mathbf{r},t) = \frac{1}{c^2} \frac{\partial^2 \mathbf{E}(\mathbf{r},t)}{\partial t^2} \tag{1.11}$$

の成分をあからさまに書けば

$$\left(\frac{\partial^2}{\partial x^2} + \frac{\partial^2}{\partial y^2} + \frac{\partial^2}{\partial z^2}\right)\begin{pmatrix}E_x(\mathbf{r},t)\\E_y(\mathbf{r},t)\\E_z(\mathbf{r},t)\end{pmatrix} = \frac{1}{c^2}\frac{\partial^2}{\partial t^2}\begin{pmatrix}E_x(\mathbf{r},t)\\E_y(\mathbf{r},t)\\E_z(\mathbf{r},t)\end{pmatrix} \tag{1.12}$$

となる．ここで，電場ベクトルが y 軸方向を向いている(y 軸方向に偏光しているという)とすると

$$\left(\frac{\partial^2}{\partial x^2} + \frac{\partial^2}{\partial y^2} + \frac{\partial^2}{\partial z^2}\right)E_y(\mathbf{r},t) = \frac{1}{c^2}\frac{\partial^2}{\partial t^2}E_y(\mathbf{r},t) \tag{1.13}$$

$$E_x(\mathbf{r},t) = E_z(\mathbf{r},t) = 0 \tag{1.14}$$

となる．Maxwell 方程式 $\nabla \cdot \mathbf{E}(\mathbf{r},t) = 0$ より

$$\frac{\partial}{\partial x}E_x(\mathbf{r},t) + \frac{\partial}{\partial y}E_y(\mathbf{r},t) + \frac{\partial}{\partial z}E_z(\mathbf{r},t) = 0 \tag{1.15}$$

であるので，これと $E_x(\mathbf{r},t) = E_z(\mathbf{r},t) = 0$ より，必然的に

$$\frac{\partial}{\partial y}E_y(\mathbf{r},t) = 0 \tag{1.16}$$

となる．(1.16)式は y 軸方向を向いた電場の波は，y 軸方向には空間依存性がないことを示している．つまり y 軸方向には波動として伝搬できないというこ

とになり，電磁波が横波であることを示している．さらに，電場の波が $+x$ 軸方向に伝搬しているとすると，z 軸方向の空間依存性がなくなり，波動方程式は以下のように 1 次元に帰着される．

$$\frac{\partial^2}{\partial x^2}E_y(x,t) = \frac{1}{c^2}\frac{\partial^2}{\partial t^2}E_y(x,t) \tag{1.17}$$

(1.17)式の一般解は

$$E_y(x \pm ct) \tag{1.18}$$

の形をしていることが容易に証明できる．(1.18)式の条件を満足する最も簡単な振動する解のひとつは

$$E_y(x,t) = E\cos(kx - \omega t) \tag{1.19}$$

と与えられ，$c = \omega/k = \lambda f$ である．ただし，$k = 2\pi/\lambda$(波数)，$\omega = 2\pi f$(角周波数)である．(1.19)式の cosine は sine でも絶対位相が異なるだけで同等であり，余弦波あるいは正弦波と呼ばれている．あるいは，$+x$ 軸と直交する平面が空間位相の等しい面(等位相面あるいは波面と呼ぶ)となるため平面波とも呼ばれる．(1.19)式に対応する磁場の解は

$$B_z(x,t) = B\cos(kx - \omega t) \tag{1.20}$$

となる．ただし $B = E/c$ である．

(1.1)，(1.3)式を用いて，以下のエネルギー保存則が得られる．

$$\frac{\partial U}{\partial t} + \text{div}\,\mathbf{S} = -\mathbf{j} \cdot \mathbf{E} \tag{1.21}$$

ただし

$$U = \frac{1}{2}(\mathbf{E} \cdot \mathbf{D} + \mathbf{B} \cdot \mathbf{H}) \tag{1.22}$$

は電磁場のエネルギー密度で，その次元は [J/m^3] である．また

$$\mathbf{S} = \mathbf{E} \times \mathbf{H} \tag{1.23}$$

はポインティングベクトルと呼ばれ，単位時間当たり，ベクトルに直交する単位面積を横切るエネルギー束を表している．(1.23)式に示されているように，ポインティングベクトルの向きは，電場ベクトルおよび磁場ベクトルと互いに直交している(図 1.1 参照)．(1.21)式は，電磁場のエネルギー密度の時間変化

と単位面積を横切るエネルギー束の湧き出しの和が電流によるエネルギー移動に等しいことを示しているが，絶縁体(誘電体)媒体中の電磁波伝搬では，電流によるエネルギー移動は存在しないので

$$\frac{\partial U}{\partial t} + \mathrm{div}\,\mathbf{S} = 0 \quad (誘電体中) \tag{1.24}$$

となる．このようにして電磁波の強さ(光の場合には光強度)は，電場の振幅 $\mathbf{E}$ と磁場の振幅 $\mathbf{H}$ のベクトル積に等しく，磁波の振幅 $\mathbf{H}$ は，電場の振幅 $\mathbf{E}$ にインピーダンス $\sqrt{\varepsilon/\mu}$ をかけたものであることを考慮すると

$$I = \langle |\mathbf{S}| \rangle = \frac{1}{2}\sqrt{\frac{\varepsilon}{\mu_0}}|E_0|^2 = \frac{1}{2}n\sqrt{\frac{\varepsilon_0}{\mu_0}}|E_0|^2 \tag{1.25}$$

と定義できる．さらに光の強度の定義としては，$\sqrt{\varepsilon_0/\mu_0}/2$ を省略して

$$I = n|E_0|^2 \tag{1.26}$$

が用いられることが多い．

1.2 偏光伝搬の基礎

1.1 節で解説したように，光波は，時間的に変動する電場ベクトル($\mathbf{E}$)および磁場ベクトル($\mathbf{H}$)とエネルギーの移動であるポインティングベクトル($\mathbf{S}$)によって記述できる．偏光伝搬を数学的に取り扱うためには，これらのベクトル波としての電磁波伝搬を定式化する必要がある[1~6]．今，単色の平面波が xyz 座標系において真空中を z 方向へ伝搬するものとすると，電場ベクトルの各座標成分は，光波の各周波数を ω，光波の波数を k，時刻を t として

$$E_x = A_x \cos(\omega t - kz + \delta_x) \tag{1.27}$$

$$E_y = A_y \cos(\omega t - kz + \delta_y) \tag{1.28}$$

$$E_z = 0 \tag{1.29}$$

と書くことができる．ここで，A_x および A_y は各電場ベクトル成分の振幅を，δ_x および δ_y は各電場ベクトル成分の初期位相を示しており，これらは時間に依存しないものとする．これらを用いて xy 面における電場ベクトルの時

間的な軌跡を考える．(1.27)，(1.28)式は

$$\frac{E_x}{A_x} = \cos(\omega t - kz)\cos\delta_x - \sin(\omega t - kz)\sin\delta_x \qquad (1.30)$$

$$\frac{E_y}{A_y} = \cos(\omega t - kz)\cos\delta_y - \sin(\omega t - kz)\sin\delta_y \qquad (1.31)$$

と書き直すことができ，(1.30)式に $\sin\delta_y$，(1.31)式に $-\sin\delta_x$ をそれぞれかけた後加算すると

$$\frac{E_x}{A_x}\sin\delta_y - \frac{E_y}{A_y}\sin\delta_x = \cos(\omega t - kz)\sin\delta \qquad (1.32)$$

が得られる．ここで，$\delta = \delta_y - \delta_x$ である．また，(1.30)式に $\cos\delta_y$，(1.31)式に $-\cos\delta_x$ をそれぞれかけた後加算すると

$$\frac{E_x}{A_x}\cos\delta_y - \frac{E_y}{A_y}\cos\delta_x = \sin(\omega t - kz)\sin\delta \qquad (1.33)$$

が得られる．(1.32)，(1.33)式をそれぞれ平方して加算すると

$$\left(\frac{E_x}{A_x}\right)^2 + \left(\frac{E_y}{A_y}\right)^2 - 2\frac{\cos\delta}{A_x A_y}E_x E_y = \sin^2\delta \qquad (1.34)$$

となる．(1.34)式は E_x と E_y について2次式となっているが，この判別式は

$$\begin{vmatrix} \dfrac{1}{A_x^2} & -\dfrac{\cos\delta}{A_x A_y} \\ -\dfrac{\cos\delta}{A_x A_y} & \dfrac{1}{A_y^2} \end{vmatrix} = \frac{1}{A_x^2 A_y^2}(1-\cos^2\delta) = \frac{\sin^2\delta}{A_x^2 A_y^2} \geq 0 \qquad (1.35)$$

となることから，(1.34)式は一般的には楕円を表していることとなる．すなわち，(1.34)式は，角周波数 ω で運動している電場ベクトルにおいて，時刻 t を固定した場合のベクトルの先端の軌跡を表している．ベクトルの軌跡は，電場ベクトルの各成分の振幅 (A_x, A_y) と位相差 (δ) によって決まり，その軌跡の形態および運動状態によって偏光が定義されている（磁場ベクトルの運動をもとに議論を進めても同じ議論ができるが，光波の偏光を議論する場合には習慣的に電場ベクトルを用いている）．一般的な楕円偏光の伝搬の概念を**図 1.2** に示す．図1.2においては，$0 < \delta < \pi$ について示しており，波動の進行方向に右ねじ，すなわち右回りの螺旋となり，そのピッチが波長 λ となっている．

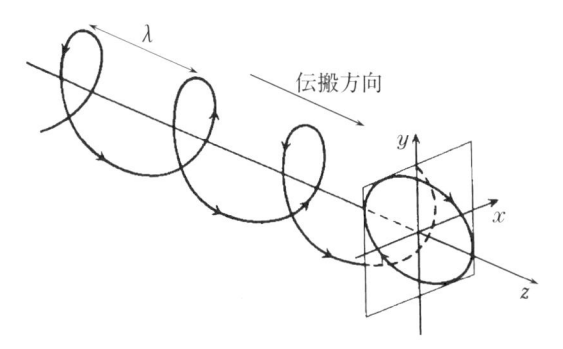

図 1.2 右回り楕円偏光の伝搬.

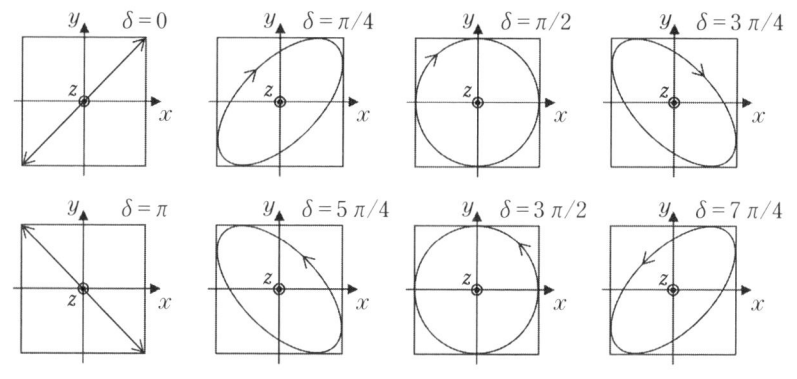

図 1.3 偏光と位相差 δ の関係.ただし,$A_x = A_y$.

このように電場ベクトルが切っていく点は,観測側から見て時計の針の回転方向に回転し,その軌跡が楕円を描くことになる.このような光波を右回りの楕円偏光と呼ぶ.

$A_x = A_y$ として,位相差 δ を変えたときに,電場ベクトルが描く軌跡(偏光状態)がどのように変わるかを**図 1.3**にまとめる.

特別の場合として,m を整数としたときに $\delta = m\pi$ の場合は

$$\frac{E_y}{E_x} = (-1)^m \frac{A_y}{A_x} = \text{const.} \tag{1.36}$$

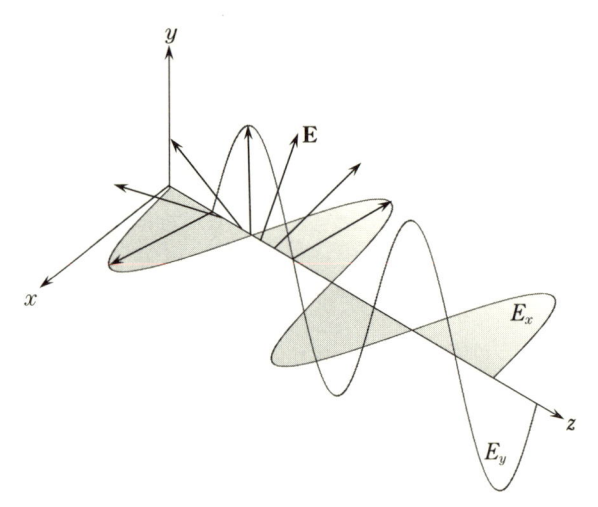

図 1.4 右回り円偏光の伝搬.

であるため，電場ベクトルの軌跡は直線となり，これを直線偏光と呼ぶ．直線偏光の傾き(偏光方位角と呼ぶ)は，電場ベクトルの xy 成分の振幅比となっている(振幅比が1すなわち $A_x = A_y$ であれば斜め45°，図1.3参照)．また，$A_x = A_y \equiv A$ とし，$\delta = (2m+1)\pi/2$ のとき

$$E_x^2 + E_y^2 = A^2 \tag{1.37}$$

となり，軌跡は円となることから，このときを円偏光と呼ぶ．円偏光の回転方向は，$0 < \delta < \pi$ が右回り，$\pi < \delta < 2\pi$ が左回りとなる(図1.3参照)．図1.3に示すように，偏光状態は，電場ベクトルの xy 成分の位相差によって決まる．例として右回り円偏光を取り上げて説明する．

図 1.4 に示すように，円偏光における電場ベクトルの xy 成分 (E_x, E_y) の振幅は等しく，位相は $\pi/2$ ずれている．電場ベクトルは，xy 成分の合成によって得られるので，図1.4に矢印で示されているように，xz 面から yz 面へと波動の伝搬と共に回転していく．さらにお互いの振幅は等しいので，電場ベクトルの大きさは常に同じであり軌跡は円となる．図1.4からわかるように，円偏光は，互いにコヒーレントで直交した直線偏光の位相を $\pi/2$ ずらし，合成し

た(干渉させた)波動となっている．この際，位相のずらす方向によって，右回りと左回りが決まることも図1.4からの考察で自明である．このことをベクトル式で用いて表現すると，右回り円偏光は，次式のようになる．

$$\mathbf{E}_{\mathrm{RCP}} = A\,[\mathbf{i}\cos(kz-\omega t) + \mathbf{j}\sin(kz-\omega t)] \tag{1.38}$$

ここで，$\mathbf{i}$，$\mathbf{j}$はそれぞれx，y軸方向の単位ベクトルである．同様にして，左回り円偏光は

$$\mathbf{E}_{\mathrm{LCP}} = A\,[\mathbf{i}\cos(kz-\omega t) - \mathbf{j}\sin(kz-\omega t)] \tag{1.39}$$

と書ける．(1.38)，(1.39)式の辺々を足すと

$$\mathbf{E}_{\mathrm{RCP}} + \mathbf{E}_{\mathrm{LCP}} = 2A\mathbf{i}\cos(kz-\omega t) = \mathbf{E}_{\mathrm{LP}} \tag{1.40}$$

となり，$2A\mathbf{i}$の一定振幅をもった直線偏光が得られる．これは互いにコヒーレントな右回りおよび左回り円偏光を合成させると(干渉させると)直線偏光が得られることを意味している．一方，直線偏光では，図1.5に示すように電場ベクトルのxy成分の位相が一致しており，合成された電場ベクトルの向きは常に一定方向になっている．さらにその方向は，電場ベクトルのxy成分(E_x, E_y)の振幅比に依存することも理解される．

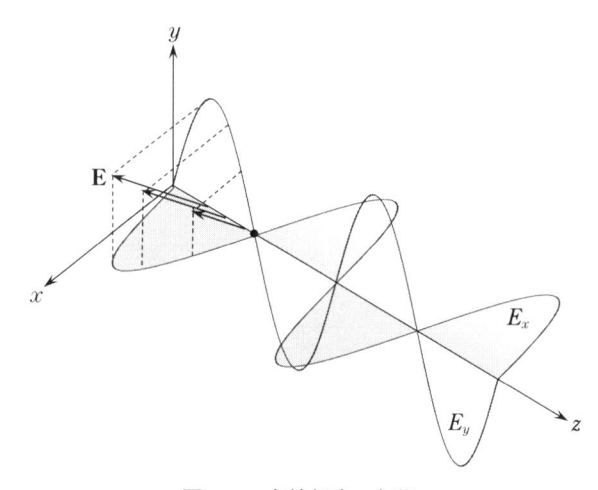

図1.5 直線偏光の伝搬．

1.3 偏光の記述と Stokes パラメータ

次に，一般的に楕円偏光を表現する物理量について定義する．楕円偏光は，**図 1.6** に示すように，その図形的特徴に直接結びつく 3 つのパラメータである長軸半径 a，短軸半径 b，長軸が x 軸となす角 ψ ($0 \leq \psi \leq \pi$，偏光方位角) 等で表現される．

図 1.6 に示す種々のパラメータの間には，以下のような関係がある．

$$a^2 + b^2 = A_x^2 + A_y^2 \tag{1.41}$$

$$\tan 2\psi = \tan 2\alpha \cdot \cos \delta = \frac{2A_x A_y \cos \delta}{A_x^2 - A_y^2} \tag{1.42}$$

$$\sin 2\chi = \sin 2\alpha \cdot \sin \delta \tag{1.43}$$

$$\tan \alpha = \frac{A_y}{A_x} \left(0 \leq \alpha \leq \frac{\pi}{2} \right) \tag{1.44}$$

$$k = \tan \chi = \pm \frac{b}{a} \left(-\frac{\pi}{4} \leq \chi \leq \frac{\pi}{4} \right) \tag{1.45}$$

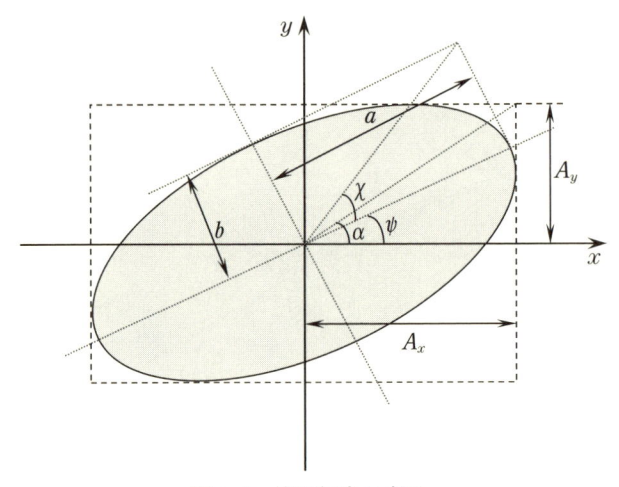

図 1.6 楕円偏光の表示．

ただし，kは偏光の楕円率であり，＋が右回り，－が左回りを表している．また，χは偏光楕円率と関連するパラメータであり，楕円率角と呼ばれる．さらにαは，振幅比(A_y/A_x)から定義される角度であるので，振幅比角と呼ばれている．

　これらの偏光状態を記述する便利な方法のひとつに，Stokesベクトルがある[6]．Stokesベクトルは，Stokesパラメータという光強度の偏りを表す計測可能な4つの物理量からなる．時間に依存した電場ベクトルは，(1.30)，(1.31)式で表され，その軌跡は(1.34)式で表されるが，今，この間の考察をベクトルの時間平均$\langle\ \rangle$を用いて表すと

$$4A_x^2\langle E_x^2(t)\rangle + 4A_y^2\langle E_y^2(t)\rangle - 8A_xA_y\langle E_x(t)E_y(t)\rangle\cos\delta = \sin^2\delta \quad (1.46)$$

となる．時間平均は，以下のように定義される．

$$\langle E_a(t)E_b(t)\rangle = \lim_{t\to\infty}\frac{1}{t}\int_0^t E_a(t)E_b(t)\mathrm{d}t \quad (1.47)$$

したがって

$$\langle E_x^2(t)\rangle = \frac{1}{2}A_x^2 \quad (1.48)$$

$$\langle E_y^2(t)\rangle = \frac{1}{2}A_y^2 \quad (1.49)$$

$$\langle E_x(t)E_y(t)\rangle = \cos\delta \quad (1.50)$$

以上の(1.48)〜(1.50)式を，(1.46)式に代入して

$$(A_x^2+A_y^2)^2 - (A_x^2-A_y^2)^2 - (2A_xA_y\cos\delta)^2 = (2A_xA_y\sin\delta)^2 \quad (1.51)$$

となり，この式は次のような形に書ける．

$$S_0^2 - S_1^2 - S_2^2 = S_3^2 \quad (1.52)$$

この4つの光強度の偏りを示すパラメータをStokesパラメータと呼び(1.51)式を考慮して

$$\mathbf{S} = \begin{bmatrix}S_0\\S_1\\S_2\\S_3\end{bmatrix} = \begin{bmatrix}I_x+I_y\\I_x-I_y\\I_{+45°}-I_{-45°}\\I_R-I_L\end{bmatrix} \quad (1.53)$$

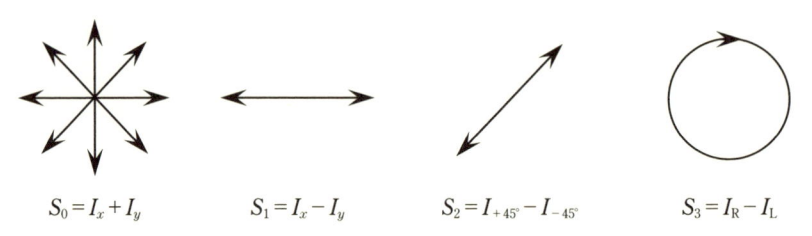

$$S_0 = I_x + I_y \qquad S_1 = I_x - I_y \qquad S_2 = I_{+45°} - I_{-45°} \qquad S_3 = I_R - I_L$$

図 1.7 Stokes パラメータを決定する 4 枚の光学フィルタ．

と書く．ここで，I_x および I_y はそれぞれ x 方向および y 方向の直線偏光成分の強度，$I_{+45°}$ および $I_{-45°}$ はそれぞれ方位が $+45°$ 方向および $-45°$ 方向の直線偏光成分の強度，I_R および I_L はそれぞれ右回りおよび左回り円偏光成分の強度を表すものである．これらの 4 つの Stokes パラメータに対応する強度は，実験的には，**図 1.7** に示す 4 枚の光学フィルタによって検出できる．

代表的な偏光に対する Stokes パラメータを次に示す．

$$（水平直線偏光）\begin{bmatrix} 1 \\ 1 \\ 0 \\ 0 \end{bmatrix} \tag{1.54}$$

$$（垂直直線偏光）\begin{bmatrix} 1 \\ -1 \\ 0 \\ 0 \end{bmatrix} \tag{1.55}$$

$$（\pm 45° \text{直線偏光})\begin{bmatrix} 1 \\ 0 \\ \pm 1 \\ 0 \end{bmatrix} \tag{1.56}$$

$$（右・左円偏光）\begin{bmatrix} 1 \\ 0 \\ 0 \\ \pm 1 \end{bmatrix} \tag{1.57}$$

また，楕円率角 χ，偏光方位角 ϕ の楕円偏光の Stokes パラメータの一般解は

第 1 章　光波伝搬と偏光の基礎　　　　　　　　　　　　15

$$\begin{bmatrix} S_0 \\ S_1 \\ S_2 \\ S_3 \end{bmatrix} = \begin{bmatrix} 1 \\ \cos(2\chi)\cos(2\psi) \\ \cos(2\chi)\sin(2\psi) \\ \sin(2\chi) \end{bmatrix} \tag{1.58}$$

となる．Stokes パラメータの定義から明らかなように，4 つのパラメータは実験での検出が可能であり，すべての偏光状態はこの 4 つのパラメータの組み合わせで表現できる．このことは，逆に，ある光波の偏光状態を実験的に決定することと，4 つの Stokes パラメータを実験で測定することは同義であることを意味している．

　(1.58)式からわかるように，一般的な偏光の Stokes パラメータは，3 次元の極座標で示される点 $(S_0, 2\chi, 2\psi)$ で表現されることがわかる．ここで，全強度 S_0 は単位円の半径，偏光方位角 ψ は球の経度，楕円率角 χ は球の緯度を表している．この球を**ポアンカレ球**(Poincaré sphere)と呼んでおり，概略を図 **1.8** に示す．

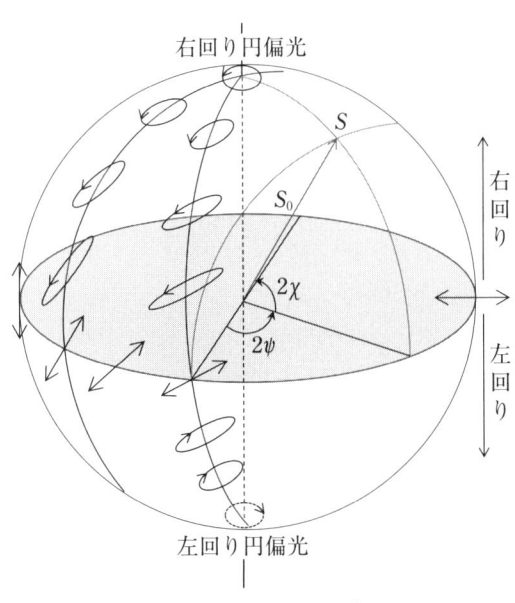

図 **1.8**　ポアンカレ球．

ポアンカレ球の赤道上の点は $\chi=0$ であるから直線偏光を表し，北半球が右回りの楕円偏光，南半球が左回りの楕円偏光を表している．また両極では $\chi=\pm 1$ であり円偏光を表している．北極（$\chi=1$）は右回りの円偏光，南極（$\chi=-1$）は左回りの円偏光である．ここまでの取り扱いは，光の電場成分が一様な偏りをもっている場合であり，このような光波を完全偏光と呼ぶ．その一方で，一様な偏りを伴わない自然光を非偏光と呼び，非偏光と完全偏光が混在した光波を部分偏光と呼ぶ．完全偏光はポアンカレ球の表面の点になるのに対して，部分偏光はポアンカレ球の内部の点として表示される．すなわちポアンカレ球は，完全偏光，部分偏光，非偏光などのすべての光波を表示可能である．部分偏光の場合には，

$$S_0^2 > S_1^2 + S_2^2 + S_3^2 \tag{1.59}$$

となり，部分偏光の**偏光度**（degree of polarization）は次のように定義される．

$$p = \frac{S_1^2 + S_2^2 + S_3^2}{S_0^2} \quad (p \leq 1) \tag{1.60}$$

ポアンカレ球の実際の使い方について具体的に位相子を一例に説明する．位相子は１軸異方性を有する透明な結晶複屈折板であり，光学軸（結晶軸）に沿った方向の屈折率と直交した方向の屈折率が異なるため（その差が複屈折 Δn），それぞれの方向の光電場ベクトルの伝搬速度が異なり位相差を生じさせる（結晶板の厚さを d とすると Δnd）．このような媒体中を光波が伝搬すると，光電場ベクトルの E_x および E_y の位相関係が変化し偏光状態が変換される．このような位相子の働きのポアンカレ球による説明を**図1.9**に示す．まず，位相子の位相差軸と一致する直線偏光の点（赤道上にある）からポアンカレ球の中心に向けて串を刺す．引き続いて位相差の大きさに応じて位相差軸を時計回りに回転させる．このときの回転角度は，位相差の大きさ（Δnd より長さの単位をもつ）を波長 λ で換算して，波長と同じ大きさであれば360°回転させる（位相差が波長と同じ大きさであれば，もとの偏光状態にもどる）．

さらにわかりやすくするために，円偏光および直線偏光からの位相子による変化を**図1.10**によってより具体的に説明する．入射偏光が右回り円偏光であれば，ポアンカレ球の北極からスタートし，位相差の大きさに応じて時計回りに回転させる．図1.10からわかるように，偏光状態は，右回り円偏光（北極）

第 1 章 光波伝搬と偏光の基礎　　　　17

位相差軸と一致する直線偏光の点(赤道上)から球の中心に向けて串を刺す

位相差の大きさに応じて位相差軸を時計回りに回転

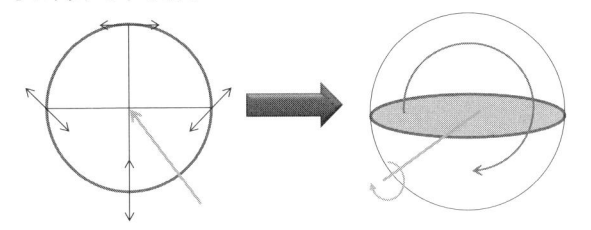

図 1.9　ポアンカレ球による位相子の説明.

円偏光からの変化
円偏光→直線偏光→円偏光

直線偏光からの変化
偏光方位角と串の距離が小さいと偏光の変化は小さい

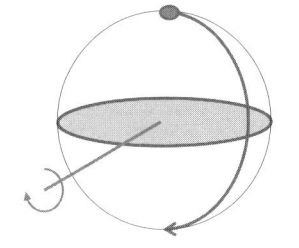

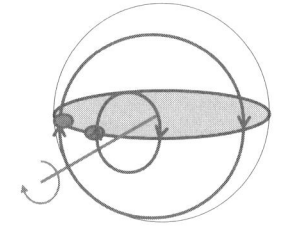

図 1.10　円偏光および直線偏光の位相子による偏光変換特性のポアンカレ球による説明.

→直線偏光(赤道)→左回り円偏光(南極),と変わっていく.回転角が 90°で直線偏光に変換されるが,このときの位相差は $\lambda/4$ となり,これを $\lambda/4$ 板と呼んでいる.さらに回転角が 180°で左回り円偏光となるが,このときの位相差は $\lambda/2$ となり,これを $\lambda/2$ 板と呼んでいる.入射偏光が直線偏光の場合には,赤道上の点(直線偏光)から出発し,回転角が 180°($\lambda/2$ 板)で別の偏光方位角の直線偏光に変換される.その際の偏光方位角の変化は,入射偏光方位角と位相子の角度(串の位置)の成す角度の倍の角度になっていることは容易に理解される.

最後に媒体への入射と偏光の関係についてよく使われる呼称について定義する.図 1.11 に示すような配置において,屈折率が n_1 の媒体から n_2 の媒体に

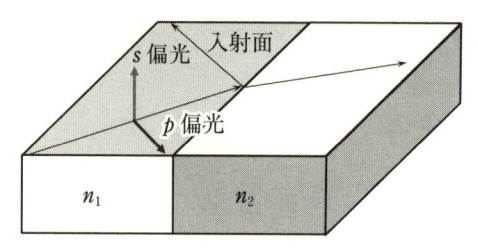

図 1.11　光波の入射面と s 偏光, p 偏光の関係.

入射したとする．この際の入射面とは，光波の入射ベクトル，反射ベクトル，透過ベクトルをすべて含む面として定義され，光波入射する媒体の面ではないので注意が必要である．入射面と光波の電場が垂直である場合を「**Transverse Electric (TE) 偏光**」あるいは，ドイツ語で垂直を意味する"senkrecht"から取って「**s 偏光**」と呼ぶ．また入射面と磁場が垂直である場合を「**Transverse Magnetic (TM) 偏光**」あるいは，"parallel"から取って「**p 偏光**」と呼ぶ．

第2章

異方性媒体中の光波伝搬

2.1 誘電率異方性と屈折率異方性

本項では,異方性媒体の数学的な記述について説明する[1〜6].今媒体中に電荷および電流はないものとして,媒体を非磁性体であるとすると

$$\mathbf{D} = \varepsilon \cdot \mathbf{E} = \varepsilon_0 \varepsilon_s \cdot \mathbf{E} \tag{2.1}$$

$$\mathbf{B} = \mu_0 \mathbf{H} \tag{2.2}$$

となる.ここで,ε_0 は真空の誘電率,ε_s は媒質の比誘電率,μ_0 は真空の透磁率をそれぞれ表す.異方性があるということは分極の仕方が媒体内の方向によって異なるということであり,異方性媒体において誘電率(比誘電率)は3階のテンソル量となる.すなわち,xyz のデカルト座標系で考えると(2.1)式は

$$\begin{bmatrix} D_x \\ D_y \\ D_z \end{bmatrix} = \varepsilon_0 \begin{bmatrix} \varepsilon_{xx} & \varepsilon_{xy} & \varepsilon_{xz} \\ \varepsilon_{yx} & \varepsilon_{yy} & \varepsilon_{yz} \\ \varepsilon_{zx} & \varepsilon_{zy} & \varepsilon_{zz} \end{bmatrix} \begin{bmatrix} E_x \\ E_y \\ E_z \end{bmatrix} = \varepsilon \mathbf{E} \tag{2.3}$$

と書くことができ,ε を誘電率テンソルと呼ぶ.ここで,誘電率テンソルを用いると光波の静電エネルギー密度は

$$U_e = \frac{1}{2} \mathbf{E} \cdot \mathbf{D} = \frac{1}{2} \sum_l \sum_m \varepsilon_0 \varepsilon_{lm} E_l E_m \tag{2.4}$$

で与えられる.ただし,$l, m = x, y, z$ である.(2.4)式を時間で微分すると

$$\frac{dU_e}{dt} = \frac{1}{2} \sum_l \sum_m \varepsilon_0 \varepsilon_{lm} \left(E_l \frac{dE_m}{dt} + E_m \frac{dE_l}{dt} \right) \tag{2.5}$$

となる.一方で,(1.1),(1.3)式からベクトル演算の公式を用いて

$$\mathbf{E} \cdot \mathrm{rot}\,\mathbf{H} - \mathbf{H} \cdot \mathrm{rot}\,\mathbf{E} = -\mathrm{div}(\mathbf{E} \times \mathbf{H}) \tag{2.6}$$

が得られるが，この式に(2.3)式を適用すると

$$-\mathrm{div}(\mathbf{E}\times\mathbf{H}) = \sum_l \sum_m E_l \varepsilon_0 \varepsilon_{lm} \frac{\mathrm{d}E_m}{\mathrm{d}t} + \mathbf{H}\cdot\frac{\mathrm{d}\mathbf{B}}{\mathrm{d}t} \qquad (2.7)$$

と書くことができる．(2.7)式の右辺第1項は(2.5)式と一致するはずであり

$$\sum_l \sum_m \varepsilon_{lm}\left(E_l \frac{\mathrm{d}E_m}{\mathrm{d}t} - E_m \frac{\mathrm{d}E_l}{\mathrm{d}t}\right) = 0 \qquad (2.8)$$

が得られる．この式が満足されるためには

$$\varepsilon_{lm} = \varepsilon_{ml} \qquad (2.9)$$

である必要がある．このことから，誘電率テンソルは適当な座標を選ぶことによって

$$\varepsilon = \begin{bmatrix} \varepsilon_x & 0 & 0 \\ 0 & \varepsilon_y & 0 \\ 0 & 0 & \varepsilon_z \end{bmatrix} \qquad (2.10)$$

と対角化できることがわかる．誘電率テンソルを対角化するために選ばれた座標軸を，電気的主軸(あるいは単に主軸)と呼ぶ．また$\varepsilon_x, \varepsilon_y, \varepsilon_z$は主誘電率(あるいは誘電率の主値)と呼ばれる．

今，異方性媒体中を位相速度vで伝搬する単色光平面波(角周波数ω)を考える．波面法線方向の単位ベクトルを$\mathbf{s}$とすると(等方性媒体中では，$\mathbf{s}$は波数ベクトル$\mathbf{k}$と平行であるが，異方性媒体中では必ずしも平行ではない)

$$\mathbf{E} = \mathbf{E}_0 \exp i\omega\left(\frac{\mathbf{r}\cdot\mathbf{s}}{v} - t\right) \qquad (2.11)$$

$$\mathbf{D} = \mathbf{D}_0 \exp i\omega\left(\frac{\mathbf{r}\cdot\mathbf{s}}{v} - t\right) \qquad (2.12)$$

$$\mathbf{H} = \mathbf{H}_0 \exp i\omega\left(\frac{\mathbf{r}\cdot\mathbf{s}}{v} - t\right) \qquad (2.13)$$

と書ける．本来平面波は，(1.19)式のように三角関数を用いて記述するが，(2.11)〜(2.13)式のように指数関数で表示されることもある．電場，磁場のような物理量に複素数が入っていることから，このような表現に物理的意味はないが(実験から直接観察されるべき物理量はすべて実数である)，平面波を指数関数表示することにより，Maxwell方程式に出てくる微分オペレータは

$\partial/\partial t \to -i\omega$, $\partial/\partial x \to i\omega s_x/v$ などと書け，数学的取り扱いが容易になる．このようにして Maxwell 方程式を簡単に記述できて

$$\frac{c}{v}\mathbf{s}\times\mathbf{H} = -\mathbf{D} \tag{2.14}$$

$$\frac{c}{v}\mathbf{s}\times\mathbf{E} = \mathbf{H} \tag{2.15}$$

となる．(2.15)式の $\mathbf{H}$ を (2.14)式に代入して

$$\mathbf{D} = -\left(\frac{c}{v}\right)^2 \mathbf{s}\times(\mathbf{s}\times\mathbf{E}) = \left(\frac{c}{v}\right)^2\{\mathbf{E}-\mathbf{s}(\mathbf{E}\cdot\mathbf{s})\} = n^2\{\mathbf{E}-\mathbf{s}(\mathbf{E}\cdot\mathbf{s})\} \tag{2.16}$$

となる．n は，異方性媒体の誘電率テンソル (2.10)式が与えられているときに，等位相面(波面)の法線ベクトルが $\mathbf{s}$ 方向に向いている場合の屈折率である．また，位相速度 v は，波面がその法線方向に進む速さであり，一般的に異方性媒体中では，光のエネルギーの流れの速度や方向とは異なることに注意が必要である．

次に，電磁波を構成している各ベクトルの間の関係について考える．(2.14)，(2.15)式から，$\mathbf{H}$ は $\mathbf{D}$，$\mathbf{E}$，$\mathbf{s}$ のいずれとも直交しているため $\mathbf{D}$，$\mathbf{E}$，$\mathbf{s}$ は同一面内にある．これらの関係を図 2.1 に示す．この図に示されているように，光波のエネルギーの伝搬方向は，異方性媒体中では，波面の法線ベクトル

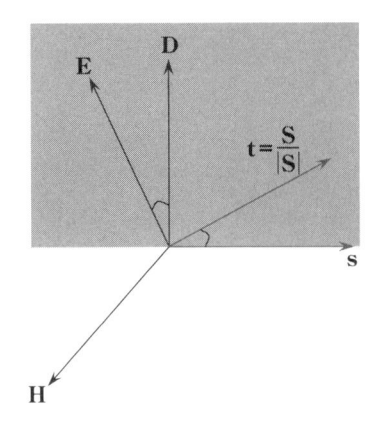

図 2.1 異方性媒体中の光波伝搬に関わるベクトルの関係．

の方向(波面の伝搬方向)とは異なることに注意が必要である．エネルギーの伝搬は，すでに述べたように，ポインティングベクトルで決まり，その定義は，$\mathbf{S} = \mathbf{E} \times \mathbf{H}$ であるから，その向きは，$\mathbf{E}$ と $\mathbf{H}$ の両方に直交する(図中は規格化したベクトル $\mathbf{t}$ で示している)．このようにして，光波伝搬のエネルギーは，波面に垂直方向には流れないことになる．さらに，$\mathbf{D} = \varepsilon \cdot \mathbf{E} = \varepsilon_0 \varepsilon_s \cdot \mathbf{E}$ であるが，異方性媒体中では誘電率はテンソル量となるので，$\mathbf{D}$ と $\mathbf{E}$ の方向は必ずしも一致しない．

(2.16)式で $E_x = D_x/\varepsilon_x$, $E_y = D_y/\varepsilon_y$, $E_z = D_z/\varepsilon_z$ と書き直すと，次のようになる．

$$D_x = \left(\frac{c}{v_n}\right)^2 \left\{\frac{D_x}{\varepsilon_x} - s_x(\mathbf{E} \cdot \mathbf{s})\right\} \tag{2.17}$$

$$D_y = \left(\frac{c}{v_n}\right)^2 \left\{\frac{D_y}{\varepsilon_y} - s_y(\mathbf{E} \cdot \mathbf{s})\right\} \tag{2.18}$$

$$D_z = \left(\frac{c}{v_n}\right)^2 \left\{\frac{D_z}{\varepsilon_z} - s_z(\mathbf{E} \cdot \mathbf{s})\right\} \tag{2.19}$$

ただし，v は波面がその法線方向に進む速さであり，繰り返し述べているように異方性媒質中では，光のエネルギーの流れの速さとは異なるため，それを区別するために，$v = v_n$ と書いている．今

$$c_x = \frac{c}{\sqrt{\varepsilon_x}} \tag{2.20}$$

$$c_y = \frac{c}{\sqrt{\varepsilon_y}} \tag{2.21}$$

$$c_z = \frac{c}{\sqrt{\varepsilon_z}} \tag{2.22}$$

とおく．c_x, c_y, c_z はそれぞれ電場ベクトルが x, y, z 軸方向を向いている波の位相速度である(各座標軸方向に進む波の位相速度ではない)．すると

$$D_x(v_n^2 - c_x^2) = -c^2 s_x(\mathbf{E} \cdot \mathbf{s}) \tag{2.23}$$

$$D_y(v_n^2 - c_y^2) = -c^2 s_y(\mathbf{E} \cdot \mathbf{s}) \tag{2.24}$$

$$D_z(v_n^2 - c_z^2) = -c^2 s_z(\mathbf{E} \cdot \mathbf{s}) \tag{2.25}$$

と書ける．この3式をそれぞれ $v_n^2 - c_x^2$, $v_n^2 - c_y^2$, $v_n^2 - c_z^2$ で割り，さらにそれぞれに s_x, s_y, s_z をかけ合わせて加えると

$$0 = -c^2 \frac{s_x^2 (\mathbf{E} \cdot \mathbf{s})}{v_n^2 - c_x^2} - c^2 \frac{s_y^2 (\mathbf{E} \cdot \mathbf{s})}{v_n^2 - c_y^2} - c^2 \frac{s_z^2 (\mathbf{E} \cdot \mathbf{s})}{v_n^2 - c_z^2} \tag{2.26}$$

となる．ただし，$\mathbf{D} \perp \mathbf{s}$ より，$\mathbf{D} \cdot \mathbf{s} = D_x s_x + D_y s_y + D_z s_z = 0$ を用いている．(2.26)式より

$$\frac{s_x^2}{v_n^2 - c_x^2} + \frac{s_y^2}{v_n^2 - c_y^2} + \frac{s_z^2}{v_n^2 - c_z^2} = 0 \tag{2.27}$$

となり，これを Fresnel の法線方程式と呼ぶ．(2.27)式を用いることによって，ある異方性媒体が与えられれば，その誘電率テンソルによって c_x, c_y, c_z が決まり，任意の伝搬方向 $\mathbf{s}$ に対する位相速度 v_n が求まることになる．(2.27)式は，v_n に対する2次方程式となっているので，一般的には，2つの位相速度 v_{n1}, v_{n2} が存在することになる．光波の位相速度が異方性媒体中で，波面法線の方向によってどのように変わるのかを知るためには，xyz 座標系の原点から波面法線の方向に長さが v_n のベクトルを引き，その先端の軌跡である曲面を描くとよい(法線速度面と呼ぶ)．異方性媒体中では，1つの伝搬方向に対して位相速度は2つ存在しているので，2重の面からなる曲面を描くことになる．この形は，かなり複雑であるが，だいたいの形は次のように知ることができる．$v_n = r = \sqrt{x^2 + y^2 + z^2}$, $s_x = x/r$, $s_y = y/r$, $s_z = z/r$ とおくと，(2.27)式は

$$(r^2 - c_y^2)(r^2 - c_z^2) x^2 + (r^2 - c_z^2)(r^2 - c_x^2) y^2 + (r^2 - c_x^2)(r^2 - c_y^2) z^2 = 0 \tag{2.28}$$

と書ける．この曲面と例えば yz 面との交わりの曲線は，$x = 0$ とおいて

$$r_1^2 = v_{n1}^2 = c_x^2 \tag{2.29}$$

$$r_2^2 (y^2 + z^2) = v_{n2}^2 (y^2 + z^2) = c_z^2 y^2 + c_y^2 z^2 \tag{2.30}$$

(2.29), (2.30)式は，それぞれ円および卵形(Ovaloid；Fresnel の Ovaloid 面と呼ぶことがある)を表しており，この2重曲面を Fresnel の法線速度面と呼ぶ．この2重曲面は**図2.2**のように書け，一般的に2重曲面同士が交わる交点が2点存在し(図中丸囲み部分)，その2点を含むように x-z 面を取る．この交点

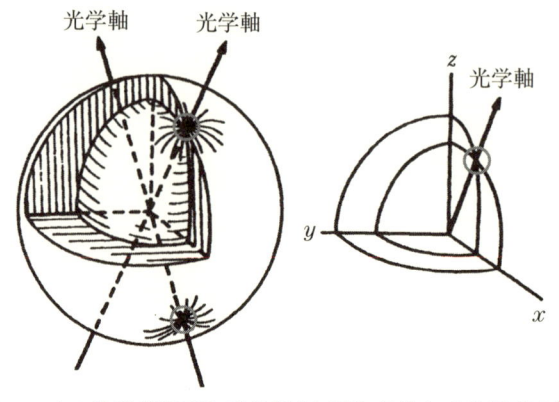

図 2.2 Fresnel の法線速度面と光学軸(応用物理学会光学懇話会[6], p.216 より抜粋のうえ一部加筆).

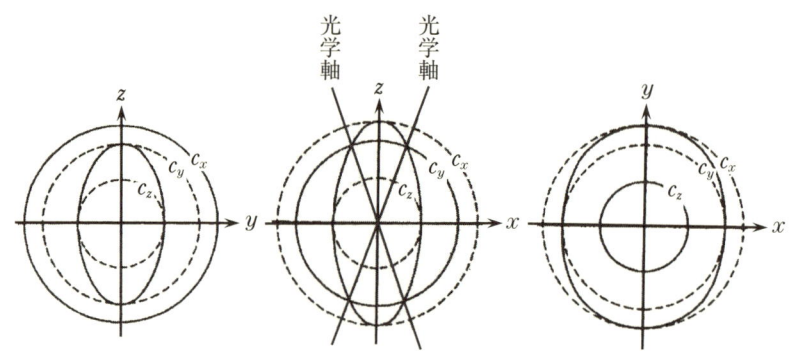

図 2.3 Fresnel の法線速度面(断面図)(応用物理学会光学懇話会[6], p.54 より一部抜粋のうえ加筆).

方向に伝搬する光波では 2 つの位相速度が一致し，異方性媒体中での光波伝搬にもかかわらず，位相速度が 1 つしか存在しない．これらの方向を**光学軸**(optical axes)と呼ぶ．光学軸方向に伝搬する光波はあたかも等方性媒体中を伝搬するかのように振る舞う．

$c_x > c_y > c_z$ となるように座標系を選ぶとして(習慣としてこのように座標系を選択することが多い)，各面との交わりの曲線を図示すると**図 2.3**のように

なる.

　異方性媒体中の電束密度と電場の間には，誘電率テンソルを用いて次のような関係があった．

$$\begin{pmatrix} D_x \\ D_y \\ D_z \end{pmatrix} = \begin{pmatrix} \varepsilon_x & 0 & 0 \\ 0 & \varepsilon_y & 0 \\ 0 & 0 & \varepsilon_z \end{pmatrix} \begin{pmatrix} E_x \\ E_y \\ E_z \end{pmatrix} = \varepsilon_0 \begin{pmatrix} n_x^2 & 0 & 0 \\ 0 & n_y^2 & 0 \\ 0 & 0 & n_z^2 \end{pmatrix} \begin{pmatrix} E_x \\ E_y \\ E_z \end{pmatrix} \tag{2.31}$$

これを書き直して

$$\begin{pmatrix} E_x \\ E_y \\ E_z \end{pmatrix} = \varepsilon_0 \begin{pmatrix} 1/n_x^2 & 0 & 0 \\ 0 & 1/n_y^2 & 0 \\ 0 & 0 & 1/n_z^2 \end{pmatrix} \begin{pmatrix} D_x \\ D_y \\ D_z \end{pmatrix} \tag{2.32}$$

これらの関係から，電場のエネルギー密度は

$$U_\mathrm{E} = \frac{\mathbf{D} \cdot \mathbf{E}}{2} = \frac{1}{2\varepsilon_0} \left(\frac{D_x^2}{n_x^2} + \frac{D_y^2}{n_y^2} + \frac{D_z^2}{n_z^2} \right) \tag{2.33}$$

となる．よって

$$\frac{\left(\dfrac{D_x}{\sqrt{2\varepsilon_0 U_\mathrm{E}}}\right)^2}{n_x^2} + \frac{\left(\dfrac{D_y}{\sqrt{2\varepsilon_0 U_\mathrm{E}}}\right)^2}{n_y^2} + \frac{\left(\dfrac{D_z}{\sqrt{2\varepsilon_0 U_\mathrm{E}}}\right)^2}{n_z^2} = 1 \tag{2.34}$$

となる．今，それぞれの分子を新しい xyz 座標軸として次のように下記に直す．

$$\frac{x^2}{n_x^2} + \frac{y^2}{n_y^2} + \frac{z^2}{n_z^2} = 1 \tag{2.35}$$

(2.35)式で表せる楕円体を**屈折率楕円体**(index ellipsoid)と呼ぶ(図 **2.4**)．x, y, z は主軸であり $n_x = \sqrt{\varepsilon_x}$，$n_y = \sqrt{\varepsilon_y}$，$n_z = \sqrt{\varepsilon_z}$ で定義され，主屈折率と呼ばれる．この楕円体を用いると，幾何学的な作図で異方性媒体中の光波伝搬を直感的に議論でき便利である．

　光学媒体は，主誘電率 $\varepsilon_x, \varepsilon_y, \varepsilon_z$ によって性質が決まり，その大小関係によって以下の「2軸異方性媒体」「1軸異方性媒体」「等方性媒体」の3種類に分類される．

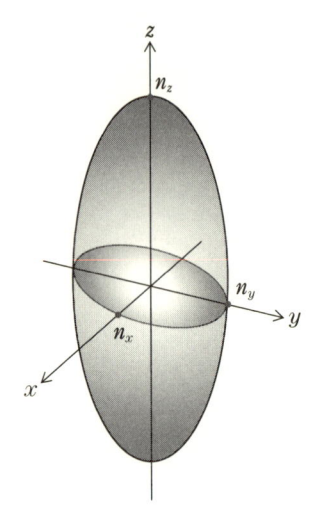

図 2.4 屈折率楕円体.

1) 2軸異方性媒体

$\varepsilon_x \neq \varepsilon_y \neq \varepsilon_z$ の場合であり，独立した光学軸が2本存在する．習慣として，$\varepsilon_x < \varepsilon_y < \varepsilon_z$ となるような座標系を選ぶ．結晶学的には，三斜晶系，単斜晶系，斜方晶系などがこれに属する．

2) 1軸異方性媒体

$\varepsilon_x, \varepsilon_y, \varepsilon_z$ のうち，2つが互いに等しい場合であり，$\varepsilon_x = \varepsilon_y < \varepsilon_z$（正結晶）か $\varepsilon_x = \varepsilon_y > \varepsilon_z$（負結晶）であり，光学軸は1本のみとなる．正結晶としては水晶や氷など，負結晶としては方解石など，が例示できる．また，現状でほとんどの液晶表示素子に用いられているネマチック液晶は，正の1軸異方性媒体が主に使われている（実際には負の1軸異方性を有するネマチック液晶も存在する）．結晶学的には，正方晶系，三方晶系，六方晶系などがこれに属する．

3) 等方性媒体

等方性媒体といってもここで定義するのは，アモルファス媒体ではなく，結晶ではあるが，光学的に等方という意味である．この場合には $\varepsilon_x = \varepsilon_y = \varepsilon_z$ となり，屈折率楕円体は球体となり，光波はあらゆる方向に同じ速さで伝搬する．結晶学的には立方晶系がこれに属する．

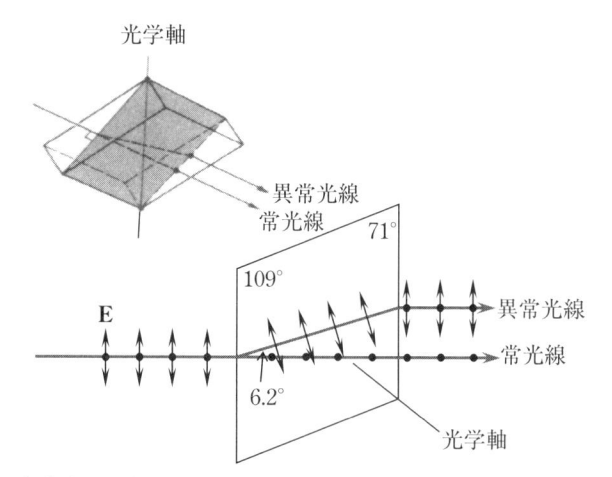

図 2.5 直交する電場ベクトル成分を有する光波の方解石主平面の伝搬(尾崎・朝倉[2]，II，p.88 より抜粋のうえ加筆).

　次に1軸異方性媒体を取り上げ，異方性媒質中の光波伝搬について説明する．方解石は3回対称軸(これが光学軸になる)を有する代表的な1軸異方性媒体であり，**図 2.5** に示すような形に容易に劈開(へきかい)することができる．
　光学軸を含む任意の面(**主平面**：principal plane と呼ぶ)のうち，一対の対向面に垂直な面(**主断面**：principal section と呼ぶ)での光波の伝搬を考える．すなわち光学軸は主断面内にあり，主断面に垂直に向いた電場成分に対しては(あるいは，主断面に直交した偏光に対しては)，等方性媒質中の伝搬と同様に振る舞い，位相速度 $v_\parallel$ で伝搬する．このような光波を**常光線**あるいは**正常波**(ordinary wave)と呼ぶ．一方，主断面内に向いた電場成分に対しては，電場ベクトルは光学軸に平行な成分と同時に，垂直な成分ももっている．光学軸に平行な成分と垂直な成分では，位相速度が異なるため，**図 2.6** に示すように，波面伝搬に関わる要素波が伸張することになる．このような光波を**異常光線**あるいは**異常波**(extraordinary wave)と呼ぶ．
　このようにして，結晶中の光波は互いに直交した直線偏光の常光と異常光に分かれて進む．この2つの平面波が発生する現象を**複屈折**(birefringence)と呼ぶ．2つの平面波の進行方向は同じであるが，**E** および **D** の方向および位相速

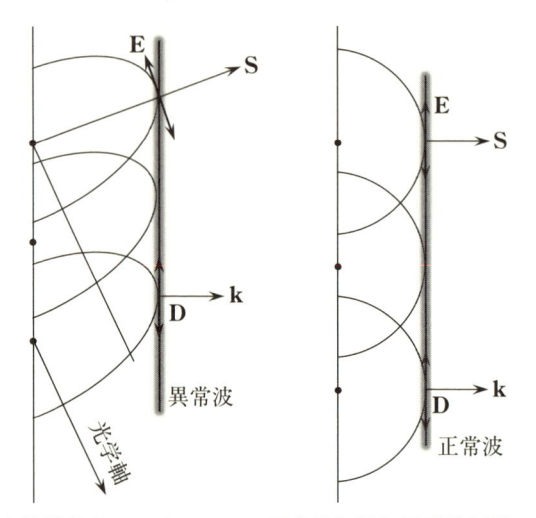

図 2.6 異方性媒体中のホイヘンスの要素波伝搬と電磁波伝搬の各ベクトルの関係.

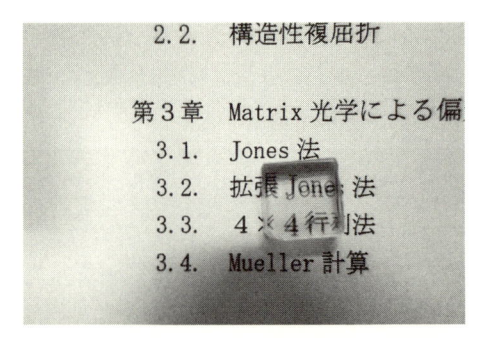

図 2.7 方解石のウォークオフによる光学現象.

度が異なっている．これらは，2つの平面波に対する媒体の屈折率が異なることに起因するものであり，$n_x = n_y = n_o$ を**常光屈折率**，$n_z = n_e$ を**異常光屈折率**と定義し，さらに複屈折率は $\Delta n = n_e - n_o$ で定義される．このような結晶の複屈折に起因する光学現象は，方解石を通して見た対象が2重に見える現象（ウォークオフ）として古くから知られている（**図 2.7**）．

2.2 構造性複屈折

2.1 節で見てきたように,複屈折は媒体の誘電率異方性により説明できる.しかしながら,複屈折は,分子や結晶レベルよりもはるかに大きなスケールの「構造起因の異方性」によっても発現できる[4].すなわち,大きさが分子・原子レベルよりもはるかに大きな等方性の材料を光の波長より十分小さな構造として配列させた場合がこれに相当する.このような複屈折を**構造性複屈折**(form birefringence)と呼び,近年のナノインプリント法などの成形技術の進展と相まって,量産可能な波長板など多くの光学素子への期待が高まっている.

今,図 2.8 に示すような薄い平行平板の形をした等方性媒質が規則的に配列した場合を取り上げ,構造性複屈折の原理を説明する.

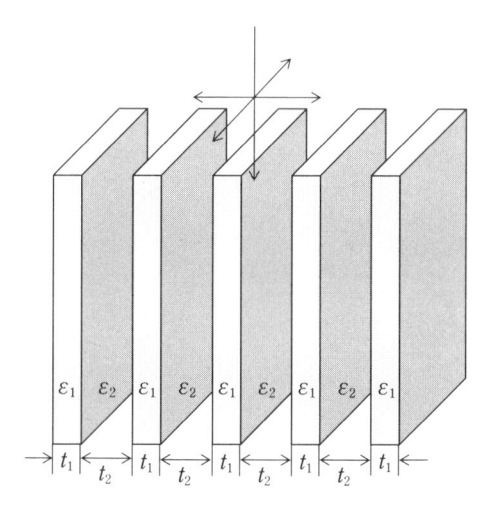

図 2.8 平行平板を周期的に並べた構造性複屈折媒体.

まず,このような周期構造に図 2.8 に示すように単色平面波が入射し,その電場ベクトルが平板と直交していると仮定する(図 2.8 上部の横向きの矢印).光波の波長が周期構造に対して十分に長い場合には,境界面での電束密度 **D**

の法線成分は電磁場の境界条件から連続であり，媒体全体にわたって **D** は一定となる．おのおのの領域における電場 $\mathbf{E}_1, \mathbf{E}_2$ は

$$\mathbf{E}_1 = \frac{\mathbf{D}}{\varepsilon_1} \tag{2.36}$$

$$\mathbf{E}_2 = \frac{\mathbf{D}}{\varepsilon_2} \tag{2.37}$$

で与えられ，全体積で平均した電場 **E** は

$$\mathbf{E} = \frac{t_1 \dfrac{\mathbf{D}}{\varepsilon_1} + t_2 \dfrac{\mathbf{D}}{\varepsilon_2}}{t_1 + t_2} \tag{2.38}$$

となる．よってこの場合の実効誘電率 $\varepsilon_\perp$ は

$$\varepsilon_\perp = \frac{\mathbf{D}}{\mathbf{E}} = \frac{(t_1 + t_2)\varepsilon_1 \varepsilon_2}{t_1 \varepsilon_2 + t_2 \varepsilon_1} = \frac{\varepsilon_1 \varepsilon_2}{f_1 \varepsilon_2 + f_2 \varepsilon_1} \tag{2.39}$$

で与えられる．ただし，$f_1 = t_1/(t_1 + t_2)$, $f_2 = t_2/(t_1 + t_2)$ は，それぞれ平板と媒体の全体積に対する比率であり**充填率**(filling factor)と呼ばれている．次に，入射光の電場ベクトルが平板と平行の場合を考える（図 2.8 上部の斜め向き矢印）．この場合には，電場 **E** の接線成分は連続であるので，媒体全体にわたって電場 **E** は一様である．これにより 2 つの領域における電束密度は

$$\mathbf{D}_1 = \varepsilon_1 \mathbf{E} \tag{2.40}$$

$$\mathbf{D}_2 = \varepsilon_2 \mathbf{E} \tag{2.41}$$

で与えられ，平均電束密度は

$$\mathbf{D} = \frac{t_1 \varepsilon_1 \mathbf{E} + t_2 \varepsilon_2 \mathbf{E}}{t_1 + t_2} \tag{2.42}$$

となる．ゆえに，この場合の実効誘電率は

$$\varepsilon_\parallel = \frac{\mathbf{D}}{\mathbf{E}} = \frac{t_1 \varepsilon_2 + t_2 \varepsilon_1}{t_1 + t_2} = f_1 \varepsilon_1 + f_2 \varepsilon_2 \tag{2.43}$$

で与えられる．(2.39)式と(2.43)式から，実効的な誘電率異方性は

$$\varepsilon_\parallel - \varepsilon_\perp = \frac{f_1 f_2 (\varepsilon_1 - \varepsilon_2)^2}{f_1 \varepsilon_2 + f_2 \varepsilon_1} \tag{2.44}$$

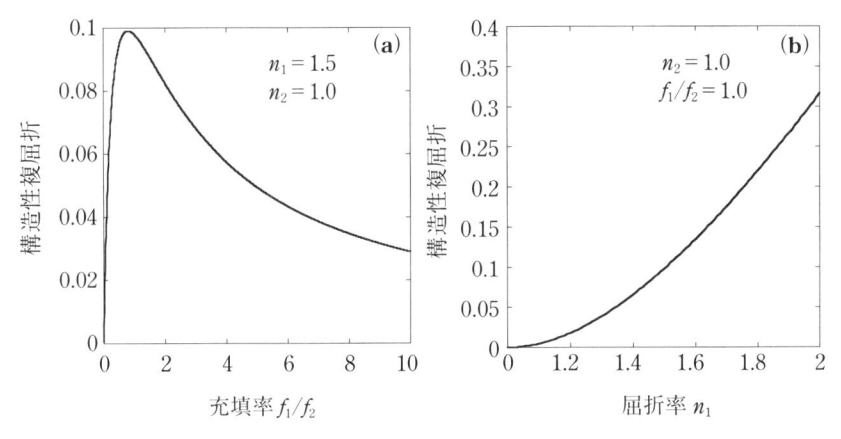

第 2 章　異方性媒体中の光波伝搬　　　　　　　　　　　　　　　　31

図 2.9 板状構造における構造性複屈折の充填率(a)と媒体の屈折率(b)依存性.

となる．屈折率によって表現すれば

$$n_\mathrm{e}^2 - n_\mathrm{o}^2 = \frac{f_1 f_2 (n_1^2 - n_2^2)^2}{f_1 n_2^2 + f_2 n_1^2} \quad (2.45)$$

となる．構造性複屈折の充填率依存性と媒体の屈折率依存性を**図 2.9** に示す．

以上，板状構造における構造性複屈折について考察してきたが，次に議論をさらに一般化してみる．光学的異方性を有する物質中を光波が透過し，偏光状態が変換されることを，光波の電場と媒体の相互作用によって分極ベクトル $\mathbf{P} = (P_x, P_y, P_z)$ が誘起され，その誘電分極からの再放射によって光波が発生するプロセスであると考える．誘電分極ベクトルから放射される**放射効率**(depolarization factor)を $\mathbf{Q} = (Q_x, Q_y, Q_z)$ と書くと，放射される光波の電場成分は

$$E_x = E_{0x} - \frac{Q_x}{\varepsilon_0} P_x \quad (2.46)$$

$$E_y = E_{0y} - \frac{Q_y}{\varepsilon_0} P_y \quad (2.47)$$

$$E_z = E_{0z} - \frac{Q_z}{\varepsilon_0} P_z \tag{2.48}$$

となる．今，等方性媒体を仮定し，**誘電感受率**(dielectric susceptibility) χ を導入すると

$$\begin{bmatrix} P_x \\ P_y \\ P_z \end{bmatrix} = \varepsilon_0 \begin{bmatrix} \chi & 0 & 0 \\ 0 & \chi & 0 \\ 0 & 0 & \chi \end{bmatrix} \begin{bmatrix} E_x \\ E_y \\ E_z \end{bmatrix} \tag{2.49}$$

となる．(2.46)～(2.49)式より

$$P_x = \frac{\varepsilon_0 E_{0x}}{1/\chi + Q_x} \tag{2.50}$$

$$P_y = \frac{\varepsilon_0 E_{0y}}{1/\chi + Q_y} \tag{2.51}$$

$$P_z = \frac{\varepsilon_0 E_{0z}}{1/\chi + Q_z} \tag{2.52}$$

となる．構造性複屈折は，充填率に依存し，それによって分極ベクトルを再定義すると

$$P_\alpha = f \frac{\varepsilon_0 E_{0\alpha}}{1/\chi + Q_\alpha} \quad (\alpha = x, y, z) \tag{2.53}$$

と書ける．これは，微細構造を有する複合体の誘電分極であり，複合系での実効電場および実効感受率を新たに導入して

$$P_\alpha = \varepsilon_0 \chi'_{\alpha\alpha} E'_\alpha \quad (\alpha = x, y, z) \tag{2.54}$$

となる．これから実効電場は

$$E'_\alpha = E_{0\alpha} - \frac{Q_\alpha}{\varepsilon_0} f \frac{\varepsilon_0 E_{0\alpha}}{1/\chi + Q_\alpha} = E_{0\alpha}\left(1 - \frac{fQ_\alpha}{1/\chi + Q_\alpha}\right) \quad (\alpha = x, y, z) \tag{2.55}$$

となる．(2.53), (2.54), (2.55)式から

$$f \frac{\varepsilon_0 E_{0\alpha}}{1/\chi + Q_\alpha} = \varepsilon_0 \chi'_{\alpha\alpha} E_{0\alpha}\left(1 - \frac{fQ_\alpha}{1/\chi + Q_\alpha}\right) \tag{2.56}$$

となる．(2.56)式から

$$\chi'_{\alpha\alpha} = \frac{f}{1/\chi + Q_\alpha(1-f)} \tag{2.57}$$

となる．(2.57)式から誘電率テンソルは次のように書ける．

$$\varepsilon_{\alpha\alpha} = 1 + \chi'_{\alpha\alpha} = 1 + \frac{f}{1/\chi + Q_\alpha(1-f)} = \frac{1/\chi + Q_\alpha(1-f) + f}{1/\chi + Q_\alpha(1-f)} \tag{2.58}$$

誘電感受率は，屈折率を用いて，以下のように置き換えられる．

$$\chi \to \left(\frac{n_2^2}{n_1^2} - 1 \right) \tag{2.59}$$

$$\chi'_{\alpha\alpha} \to \left(\frac{n_\alpha^2}{n_1^2} - 1 \right) \tag{2.60}$$

最終的に構造的な光学異方性を有する媒体の屈折率は，以下のように書ける．

$$\frac{n_\alpha^2}{n_1^2} - 1 = \frac{f[(n_2^2/n_1^2) - 1]}{1 + (1-f)Q_\alpha[(n_2^2/n_1^2) - 1]} \tag{2.61}$$

構造性複屈折を示す可能性のある微細複合体構造を**図2.10**に示す．構造の異方性のパラメータとして $m = c/a$ を導入して，図2.10に示した微細複合体構造の放射効率 Q_α を**表2.1**にまとめる．

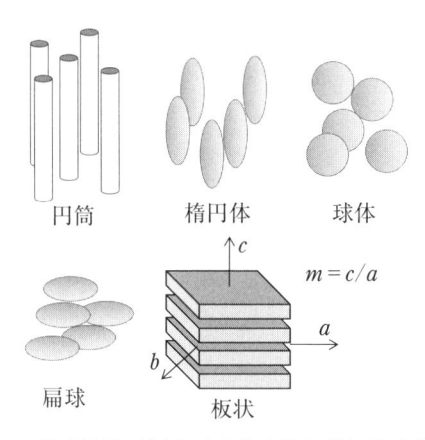

図2.10 構造性複屈折を示す代表的な微細複合体構造．

表 2.1 各種構造に対する放射効率.

構造		放 射 効 率
円筒	$m \gg 1$	$Q_c = Q_e = 0 \quad Q_a = Q_b = Q_o = \dfrac{1}{2}$
楕円体	$m > 1$	$Q_c = Q_e = \dfrac{1}{m^2 - 1}\left\{\dfrac{m}{\sqrt{m^2-1}}\ln(m+\sqrt{m^2-1}) - 1\right\}$
		$Q_a = Q_b = Q_o = \dfrac{1}{2}(1 - Q_c)$
球体	$m = 1$	$Q_a = Q_b = Q_c = \dfrac{1}{3}$
扁球	$m < 1$	$Q_c = Q_e = \dfrac{1}{1-m^2}\left\{1 - \dfrac{m}{\sqrt{1-m^2}}\arccos(m)\right\}$
		$Q_a = Q_b = Q_o = \dfrac{1}{2}(1 - Q_c)$
板状	$m \ll 1$	$Q_c = Q_e = 1 \quad Q_a = Q_b = Q_o = 0$

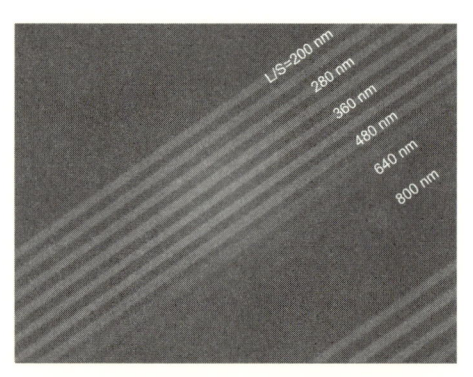

図 2.11 ナノインプリント法で作成した微細周期構造のクロスニコル配置での偏光顕微鏡写真．格子周期 L/S は Line & Space を示している．偏光子配置はクロスニコル配置であり，光が透過してきている部分には用いた材料は等方性プラスチックであるにも関わらず，構造性に起因する複屈折があることになる．

構造性複屈折を有する対象物は，例えばナノインプリントというモールドから微細構造を成形する技術によって形成可能であり，設計された複屈折を人工的に大量生産できるため，種々の高機能光学デバイスに応用されている．図 **2.11** にナノインプリントで形成された格子構造の偏光顕微鏡写真を示す．格子周期(L/S)が可視域の波長よりも微細になってくると構造部分から光が透過してきており，構造性複屈折が生じているのがわかる．

第3章

Matrix 光学による偏光解析

3.1 Jones 法

完全偏光状態にある光波電場ベクトルの互いに直交した2成分は，確定した位相差をもち，xy 成分を要素とする列ベクトルで次のように表すことができる[7〜16]．

$$\mathbf{E} = \begin{bmatrix} E_x \\ E_y \end{bmatrix} = \begin{bmatrix} A_x \exp i(\omega t - kz + \delta_x) \\ A_y \exp i(\omega t - kz + \delta_y) \end{bmatrix}$$

$$= \exp i(\omega t - kz) \begin{bmatrix} A_x \exp(i\delta_x) \\ A_y \exp(i\delta_y) \end{bmatrix} \quad (3.1)$$

(3.1)式の表記は**完全Jonesベクトル**（full Jones vector）と呼ばれる．偏光状態を議論する多くの場合には，波動の絶対位相は問題ではなく，さらに両成分の共通の位相成分 $\exp i(\omega t - kz)$ を省略して次のように書ける．

$$\mathbf{E} = \begin{bmatrix} A_x \\ A_y \exp(i\delta) \end{bmatrix} \quad (3.2)$$

ただし $\delta = \delta_y - \delta_x$ である．状態のみに着目するならば，各成分の振幅も規格化して

$$\mathbf{E} = \frac{1}{\sqrt{|A_x|^2 + |A_y|^2}} \begin{bmatrix} A_x \exp(i\delta_x) \\ A_y \exp(i\delta_y) \end{bmatrix} = \frac{1}{\sqrt{|A_x|^2 + |A_y|^2}} \begin{bmatrix} A_x \\ A_y \exp(i\delta) \end{bmatrix} \quad (3.3)$$

と書ける．(3.3)式の表示を**規格化Jonesベクトル**（normalized Jones vector）と呼ぶ．具体的に偏光方位角 ϕ の直線偏光の Jones ベクトルは

$$\mathbf{E} = \begin{bmatrix} \cos\phi \\ \sin\phi \end{bmatrix} \quad (3.4)$$

偏光方位角 ϕ，長軸・短軸の長さが a，b の左回り楕円偏光の Jones ベクトルは

$$\mathbf{E} = \frac{1}{\sqrt{a^2+b^2}} \begin{bmatrix} a\cos\phi + ib\sin\phi \\ a\sin\phi - ib\cos\phi \end{bmatrix} \tag{3.5}$$

同様に右回り楕円偏光のJonesベクトルは

$$\mathbf{E} = \frac{1}{\sqrt{a^2+b^2}} \begin{bmatrix} a\cos\phi - ib\sin\phi \\ a\sin\phi + ib\cos\phi \end{bmatrix} \tag{3.6}$$

となる.なお,Jonesベクトルが$\mathbf{e}_1$および$\mathbf{e}_2$で与えられる2つの偏光において

$$\mathbf{e}_1 \cdot \mathbf{e}_2^* = 0 \tag{3.7}$$

が満足されるとき,2つの偏光状態は直交しているという.ここで,$\mathbf{e}_2^*$は$\mathbf{e}_2$の複素共役である.互いに直交した偏光を固有偏光と呼ぶ.例えば,互いに直交した直線偏光では

$$\begin{bmatrix} \cos\phi \\ \sin\phi \end{bmatrix} \begin{bmatrix} \cos(\phi+\pi/2) \\ \sin(\phi+\pi/2) \end{bmatrix} = 0 \tag{3.8}$$

であり,2つの偏光状態は互いに直交している.また,右回りおよび左回りの円偏光では

$$\frac{1}{\sqrt{2}} \begin{bmatrix} 1 \\ i \end{bmatrix} \frac{1}{\sqrt{2}} \begin{bmatrix} -i \\ 1 \end{bmatrix} = 0 \tag{3.9}$$

であり,やはり互いに直交している.また,より一般的に互いに偏光方位角が直交し,楕円率が同じである左右の楕円偏光においては

$$\begin{bmatrix} a\cos\phi + ib\sin\phi \\ a\sin\phi - ib\cos\phi \end{bmatrix} \begin{bmatrix} a\sin\phi - ib\cos\phi \\ -a\cos\phi - ib\sin\phi \end{bmatrix} = 0 \tag{3.10}$$

となり,やはり互いに直交している.これらの直交関係のある偏光同士の干渉においては,強度が空間的に均一で偏光状態のみが変調されるといった干渉縞が与えられ,第2部で詳しく説明する偏光干渉によって記録するベクトルホログラフィにおいて大きな役割を果たす.

偏光が異方性媒体を透過すると,偏光状態が変化するが,その出力光波の電場ベクトルは一般的に,2行2列の行列$\mathbf{T}$を用いて

$$\mathbf{E}_{\mathrm{out}} = \mathbf{T} \cdot \mathbf{E}_{\mathrm{in}} \tag{3.11}$$

で与えられる.行列$\mathbf{T}$は

第3章 Matrix 光学による偏光解析

$$\mathbf{T} = \begin{bmatrix} t_{11} & t_{12} \\ t_{21} & t_{22} \end{bmatrix} \tag{3.12}$$

であり，**Jones 行列**(Jones matrix)と呼ばれる．行列要素 t_{ij} は，異方性媒体の吸収，2色性，複屈折，厚さ，などの関数であり一般的に複素数である．Jones 法に限らず，このような「マトリックス光学」の優れた点は，複数の媒体や光学要素を組み合わせたときの計算が容易になることである．今，光学異方性を有し，Jones 行列が $\mathbf{T}_i (i=1, 2, \cdots, N)$ で与えられる N 個の光学要素を光波が透過したとすると，出力光の電場ベクトルは以下のように計算できる[15,16]．

$$\mathbf{E}_{\mathrm{out}} = \mathbf{T}_N \cdot \mathbf{T}_{N-1} \cdots \mathbf{T}_2 \cdot \mathbf{T}_1 \cdot \mathbf{E}_{\mathrm{in}} \tag{3.13}$$

次に，具体的に Jones 行列計算の例について見ていくこととする．

まず，吸収に異方性をもつ媒体を考える．例えば，液晶表示素子に広く使われている光吸収型の偏光フィルムの場合には，1軸方向に(無限に)強い吸収があり，それと直交した偏光電場のみが透過するようになっており，その Jones 行列は明らかに次のように与えられる．

$$\mathbf{T} = \begin{bmatrix} 1 & 0 \\ 0 & 0 \end{bmatrix} \exp\left(-i \frac{2\pi}{\lambda} nd\right) \tag{3.14}$$

ここで，λ は入射光の波長，n, d は媒質の屈折率(厳密には透過軸方向の屈折率)と厚さである．(3.14)式において，$\exp(-i2\pi nd/\lambda)$ は，xy 成分に共通の位相項であり，光波の偏光状態には寄与しないので，通常は以下のように省略して書く．

$$\mathbf{T} = \begin{bmatrix} 1 & 0 \\ 0 & 0 \end{bmatrix} \tag{3.15}$$

より一般的に，**消衰係数**(extinction coefficient)に異方性があり，各軸方向の消衰係数を α_1, α_2 とすると(**2色性**；dichroism；$\alpha_1 - \alpha_2$)

$$\mathbf{T}(\alpha_1; \alpha_2) = \begin{bmatrix} \exp(-\alpha_1 d) & 0 \\ 0 & \exp(-\alpha_2 d) \end{bmatrix} \tag{3.16}$$

となる．

次に，透明な1軸異方性媒体について考える．光学軸が x 軸と平行な1軸異方性媒体の Jones 行列は，各成分での位相の遅れを考えて

$$\mathbf{T} = \begin{bmatrix} \exp\left(-i\dfrac{2\pi n_\mathrm{e} d}{\lambda}\right) & 0 \\ 0 & \exp\left(-i\dfrac{2\pi n_\mathrm{o} d}{\lambda}\right) \end{bmatrix} \tag{3.17}$$

で与えられる．ここで，n_o および n_e は媒体の常光および異常光屈折率を，d は媒体の厚さをそれぞれ表す．今，$\Gamma = 2\pi(n_\mathrm{e} - n_\mathrm{o})d/\lambda = 2\pi\Delta nd/\lambda$ とすると，(3.17)式は

$$\mathbf{T} = \exp[-i\pi(n_\mathrm{e} + n_\mathrm{o})d/\lambda]\begin{bmatrix} \exp(-i\Gamma/2) & 0 \\ 0 & \exp(i\Gamma/2) \end{bmatrix} \tag{3.18}$$

と変形することができる．ここで，$\exp[-i\pi(n_\mathrm{e} + n_\mathrm{o})d/\lambda]$ は電場の x 成分と y 成分に対して共通に作用する位相項であり，光波の偏光状態には寄与しないことから，一般的には省略することが可能であり

$$\mathbf{T}(\Gamma) = \begin{bmatrix} \exp(-i\Gamma/2) & 0 \\ 0 & \exp(i\Gamma/2) \end{bmatrix} \tag{3.19}$$

と書ける．もし，複屈折と2色性を両方もっている媒体の場合には

$$\begin{aligned} \mathbf{T} &= \mathbf{T}(\alpha_1;\alpha_2) \cdot \mathbf{T}(\Gamma) \\ &= \begin{bmatrix} \exp(-\alpha_1 d) & 0 \\ 0 & \exp(-\alpha_2 d) \end{bmatrix} \begin{bmatrix} \exp(-i\Gamma/2) & 0 \\ 0 & \exp(i\Gamma/2) \end{bmatrix} \\ &= \begin{bmatrix} \exp(-\alpha_1 d)\exp(-i\Gamma/2) & 0 \\ 0 & \exp(-\alpha_2 d)\exp(i\Gamma/2) \end{bmatrix} \end{aligned} \tag{3.20}$$

とすればよい．

光学軸が，実験室座標系 (xy) から ϕ だけ傾いているときの取り扱いについて説明する(図 3.1)．

まず，媒体中の偏光伝搬を対角行列で記述可能にするため，座標系を ϕ だけ回転する．

$$\begin{bmatrix} E_\mathrm{e} \\ E_\mathrm{o} \end{bmatrix} = \begin{bmatrix} \cos\phi & \sin\phi \\ -\sin\phi & \cos\phi \end{bmatrix} \begin{bmatrix} E_x^\mathrm{in} \\ E_y^\mathrm{in} \end{bmatrix} = \mathbf{R}(\phi) \cdot \mathbf{E}_\mathrm{in} \tag{3.21}$$

ここで，$\mathbf{R}(\phi)$ は**回転行列**(rotation matrix)である．このように座標変換すると，1軸異方性媒体中では，光電場ベクトルのe軸成分とo軸成分が，それぞ

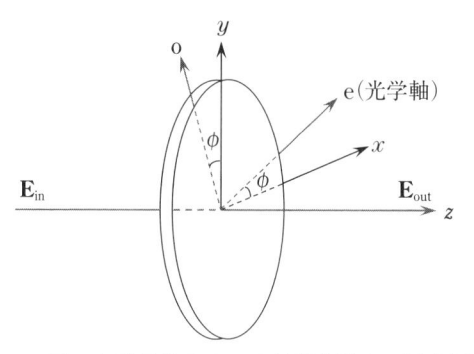

図3.1 傾いた光学軸をもつ1軸異方性中の偏光伝搬.

れの屈折率 n_e, n_o に相当する位相速度で，それぞれ伝搬すると考えることが可能になり，1軸異方性媒体から出射した光電場ベクトルは

$$\begin{bmatrix} E'_x \\ E'_y \end{bmatrix} = \begin{bmatrix} \exp(-i\Gamma/2) & 0 \\ 0 & \exp(i\Gamma/2) \end{bmatrix} \begin{bmatrix} E_e \\ E_o \end{bmatrix} = \mathbf{T}(\Gamma) \begin{bmatrix} E_e \\ E_o \end{bmatrix} \quad (3.22)$$

のように対角行列を用いて記述できるようになる．最終的に実験室座標系に再度戻すことが必要であるので

$$\mathbf{E}_{\text{out}} = \begin{bmatrix} \cos\phi & -\sin\phi \\ \sin\phi & \cos\phi \end{bmatrix} \begin{bmatrix} E'_x \\ E'_y \end{bmatrix} = \mathbf{R}(-\phi) \begin{bmatrix} E'_x \\ E'_y \end{bmatrix} \quad (3.23)$$

となる．一連の流れをまとめると

$$\begin{aligned} \mathbf{E}_{\text{out}} &= \mathbf{R}(-\phi) \cdot \mathbf{T}(\Gamma) \cdot \mathbf{R}(\phi) \cdot \mathbf{E}_{\text{in}} \\ &= \mathbf{R}(-\phi) \begin{bmatrix} \exp(-i\Gamma/2) & 0 \\ 0 & \exp(i\Gamma/2) \end{bmatrix} \mathbf{R}(\phi) \mathbf{E}_{\text{in}} \end{aligned} \quad (3.24)$$

となる．

特別な場合として，$\Delta nd = \lambda/2$ すなわち $\Gamma = \pi$ の複屈折板（これを $\lambda/2$ 板と呼ぶ）に偏光方位角と光学軸の成す角が ϕ の直線偏光を入射させたとすると

$$\begin{aligned} \mathbf{E}_{\text{out}} &= \mathbf{R}(-\phi) \cdot \mathbf{T}(\pi) \cdot \mathbf{R}(\phi) \begin{bmatrix} 1 \\ 0 \end{bmatrix} \\ &= \mathbf{R}(-\phi) e^{-i\frac{\pi}{2}} \begin{bmatrix} 1 & 0 \\ 0 & -1 \end{bmatrix} \mathbf{R}(\phi) \begin{bmatrix} 1 \\ 0 \end{bmatrix} = e^{-i\frac{\pi}{2}} \begin{bmatrix} \cos 2\phi \\ \sin 2\phi \end{bmatrix} \end{aligned} \quad (3.25)$$

となり，出射光の偏光状態は直線偏光のままで偏光方位角が 2ϕ 回転することになる．入射光が右回り円偏光だと

$$\mathbf{E}_{\text{out}} = \mathbf{T}(\pi) \frac{1}{\sqrt{2}} \begin{bmatrix} 1 \\ i \end{bmatrix} = e^{-i\frac{\pi}{2}} \begin{bmatrix} 1 & 0 \\ 0 & -1 \end{bmatrix} \frac{1}{\sqrt{2}} \begin{bmatrix} 1 \\ i \end{bmatrix} = \frac{1}{\sqrt{2}} e^{-i\frac{\pi}{2}} \begin{bmatrix} 1 \\ -i \end{bmatrix} \quad (3.26)$$

となり，出射光の偏光状態は左回り円偏光に変換される．このような $\lambda/2$ 板の働きをまとめると，**図 3.2** のようになる．

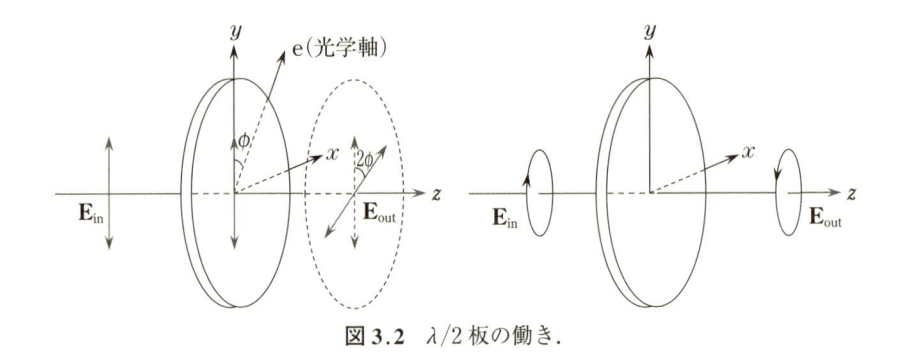

図 3.2 $\lambda/2$ 板の働き．

また，$\Delta n d = \lambda/4$ すなわち $\Gamma = \pi/2$ の複屈折板（これを $\lambda/4$ 板と呼ぶ）に光学軸と成す角が $\pm 45°$ の直線偏光を入射させたとすると

$$\mathbf{E}_{\text{out}} = e^{-i\frac{\pi}{4}} \begin{bmatrix} 1 & 0 \\ 0 & i \end{bmatrix} \begin{bmatrix} \cos(\pm 45°) \\ \sin(\pm 45°) \end{bmatrix} = \frac{1}{\sqrt{2}} \begin{bmatrix} 1 \\ \pm i \end{bmatrix} \quad (3.27)$$

となり，左右回りの円偏光に変換される．$\lambda/4$ 板の働きをまとめると，**図 3.3** のようになる．

次に，複数の媒体を組み合わせた場合について考えてみることとする．**図 3.4** は，1 軸異方性媒体である複屈折板を 2 枚の偏光板で挟んだ物である．光が入射する側の偏光板を**偏光子**（polarizer），出射側の偏光板を**検光子**（analyzer）と呼ぶ．一組の偏光板の透過軸が互いに平行な配置をパラレルニコル配置，互いに直交した配置をクロスニコル配置と呼ぶ．

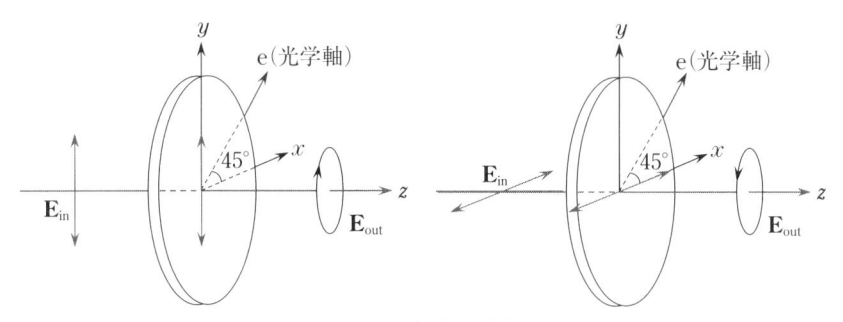

第3章　Matrix光学による偏光解析　　43

図3.3　λ/4板の働き．

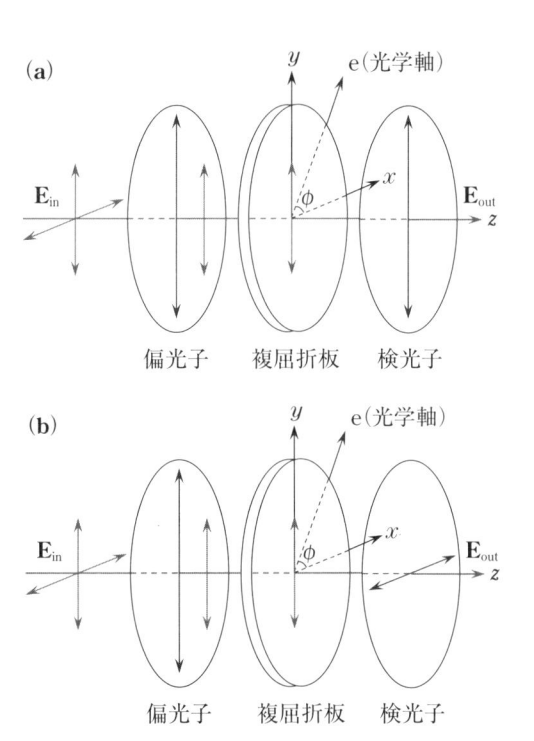

図3.4　(a)パラレルニコル光学配置，および(b)クロスニコル光学配置．

まず，パラレルニコル配置のときの出射光電場について計算する．

$$\mathbf{E}_{\text{out}} = \begin{bmatrix} 0 & 0 \\ 0 & 1 \end{bmatrix} \mathbf{R}(-\phi) \cdot \mathbf{T}(\varGamma) \cdot \mathbf{R}(\phi) \begin{bmatrix} 0 \\ 1 \end{bmatrix}$$
$$= \begin{bmatrix} 0 \\ \cos\left(\dfrac{\varGamma}{2}\right) + i\cos 2\phi \sin\left(\dfrac{\varGamma}{2}\right) \end{bmatrix} \tag{3.28}$$

今，$\phi = 45°$ とすると，透過光強度は

$$I \propto \cos^2\left(\dfrac{\varGamma}{2}\right) = \cos^2\left[\dfrac{\pi(n_{\text{e}} - n_{\text{o}})\lambda}{d}\right] \tag{3.29}$$

となる．一方，クロスニコル配置の場合には

$$\mathbf{E}_{\text{out}} = \begin{bmatrix} 1 & 0 \\ 0 & 0 \end{bmatrix} \mathbf{R}(-\phi) \cdot \mathbf{T}(\varGamma) \cdot \mathbf{R}(\phi) \begin{bmatrix} 0 \\ 1 \end{bmatrix}$$
$$= -i \begin{bmatrix} \sin 2\phi \sin\left(\dfrac{\varGamma}{2}\right) \\ 0 \end{bmatrix} \tag{3.30}$$

となる．同様に $\phi = 45°$ とすると，透過光強度は

$$I \propto \sin^2\left(\dfrac{\varGamma}{2}\right) = \sin^2\left[\dfrac{\pi(n_{\text{e}} - n_{\text{o}})\lambda}{d}\right] \tag{3.31}$$

となる．(3.29)および(3.31)式に示されているように，$\phi = 45°$ 透過光強度は，パラレルニコル配置のときには，$\varGamma = (2m+1)\pi$ で，クロスニコル配置のときには，$\varGamma = 2m\pi$ でゼロとなる．このことは，$\varGamma$ がこの条件のときには，複屈折板は，前述した $\lambda/2$ 板の条件を満足し，偏光子から出射した直線偏光の偏光方向が回転し，$\phi = 2 \times 45° = 90°$ となることを意味している．

次に，鏡での反射での Jones 行列を定義する．今，入射光の伝搬方向を $+z$ とし，右手系で xyz 座標を考える．入射光は直線偏光とし，x 軸とその電場 $\mathbf{E}$ の振動方向との成す角を，図 3.5(a) のように α とする．このとき，入射光の Jones ベクトルは

$$\mathbf{E}_{\text{i}} = \begin{bmatrix} \cos \alpha \\ \sin \alpha \end{bmatrix} \tag{3.32}$$

で与えられる．垂直入射を考えると，ミラーで反射された光の電場の振動方向は，入射光と同様に x 軸と α の角度を成す(図 3.5(b)参照)．ただし反射光の

伝搬方向は $-z$ となる．偏光は，光が伝搬してくる方向を見て定義されるので，改めて反射光の伝搬方向を Z とする XYZ 座標系を考える（図 3.5（c）および（d）参照）．結果として，X 軸と $\mathbf{E}$ の成す角は $-\alpha$ となり，反射光の Jones ベクトルは，XYZ 座標系において

$$\mathbf{E}_\mathrm{r} = \begin{bmatrix} \cos\alpha \\ -\sin\alpha \end{bmatrix} \tag{3.33}$$

となる．(3.32)式から(3.33)式への変換を与える行列が反射の Jones 行列であり

$$\mathbf{M} = \begin{bmatrix} 1 & 0 \\ 0 & -1 \end{bmatrix} \tag{3.34}$$

となる．

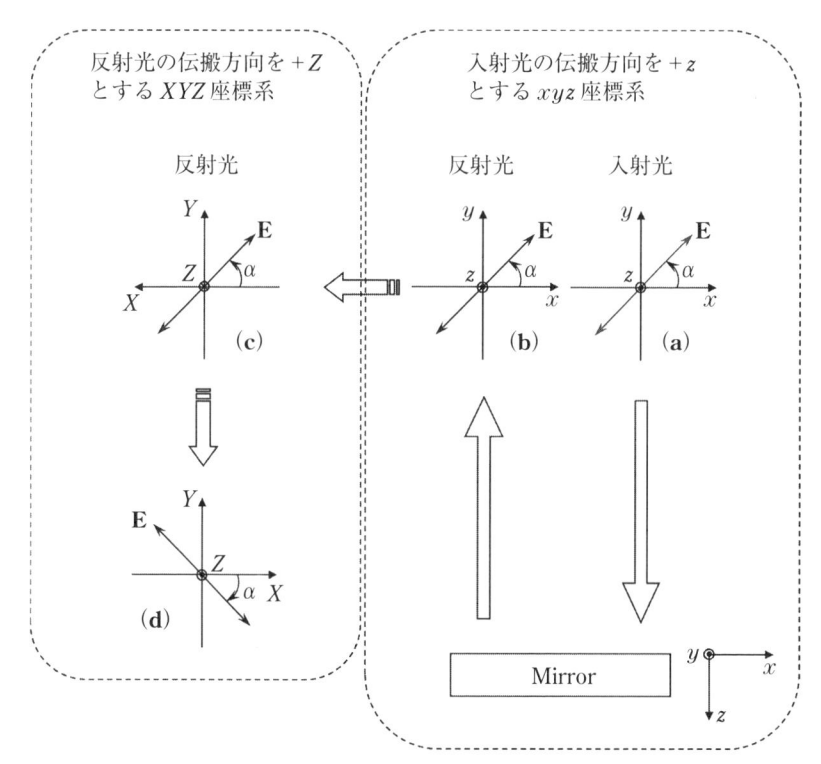

図 3.5 反射光学系での偏光状態．

表 3.1 代表的な Jones 行列

偏光素子	軸の方向	Jones 行列
偏光子	透過軸 0 度	$\mathbf{P}_0 = \begin{pmatrix} 1 & 0 \\ 0 & 0 \end{pmatrix}$
	透過軸 90 度	$\mathbf{P}_{90} = \begin{pmatrix} 0 & 0 \\ 0 & 1 \end{pmatrix}$
	透過軸 45 度	$\mathbf{P}_{45} = \dfrac{1}{2}\begin{pmatrix} 1 & 1 \\ 1 & 1 \end{pmatrix}$
	透過軸 −45 度	$\mathbf{P}_{-45} = \dfrac{1}{2}\begin{pmatrix} 1 & -1 \\ -1 & 1 \end{pmatrix}$
	透過軸 ϕ	$\mathbf{P}_\phi = \mathbf{R}(-\phi)\cdot\mathbf{P}_0\cdot\mathbf{R}(\phi) = \begin{pmatrix} \cos^2\phi & \sin\phi\cos\phi \\ \sin\phi\cos\phi & \sin^2\phi \end{pmatrix}$
位相差板	y 軸方向に対して x 軸方向の位相遅れが Γ	$\mathbf{T} = \begin{pmatrix} \exp(-i\Gamma/2) & 0 \\ 0 & \exp(i\Gamma/2) \end{pmatrix}$
1/4 波長板	遅相軸 0 度	$\mathbf{T}^{0Q} = \begin{bmatrix} \exp(-i\pi/4) & 0 \\ 0 & \exp(i\pi/4) \end{bmatrix}$ あるいは $\begin{bmatrix} 1 & 0 \\ 0 & i \end{bmatrix}$
	遅相軸 90 度	$\mathbf{T}^{90Q} = \begin{bmatrix} \exp(i\pi/4) & 0 \\ 0 & \exp(-i\pi/4) \end{bmatrix}$ あるいは $\begin{bmatrix} 1 & 0 \\ 0 & -i \end{bmatrix}$
	遅相軸 45 度	$\mathbf{T}^{45Q} = \mathbf{R}(-45°)\cdot\mathbf{T}^{0Q}\cdot\mathbf{R}(45°) - \dfrac{1}{\sqrt{2}}\begin{pmatrix} 1 & -i \\ -i & 1 \end{pmatrix}$
	遅相軸 −45 度	$\mathbf{T}^{45Q} = \mathbf{R}(45°)\cdot\mathbf{T}^{0Q}\cdot\mathbf{R}(-45°) - \dfrac{1}{\sqrt{2}}\begin{pmatrix} 1 & i \\ i & 1 \end{pmatrix}$
1/2 波長板	遅相軸 0 度 または 90 度	$\mathbf{T}^{(0,90)H} = \begin{bmatrix} \exp(\pm i\pi/2) & 0 \\ 0 & \exp(\mp i\pi/2) \end{bmatrix} - \begin{bmatrix} 1 & 0 \\ 0 & -1 \end{bmatrix}$
	遅相軸 45 度 または −45 度	$\mathbf{T}^{\pm 45H} = \mathbf{R}(\mp 45°)\cdot\mathbf{T}^{(0,90)H}\cdot\mathbf{R}(\pm 45°) - \begin{bmatrix} 0 & 1 \\ 1 & 0 \end{bmatrix}$
等方性媒質	強度透過率 T	$\mathbf{T} = \sqrt{T}\begin{pmatrix} 1 & 0 \\ 0 & 1 \end{pmatrix}$
回転	回転角 ϕ	$\mathbf{R}(\theta) = \begin{bmatrix} \cos\theta & \sin\theta \\ -\sin\theta & \cos\theta \end{bmatrix}$
反射	z 軸および x 軸反転	$\mathbf{M} = \begin{bmatrix} 1 & 0 \\ 0 & -1 \end{bmatrix}$

第 3 章 Matrix 光学による偏光解析

代表的な Jones 行列を**表 3.1** にまとめる．表中の遅相軸とは，1 軸異方性媒体での屈折率の大きな軸方向である（光速度の遅れによる位相遅れが生じるためそのように呼ぶ）．

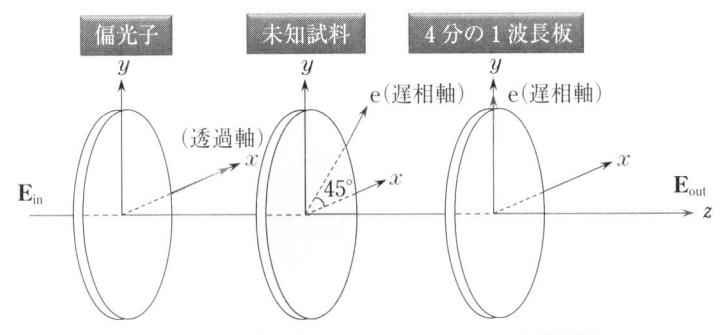

図 3.6 複屈折測定のための Senarmont 光学配置．

Jones 法を用いた偏光解析の一例として，異方性未知試料の位相差を計測する Senarmont 複屈折測定法を紹介する．Senarmont 複屈折測定法の光学配置を**図 3.6** に示す．図 3.6 において，偏光子によって水平軸（x 軸）方向に振動する直線偏光をつくり，これを遅相軸が 45° を成す方向においた，位相差 Γ が未知の直線複屈折板に入射させる．その後に，遅相軸が垂直（y 軸）に一致する $\lambda/4$ 波長板をおく．個々の光学要素の Jones 行列は

$$\mathbf{P}_0 = \begin{pmatrix} 1 & 0 \\ 0 & 0 \end{pmatrix} \tag{3.35}$$

$$\mathbf{T} = \begin{pmatrix} e^{-i\Gamma/2} & 0 \\ 0 & e^{i\Gamma/2} \end{pmatrix} \tag{3.36}$$

$$\mathbf{T}^{90\mathrm{Q}} = \begin{pmatrix} 1 & 0 \\ 0 & -i \end{pmatrix} \tag{3.37}$$

と書ける．これらの一連の偏光光学系は

$$\mathbf{E}_{\text{out}} = \begin{pmatrix} 1 & 0 \\ 0 & -i \end{pmatrix} \begin{pmatrix} \cos\dfrac{\pi}{4} & -\sin\dfrac{\pi}{4} \\ \sin\dfrac{\pi}{4} & \cos\dfrac{\pi}{4} \end{pmatrix} \begin{pmatrix} e^{-i\Gamma/2} & 0 \\ 0 & e^{i\Gamma/2} \end{pmatrix}$$

$$\begin{pmatrix} \cos\dfrac{\pi}{4} & \sin\dfrac{\pi}{4} \\ -\sin\dfrac{\pi}{4} & \cos\dfrac{\pi}{4} \end{pmatrix} \begin{pmatrix} 1 & 0 \\ 0 & 0 \end{pmatrix} \mathbf{E}_{\text{in}}$$

$$= \begin{pmatrix} \cos\dfrac{\Gamma}{2} \\ \sin\dfrac{\Gamma}{2} \end{pmatrix} \tag{3.38}$$

となる．これは Senarmont 光学配置の出射光は直線偏光となり，その偏光方位角が $\Gamma/2$ となっていることを示している．このようにして，Senarmont 光学配置を用いることによって，未知試料の複屈折位相差を出射光の偏光方位角に変換して計測することができる．

3.2　拡張 Jones 法

　Jones 偏光解析法は，多くの場合において大変有効であるが，その適用範囲は，光学軸が光波伝搬ベクトルに垂直な面内にある場合に限られる．Jones 法をさらに斜め入射に適用するためには，解析法の拡張が必要である．この拡張は，1982 年に Yeh によって電気的主軸を用いた座標系で初めて提唱され[17]，その後，Lien によって実験室座標系での表記に書き換えられ，高プレチルト角を有する液晶デバイスの解析がなされている[18〜20]．Lien の表記は，実験室座標系で書かれており，実用的にわかりやすいので，ここでは Lien の表記を中心に説明することとする．今，座標系を図 3.7 のように取る．

　この座標系から，光学軸が z 軸方向になるように座標変換すれば，誘電率テンソルが対角化されることはすでに説明してきたとおりである．座標変換後の座標系を $x'y'z'$ とすると，xyz 座標系との関係は，次のように 3 次元の回転行列を用いて記述できる．

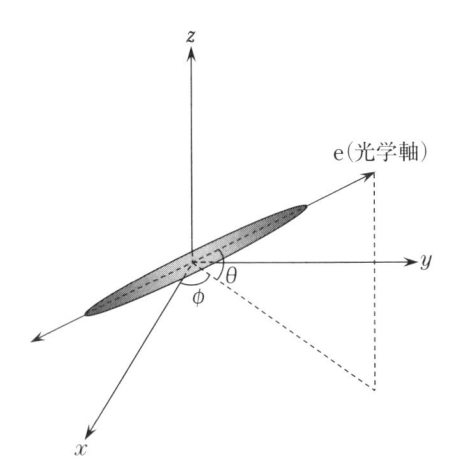

第3章　Matrix光学による偏光解析

図 3.7　斜め入射解析のための座標系.

$$\begin{bmatrix} x' \\ y' \\ z' \end{bmatrix} = \begin{bmatrix} \cos\phi & \sin\phi & 0 \\ -\sin\phi & \cos\phi & 0 \\ 0 & 0 & 1 \end{bmatrix} \begin{bmatrix} \cos(\pi-\theta) & 0 & -\sin(\pi-\theta) \\ 0 & 1 & 0 \\ \sin(\pi-\theta) & 0 & \cos(\pi-\theta) \end{bmatrix} \begin{bmatrix} x \\ y \\ z \end{bmatrix}$$

$$= \mathbf{R}(\theta;\phi) \begin{pmatrix} x \\ y \\ z \end{pmatrix} \tag{3.39}$$

今，$x'y'z'$ 座標系での誘電率テンソルを

$$\varepsilon = \begin{bmatrix} \varepsilon_o & 0 & 0 \\ 0 & \varepsilon_o & 0 \\ 0 & 0 & \varepsilon_e \end{bmatrix} = \varepsilon_0 \begin{bmatrix} n_o^2 & 0 & 0 \\ 0 & n_o^2 & 0 \\ 0 & 0 & n_e^2 \end{bmatrix} \tag{3.40}$$

と書くと，xyz 座標系での誘電率テンソルは

$$\varepsilon = \varepsilon_0 \begin{bmatrix} \varepsilon_{xx} & \varepsilon_{xy} & \varepsilon_{xz} \\ \varepsilon_{yx} & \varepsilon_{yy} & \varepsilon_{yz} \\ \varepsilon_{zx} & \varepsilon_{zy} & \varepsilon_{zz} \end{bmatrix}$$

$$= \varepsilon_0 \mathbf{R}(-\theta;-\phi) \begin{bmatrix} n_o^2 & 0 & 0 \\ 0 & n_o^2 & 0 \\ 0 & 0 & n_e^2 \end{bmatrix} \mathbf{R}(\theta;\phi) \tag{3.41}$$

となり

$$\varepsilon_{xx} = n_o^2 + (n_e^2 - n_o^2)\cos^2\theta \cos^2\phi \tag{3.42}$$

$$\varepsilon_{xy} = \varepsilon_{yx} = (n_e^2 - n_o^2)\cos^2\theta \sin\phi \cos\phi \tag{3.43}$$

$$\varepsilon_{xz} = \varepsilon_{zx} = (n_e^2 - n_o^2)\sin\theta \cos\theta \cos\phi \tag{3.44}$$

$$\varepsilon_{yy} = n_o^2 + (n_e^2 - n_o^2)\cos^2\theta \sin^2\phi \tag{3.45}$$

$$\varepsilon_{yz} = \varepsilon_{zy} = (n_e^2 - n_o^2)\sin\theta \cos\theta \sin\phi \tag{3.46}$$

$$\varepsilon_{zz} = n_o^2 + (n_e^2 - n_o^2)\sin^2\theta \tag{3.47}$$

などと求められる．光波の入射面を xz 面とし，媒体への入射角を θ_i とすると，光波伝搬の波数ベクトルは以下のように定義できる．

$$\mathbf{k} = k_0(\sin\theta_i, 0, \cos\theta_i) = \frac{2\pi}{\lambda}(\sin\theta_i, 0, \cos\theta_i) \equiv (k_x, 0, k_z) \tag{3.48}$$

今，媒体を光学異方性が一様と見なすことができる薄い層に分割し，各層での界面における反射波の振幅が透過波の振幅に比べ非常に小さいものと仮定すると（この前提条件に注意すること），各層界面における電場の接線成分が等しいという境界条件のもと，媒体全体の拡張 Jones 行列は

$$\mathbf{J} = \mathbf{J}_M \cdot \mathbf{J}_{M-1} \cdots \mathbf{J}_1 \tag{3.49}$$

で与えられる．ここで，$\mathbf{J}_m$ は第 m 層 ($m=1, 2, \cdots, M$) の拡張 Jones 行列であり

$$\mathbf{J}_m = \mathbf{S}_m \cdot \mathbf{G}_m \cdot \mathbf{S}_m^{-1} \tag{3.50}$$

と書くことができる．ただし

$$\mathbf{S}_m = \begin{bmatrix} 1 & c_2 \\ c_1 & 1 \end{bmatrix} \tag{3.51}$$

$$\mathbf{G}_m = \begin{bmatrix} \exp(ik_{z1}d_m) & 0 \\ 0 & \exp(ik_{z2}d_m) \end{bmatrix} \tag{3.52}$$

である．ここで，d_m は各層の厚さを表す．また

$$k_{z1}/k_0 = \sqrt{n_o^2 - (k_x/k_0)^2} \tag{3.53}$$

第3章 Matrix光学による偏光解析

$$\frac{k_{z2}}{k_0} = -\frac{\varepsilon_{xz}}{\varepsilon_{zz}}\frac{k_x}{k_0} + \frac{n_o n_e}{\varepsilon_{zz}}\left[\varepsilon_{zz} - \left(1 - \frac{n_e^2 - n_o^2}{n_e^2}\cos^2\theta\sin^2\phi\right)\left(\frac{k_x}{k_0}\right)^2\right]^{1/2} \quad (3.54)$$

$$c_1 = \frac{[(k_x/k_0)^2 - \varepsilon_{zz}]\varepsilon_{yx} + [(k_x/k_0)(k_{z2}/k_0) + \varepsilon_{zx}]\varepsilon_{zy}}{[(k_{z1}/k_0)^2 + (k_x/k_0)^2 - \varepsilon_{yy}][(k_x/k_0)^2 - \varepsilon_{zz}] - \varepsilon_{yz}\varepsilon_{zy}} \quad (3.55)$$

$$c_2 = \frac{[(k_x/k_0)^2 - \varepsilon_{zz}]\varepsilon_{xy} + [(k_x/k_0)(k_{z2}/k_0) + \varepsilon_{zx}]\varepsilon_{yz}}{[(k_{z2}/k_0)^2 - \varepsilon_{xx}][(k_x/k_0)^2 - \varepsilon_{zz}] - [(k_x/k_0)(k_{z2}/k_0) + \varepsilon_{zx}][(k_x/k_0)(k_{z2}/k_0) + \varepsilon_{xz}]} \quad (3.56)$$

である．(3.49)式を用いると，Jonesベクトルが$\mathbf{E}_{in}$で与えられる入射偏光に対し，透過光のJonesベクトルを

$$\mathbf{E}_{out} = \mathbf{J} \cdot \mathbf{E}_{in} \quad (3.57)$$

として求めることができる．拡張Jones法では，反射波の振幅が透過波の振幅に比べ十分小さいとき，すなわち，入射角度が比較的小さく，膜厚方向への光学軸の変化(屈折率変化)が十分ゆるやかな場合に対し，実験結果とのよい一致を与える．しかしながら例えば，液晶相の1つであるコレステリック相のような，急激なねじれ構造を有し反射波を議論する必要がある場合などには適用できない．このように，計算の適用範囲についてはその都度検討する必要があるが，斜め入射の問題を比較的簡便に取り扱うことのできる有効な手法であるといえ，比較的ゆるやかな配向分布を有する液晶表示素子中の光波の偏光解析などには有効である．

3.3　4×4行列法

4×4行列法は，誘電率がある方向に沿って変化するような異方性媒体中の光波伝搬を反射波も含めて厳密に取り扱える手法である[21]．媒体中に電荷および電流がないものとすると，非磁性体においては

$$\nabla \times \mathbf{E} = -\mu_0 \frac{\partial \mathbf{H}}{\partial t} \quad (3.58)$$

$$\nabla \times \mathbf{H} = \varepsilon_0 \varepsilon \frac{\partial \mathbf{E}}{\partial t} \quad (3.59)$$

となる．今，誘電率が変化する方向をz方向とし(すなわちεがzのみの関数

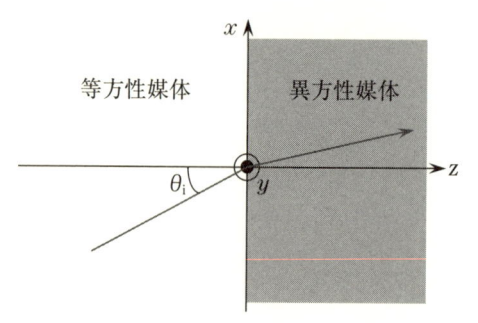

図 3.8 異方性媒体への光波入射の座標系.

である），光波は xz 面を伝搬するものとする．

xz 面を伝搬する光波の電磁場を

$$\mathbf{E} = \mathbf{E}_0(z)\exp[i(k_x x - \omega t)] \tag{3.60}$$

$$\mathbf{H} = \mathbf{H}_0(z)\exp[i(k_x x - \omega t)] \tag{3.61}$$

と表す．ここで，$\mathbf{E}_0 \equiv (E_{0x}, E_{0y}, E_{0z})$, $\mathbf{H}_0 \equiv (H_{0x}, H_{0y}, H_{0z})$ と書く．また，図 3.8 に示すように屈折率が n_1 の等方性媒体から光波が入射角 θ_i で異方性媒体中へ入射した場合，入射界面 ($z=0$) における位相の x 軸方向への連続性から

$$k_x = \frac{\omega}{c} n_1 \sin \theta_i \tag{3.62}$$

となる．ここで，c は真空中での光速度である．(3.60), (3.61) 式を，(3.58), (3.59) 式にそれぞれ代入し，E_{0z} および H_{0z} を消去すると

$$\frac{\partial E_{0x}}{\partial z} = -\frac{ik_x \varepsilon_{zx}}{\varepsilon_{zz}} E_{0x} + \left(i\omega\mu_0 - \frac{ik_x^2}{\varepsilon_{zz}\omega\varepsilon_0}\right) H_{0y} - \frac{ik_x \varepsilon_{zy}}{\varepsilon_{zz}} E_{0y} \tag{3.63}$$

$$\frac{\partial H_{0y}}{\partial z} = i\omega\varepsilon_0\left(\varepsilon_{xx} - \frac{\varepsilon_{xz}\varepsilon_{zx}}{\varepsilon_{zz}}\right) E_{0x} - \frac{ik_x \varepsilon_{xz}}{\varepsilon_{zz}} H_{0y} + i\omega\varepsilon_0\left(\varepsilon_{xy} - \frac{\varepsilon_{xz}\varepsilon_{zy}}{\varepsilon_{zz}}\right) E_{0y} \tag{3.64}$$

$$\frac{\partial E_{0y}}{\partial z} = -i\omega\mu_0 H_{0x} \tag{3.65}$$

$$\frac{\partial H_{0x}}{\partial z} = -i\omega\varepsilon_0\left(\varepsilon_{yx} - \frac{\varepsilon_{yz}\varepsilon_{zx}}{\varepsilon_{zz}}\right) E_{0x} + \frac{ik_x \varepsilon_{yz}}{\varepsilon_{zz}} H_{0y} - i\omega\varepsilon_0\left(\varepsilon_{yy} - \frac{\varepsilon_{yz}\varepsilon_{zy}}{\varepsilon_{zz}} - \frac{k_x^2}{\omega^2 \varepsilon_0 \mu_0}\right) E_{0y} \tag{3.66}$$

が得られる．電場と磁場の次元を揃えるために，$\sqrt{\varepsilon_0}E_{0x}$, $\sqrt{\varepsilon_0}E_{0y}$, $\sqrt{\mu_0}H_{0x}$, $\sqrt{\mu_0}H_{0y}$ をそれぞれ $\widetilde{E}_{0x}, \widetilde{E}_{0y}, \widetilde{H}_{0x}, \widetilde{H}_{0y}$ とおくと，(3.63)〜(3.66)式は，行列形式で

$$\frac{\partial}{\partial z}\begin{bmatrix}\widetilde{E}_{0x}\\ \widetilde{E}_{0y}\\ \widetilde{H}_{0x}\\ \widetilde{H}_{0y}\end{bmatrix} = \frac{i\omega}{c}\begin{bmatrix} -\dfrac{\varepsilon_{zx}}{\varepsilon_{zz}}\dfrac{ck_x}{\omega} & 1-\dfrac{1}{\varepsilon_{zz}}\left(\dfrac{ck_x}{\omega}\right)^2 & -\dfrac{\varepsilon_{zy}}{\varepsilon_{zz}}\dfrac{ck_x}{\omega} & 0 \\ \varepsilon_{xx}-\dfrac{\varepsilon_{xz}\varepsilon_{zx}}{\varepsilon_{zz}} & -\dfrac{\varepsilon_{xz}}{\varepsilon_{zz}}\dfrac{ck_x}{\omega} & \varepsilon_{xy}-\dfrac{\varepsilon_{xz}\varepsilon_{zy}}{\varepsilon_{zz}} & 0 \\ 0 & 0 & 0 & -1 \\ \dfrac{\varepsilon_{yz}\varepsilon_{zx}}{\varepsilon_{zz}}-\varepsilon_{yx} & \dfrac{\varepsilon_{yz}}{\varepsilon_{zz}}\dfrac{ck_x}{\omega} & \left(\dfrac{ck_x}{\omega}\right)^2-\varepsilon_{yy}+\dfrac{\varepsilon_{yz}\varepsilon_{zy}}{\varepsilon_{zz}} & 0 \end{bmatrix}\begin{bmatrix}\widetilde{E}_{0x}\\ \widetilde{E}_{0y}\\ \widetilde{H}_{0x}\\ \widetilde{H}_{0y}\end{bmatrix}$$
(3.67)

と書くことができる．電磁場成分からなる列ベクトルを $\mathbf{\Psi}$，4行4列の行列を $\mathbf{D}$ とおくと

$$\frac{\partial \mathbf{\Psi}(z)}{\partial z} = \frac{i\omega}{c}\mathbf{D}(z)\cdot\mathbf{\Psi}(z) \tag{3.68}$$

と書ける．ここで，$\mathbf{D}$ を微分伝搬行列と呼ぶ．$\mathbf{D}$ が z に依存しない場合，媒体の厚さを d とすると，$\mathbf{\Psi}(d)$ は

$$\mathbf{\Psi}(d) = \mathbf{\Psi}(0)\exp\left(i\frac{\omega d}{c}\mathbf{D}\right) \equiv \mathbf{P}\cdot\mathbf{\Psi}(0) \tag{3.69}$$

と求めることができる．ここで，$\mathbf{P}$ を伝搬行列と呼ぶ．伝搬行列 $\mathbf{P}$ は正方行列であることから形式的に Maclaurin 展開して

$$\mathbf{P} = \sum_{n=0}^{\infty}\left[\frac{1}{n!}\left(\frac{i\omega d}{c}\right)^n \mathbf{D}^n\right] \tag{3.70}$$

と書くことができる．上式を用い，収束性を考慮して適当な項まで計算することで $\mathbf{D}$ から $\mathbf{P}$ を数値的に求めることが可能となる．$\mathbf{D}$ が z に依存する場合は，$\mathbf{D}$ が一定である微小区間 $(z, z+\Delta z)$ において

$$\mathbf{\Psi}(z+\Delta z) = \mathbf{\Psi}(z)\cdot\exp\left(i\frac{\omega\Delta z}{c}\mathbf{D}(z)\right) \equiv \mathbf{P}(z,\Delta z)\cdot\mathbf{\Psi}(z) \tag{3.71}$$

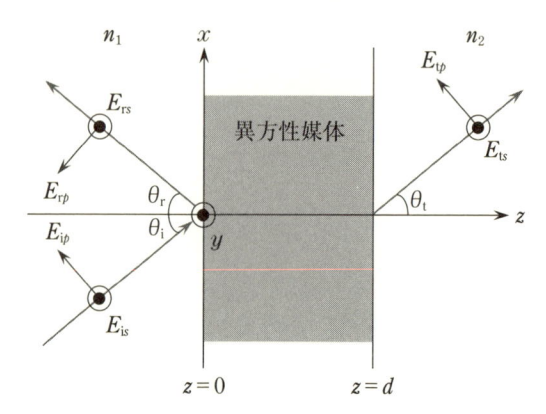

図 3.9 入射波,反射波,透過波の定義.偏光が屈折率 n_1 の等方性媒体中から異方性媒体へ入射し,屈折率 n_2 の等方性媒体へ透過するモデル.異方性媒体の厚さを d とする.

を考える.ここで,$\mathbf{P}(z, \Delta z)$ を局所伝搬行列という.局所伝搬行列を用いることで

$$\mathbf{\Psi}(d) = \mathbf{P}(d-\Delta z, \Delta z)\mathbf{P}(d-2\Delta z, \Delta z)\cdots\mathbf{P}(0, \Delta z)\mathbf{\Psi}(0) \equiv \mathbf{F}(0, d) \cdot \mathbf{\Psi}(0) \tag{3.72}$$

と書ける.$\mathbf{F}$ は全体の伝搬行列であり,それぞれの位置における局所伝搬行列を計算することで求めることができる.

4×4 行列法は,反射波も含めて異方性媒体中の光波伝搬を記述できる.実際に,伝搬行列を用いて透過波および反射波の電磁場ベクトルの計算法について説明する.

図 3.9 に示すように,光が屈折率 n_1 の等方性媒体から異方性媒体へ入射し,屈折率が n_2 の等方性媒体中へと透過する場合を考える.入射波,反射波,透過波の電磁場ベクトルをそれぞれ $\mathbf{\Psi}_\mathrm{i}, \mathbf{\Psi}_\mathrm{r}, \mathbf{\Psi}_\mathrm{t}$ とすると,入射界面および透過界面における電磁場の連続性から

$$\mathbf{\Psi}(0) = \mathbf{\Psi}_\mathrm{i} + \mathbf{\Psi}_\mathrm{r} \tag{3.73}$$

$$\mathbf{\Psi}(d) = \mathbf{\Psi}_\mathrm{t} \tag{3.74}$$

第 3 章　Matrix 光学による偏光解析

となる．なお，等方性媒体中では

$$\tilde{\mathbf{H}} = \frac{c}{\omega}\mathbf{k} \times \tilde{\mathbf{E}} \tag{3.75}$$

と書くことができる．ただし，$|\mathbf{k}| = (\omega/c)n_1$ あるいは $|\mathbf{k}| = (\omega/c)n_2$ である．以後は，電磁場ベクトルに付している記号チルダーは省略して記すこととする．入射波，反射波，透過波の電場ベクトルを，それぞれ p 偏光（電場の振動方向が入射面に平行な直線偏光）成分および s 偏光（電場の振動方向が入射面に垂直な直線偏光）成分を用いて，(E_{ip}, E_{is})，(E_{rp}, E_{rs})，(E_{tp}, E_{ts}) とおくと

$$\mathbf{\Psi}_i = \begin{bmatrix} E_{ip}\cos\theta_i \\ E_{ip}n_1 \\ E_{is} \\ -E_{is}n_1\cos\theta_i \end{bmatrix} \tag{3.76}$$

が得られる．また，反射角 θ_r と入射角 θ_i が等しいことを考えると

$$\mathbf{\Psi}_r = \begin{bmatrix} -E_{rp}\cos\theta_i \\ E_{rp}n_1 \\ E_{rs} \\ E_{rs}n_1\cos\theta_i \end{bmatrix} \tag{3.77}$$

となる．透過光の伝搬方向と z 軸の成す角を θ_t とすると

$$\mathbf{\Psi}_t = \begin{bmatrix} E_{tp}\cos\theta_t \\ E_{tp}n_2 \\ E_{ts} \\ -E_{ts}n_2\cos\theta_t \end{bmatrix} \tag{3.78}$$

が得られる．ただし，Snell の法則により $n_1\sin\theta_i = n_2\sin\theta_t$ が成立している．(3.73)，(3.74)式および(3.76)～(3.78)式を(3.72)式に代入すると

$$\begin{bmatrix} E_{tp}\cos\theta_t \\ E_{tp}n_2 \\ E_{ts} \\ -E_{ts}n_2\cos\theta_t \end{bmatrix} + \mathbf{F}\begin{bmatrix} E_{rp}\cos\theta_i \\ -E_{rp}n_1 \\ -E_{rs} \\ -E_{rs}n_1\cos\theta_i \end{bmatrix} = \mathbf{F}\begin{bmatrix} E_{ip}\cos\theta_i \\ E_{ip}n_1 \\ E_{is} \\ -E_{is}n_1\cos\theta_i \end{bmatrix} \tag{3.79}$$

となる．これを変形して

$$\mathbf{G}\begin{bmatrix}E_{\mathrm{t}p}\\E_{\mathrm{t}s}\\E_{\mathrm{r}p}\\E_{\mathrm{r}s}\end{bmatrix}=\mathbf{L}\begin{bmatrix}E_{\mathrm{i}p}\\E_{\mathrm{i}s}\end{bmatrix} \tag{3.80}$$

が得られる．ここで

$$\mathbf{G}=\begin{bmatrix}\cos\theta_{\mathrm{t}} & 0 & F_{11}\cos\theta_{\mathrm{i}}-F_{12}n_1 & -F_{13}-F_{14}n_1\cos\theta_{\mathrm{i}}\\ n_2 & 0 & F_{21}\cos\theta_{\mathrm{i}}-F_{22}n_1 & -F_{23}-F_{24}n_1\cos\theta_{\mathrm{i}}\\ 0 & 1 & F_{31}\cos\theta_{\mathrm{i}}-F_{32}n_1 & -F_{33}-F_{34}n_1\cos\theta_{\mathrm{i}}\\ 0 & -n_2\cos\theta_{\mathrm{t}} & F_{41}\cos\theta_{\mathrm{i}}-F_{42}n_1 & -F_{43}-F_{44}n_1\cos\theta_{\mathrm{i}}\end{bmatrix} \tag{3.81}$$

$$\mathbf{L}=\begin{bmatrix}F_{11}\cos\theta_{\mathrm{i}}+F_{12}n_1 & F_{13}-F_{14}n_1\cos\theta_{\mathrm{i}}\\ F_{21}\cos\theta_{\mathrm{i}}+F_{22}n_1 & F_{23}-F_{24}n_1\cos\theta_{\mathrm{i}}\\ F_{31}\cos\theta_{\mathrm{i}}+F_{32}n_1 & F_{33}-F_{34}n_1\cos\theta_{\mathrm{i}}\\ F_{41}\cos\theta_{\mathrm{i}}+F_{42}n_1 & F_{43}-F_{44}n_1\cos\theta_{\mathrm{i}}\end{bmatrix} \tag{3.82}$$

である．ただし，F_{lm} は伝搬行列 $\mathbf{F}$ の l 行 m 列の成分を表すものとする．(3.80)式は4元の連立方程式であり，これを解くことにより透過波の電場成分 ($E_{\mathrm{t}p}, E_{\mathrm{t}s}$) と反射波の電場成分 ($E_{\mathrm{r}p}, E_{\mathrm{r}s}$) を入射波の電場成分 ($E_{\mathrm{i}p}, E_{\mathrm{i}s}$) の関数として求めることができる．実際に(3.80)式を解くと

$$E_{\mathrm{r}p}=\frac{1}{G_3G_4-G_1G_2}\left[(G_4G_5-G_2G_6)E_{\mathrm{i}p}+(G_4G_7-G_2G_8)E_{\mathrm{i}s}\right] \tag{3.83}$$

$$E_{\mathrm{r}s}=\frac{1}{G_3G_4-G_1G_2}\left[(G_3G_6-G_1G_5)E_{\mathrm{i}p}+(G_3G_8-G_1G_7)E_{\mathrm{i}s}\right] \tag{3.84}$$

$$E_{\mathrm{t}p}=\frac{1}{G_{11}}(L_{11}E_{\mathrm{i}p}+L_{12}E_{\mathrm{i}s}-G_{13}E_{\mathrm{r}p}-G_{14}E_{\mathrm{r}s}) \tag{3.85}$$

$$E_{\mathrm{t}s}=\frac{1}{G_{32}}(L_{31}E_{\mathrm{i}p}+L_{32}E_{\mathrm{i}s}-G_{33}E_{\mathrm{r}p}-G_{34}E_{\mathrm{r}s}) \tag{3.86}$$

となる．ここで，G_{lm} および H_{lm} はそれぞれ $\mathbf{G}$ および $\mathbf{L}$ の l 行 m 列成分を表す．また

$$G_1=G_{42}G_{33}-G_{32}G_{43} \tag{3.87}$$

$$G_2=G_{21}G_{14}-G_{11}G_{24} \tag{3.88}$$

$$G_3 = G_{21}G_{13} - G_{11}G_{23} \tag{3.89}$$

$$G_4 = G_{42}G_{34} - G_{32}G_{44} \tag{3.90}$$

$$G_5 = G_{21}L_{11} - G_{11}L_{21} \tag{3.91}$$

$$G_6 = G_{42}L_{31} - G_{32}L_{41} \tag{3.92}$$

$$G_7 = G_{21}L_{12} - G_{11}L_{22} \tag{3.93}$$

$$G_8 = G_{42}L_{32} - G_{32}L_{42} \tag{3.94}$$

である．

3.4 Müller 計算

　Jones 計算と同様に，光波が偏光素子等を通過した結果を行列計算する方法として Müller 計算がある[1,6]．Müller 計算は，入射光を記述する Stokes ベクトルを出射光の Stokes ベクトルに変換する 4×4 行の行列計算である．Stokes ベクトルは，光強度を直接要素とするベクトルであり，電磁波理論から直接導かれる Jones ベクトルとは性質が異なる．このことから，Müller 計算では，部分偏光や非偏光なども取り扱えるが Jones 計算ではそれができない反面，Jones 計算では可能なコヒーレントな 2 光波を組み合わせる問題が Müller 計算では困難である(強度を直接扱うため位相項が取り扱えない)，といった違いがあることに留意しなければならない．代表的な偏光素子についての Müller 計算を以下に順次説明する．

　まず，光吸収型偏光子の Müller 行列を求める．今，Stokes ベクトルの 4 つの要素は，(1.51)，(1.52)式から

$$S_0 = A_x^2 + A_y^2 \tag{3.95}$$

$$S_1 = A_x^2 - A_y^2 \tag{3.96}$$

$$S_2 = 2A_x A_y \cos\delta \tag{3.97}$$

$$S_3 = 2A_x A_y \sin\delta \tag{3.98}$$

となる．ただし，A_x, A_y は光電場ベクトルの x, y 成分のそれぞれの振幅，δ は位相差である．今，光吸収型の部分偏光子を考え，その方位角が水平を向いているとすると，透過後の振幅は次のように書ける．

$$B_x = p_1 A_x \tag{3.99}$$
$$B_y = p_2 A_y \tag{3.100}$$

この関係を用いて出射光の Stokes パラメータは

$$S_0^{\text{out}} = B_x^2 + B_y^2 = p_1^2 A_x^2 + p_2^2 A_y^2 = \frac{p_1^2}{2}(S_0 + S_1) + \frac{p_2^2}{2}(S_0 - S_1) \tag{3.101}$$

$$S_1^{\text{out}} = B_x^2 - B_y^2 = p_1^2 A_x^2 - p_2^2 A_y^2 = \frac{p_1^2}{2}(S_0 + S_1) - \frac{p_2^2}{2}(S_0 - S_1) \tag{3.102}$$

$$S_2^{\text{out}} = 2B_x B_y \cos\delta = 2p_1 p_2 A_x A_y \cos\delta = p_1 p_2 S_2 \tag{3.103}$$

$$S_3^{\text{out}} = 2B_x B_y \sin\delta = 2p_1 p_2 A_x A_y \sin\delta = p_1 p_2 S_3 \tag{3.104}$$

となる．これを行列表示することによって，次の Müller 行列が求められる．

$$\begin{bmatrix} S_0^{\text{out}} \\ S_1^{\text{out}} \\ S_2^{\text{out}} \\ S_3^{\text{out}} \end{bmatrix} = \frac{1}{2} \begin{bmatrix} p_1^2 + p_2^2 & p_1^2 - p_2^2 & 0 & 0 \\ p_1^2 - p_2^2 & p_1^2 + p_2^2 & 0 & 0 \\ 0 & 0 & 2p_1 p_2 & 0 \\ 0 & 0 & 0 & 2p_1 p_2 \end{bmatrix} \begin{bmatrix} S_0 \\ S_1 \\ S_2 \\ S_3 \end{bmatrix} \tag{3.105}$$

今，光吸収型の完全直線偏光子（$p_1 = 1, p_2 = 0$）を想定すると，光吸収型の水平直線偏光子の Müller 行列は

$$\mathbf{P}_0 = \frac{1}{2} \begin{bmatrix} 1 & 1 & 0 & 0 \\ 1 & 1 & 0 & 0 \\ 0 & 0 & 0 & 0 \\ 0 & 0 & 0 & 0 \end{bmatrix} \tag{3.106}$$

と求められる．偏光子の方位角が水平から角度 θ だけ傾いている場合には，Jones 計算の場合と同様に，以下の回転行列を用いればよい．

$$\mathbf{R}(\theta) = \begin{bmatrix} 1 & 0 & 0 & 0 \\ 0 & \cos 2\theta & \sin 2\theta & 0 \\ 0 & -\sin 2\theta & \cos 2\theta & 0 \\ 0 & 0 & 0 & 1 \end{bmatrix} \tag{3.107}$$

以下に各光学配置での光吸収型偏光子の Müller 行列についてまとめる．

光吸収型垂直直線偏光素子

$$\mathbf{R}\left(-\frac{\pi}{2}\right) \cdot \mathbf{P}_0 \cdot \mathbf{R}\left(\frac{\pi}{2}\right) = \frac{1}{2}\begin{bmatrix} 1 & -1 & 0 & 0 \\ -1 & 1 & 0 & 0 \\ 0 & 0 & 0 & 0 \\ 0 & 0 & 0 & 0 \end{bmatrix} \tag{3.108}$$

光吸収型 +45° 直線偏光素子

$$\mathbf{R}\left(-\frac{\pi}{4}\right) \cdot \mathbf{P}_0 \cdot \mathbf{R}\left(\frac{\pi}{4}\right) = \frac{1}{2}\begin{bmatrix} 1 & 0 & 1 & 0 \\ 0 & 0 & 0 & 0 \\ 1 & 0 & 1 & 0 \\ 0 & 0 & 0 & 0 \end{bmatrix} \tag{3.109}$$

光吸収型 −45° 直線偏光素子

$$\mathbf{R}\left(\frac{\pi}{4}\right) \cdot \mathbf{P}_0 \cdot \mathbf{R}\left(-\frac{\pi}{4}\right) = \frac{1}{2}\begin{bmatrix} 1 & 0 & -1 & 0 \\ 0 & 0 & 0 & 0 \\ -1 & 0 & 1 & 0 \\ 0 & 0 & 0 & 0 \end{bmatrix} \tag{3.110}$$

次に位相型偏光子の Müller 行列を求めてみる．今，透明な 1 軸異方性媒体を考え，その位相差を

$$\varGamma = \frac{2\pi}{\lambda}(n_\mathrm{e} - n_\mathrm{o})d = \frac{2\pi}{\lambda}\Delta n d \tag{3.111}$$

と書く．今，1 軸異方性の方位角が水平方向であるとすると，入射光と出射光の間には次の関係がある．

$$B_x = A_x \tag{3.112}$$

$$B_y = A_y \tag{3.113}$$

$$\delta_\mathrm{out} = \delta + \varGamma \tag{3.114}$$

この関係を用いて出射光の Stokes パラメータは

$$S_0^\mathrm{out} = B_x^2 + B_y^2 = A_x^2 + A_y^2 = S_0 \tag{3.115}$$

$$S_1^\mathrm{out} = B_x^2 - B_y^2 = A_x^2 - A_y^2 = S_1 \tag{3.116}$$

$$\begin{aligned} S_2^\mathrm{out} &= 2A_x A_y \cos(\delta + \varGamma) = 2A_x A_y \cos\delta\cos\varGamma - 2A_x A_y \sin\delta\sin\varGamma \\ &= S_2 \cos\varGamma - S_3 \sin\varGamma \end{aligned} \tag{3.117}$$

$$\begin{aligned} S_3^\mathrm{out} &= 2A_x A_y \sin(\delta + \varGamma) = 2A_x A_y \sin\delta\cos\varGamma + 2A_x A_y \cos\delta\sin\varGamma \\ &= S_2 \sin\varGamma + S_3 \cos\varGamma \end{aligned} \tag{3.118}$$

となる．これを行列表示することによって，次の Müller 行列が求められる．

表 3.2 代表的な Müller 行列.

偏光素子	軸の方向	Müller 行列
偏光子	透過軸 0度	$\mathbf{P}_0 = \dfrac{1}{2}\begin{bmatrix}1 & 1 & 0 & 0\\1 & 1 & 0 & 0\\0 & 0 & 0 & 0\\0 & 0 & 0 & 0\end{bmatrix}$
	透過軸 90度	$\mathbf{P}_{90} = \mathbf{R}\left(\dfrac{\pi}{2}\right)\cdot\mathbf{P}_0 = \dfrac{1}{2}\begin{bmatrix}1 & -1 & 0 & 0\\-1 & 1 & 0 & 0\\0 & 0 & 0 & 0\\0 & 0 & 0 & 0\end{bmatrix}$
	透過軸 45度	$\mathbf{P}_{45} = \mathbf{R}\left(\dfrac{\pi}{4}\right)\cdot\mathbf{P}_0 = \dfrac{1}{2}\begin{bmatrix}1 & 0 & 1 & 0\\0 & 0 & 0 & 0\\1 & 0 & 1 & 0\\0 & 0 & 0 & 0\end{bmatrix}$
	透過軸 -45 度	$\mathbf{P}_{-45} = \mathbf{R}\left(-\dfrac{\pi}{4}\right)\cdot\mathbf{P}_0 = \dfrac{1}{2}\begin{bmatrix}1 & 0 & -1 & 0\\0 & 0 & 0 & 0\\-1 & 0 & 1 & 0\\0 & 0 & 0 & 0\end{bmatrix}$
水平位相差板	y 軸方向に対して x 軸方向の位相遅れが $\varGamma$	$\mathbf{T}_0(\varGamma) = \begin{bmatrix}1 & 0 & 0 & 0\\0 & 1 & 0 & 0\\0 & 0 & \cos\varGamma & -\sin\varGamma\\0 & 0 & \sin\varGamma & \cos\varGamma\end{bmatrix}$
1/4 波長板	遅相軸 0度	$\mathbf{T}_0\left(\dfrac{\pi}{2}\right) = \begin{bmatrix}1 & 0 & 0 & 0\\0 & 1 & 0 & 0\\0 & 0 & 0 & -1\\0 & 0 & 1 & 0\end{bmatrix}$
	遅相軸 90度	$\mathbf{T}_{90}\left(\dfrac{\pi}{2}\right) = \mathbf{R}\left(-\dfrac{\pi}{2}\right)\cdot\mathbf{T}_0\left(\dfrac{\pi}{2}\right)\cdot\mathbf{R}\left(\dfrac{\pi}{2}\right) = \begin{bmatrix}1 & 0 & 0 & 0\\0 & 1 & 0 & 0\\0 & 0 & 0 & 1\\0 & 0 & -1 & 0\end{bmatrix}$
	遅相軸 ± 45 度	$\mathbf{T}_{\pm 45}\left(\dfrac{\pi}{2}\right) = \mathbf{R}\left(\mp\dfrac{\pi}{4}\right)\cdot\mathbf{T}_0\left(\dfrac{\pi}{2}\right)\cdot\mathbf{R}\left(\pm\dfrac{\pi}{4}\right) = \begin{bmatrix}1 & 0 & 0 & 0\\0 & 0 & 0 & \pm 1\\0 & 0 & 1 & 0\\0 & \mp 1 & 0 & 0\end{bmatrix}$

1/2 波長板	遅相軸 0 度または 90 度	$\mathbf{T}_{0,90}(\pi) = \begin{bmatrix} 1 & 0 & 0 & 0 \\ 0 & 1 & 0 & 0 \\ 0 & 0 & -1 & 0 \\ 0 & 0 & 0 & -1 \end{bmatrix}$
	遅相軸 ±45 度	$\mathbf{T}_{\pm 45}(\pi) = \mathbf{R}\left(\mp\dfrac{\pi}{4}\right)\cdot \mathbf{T}_0(\pi) \cdot \mathbf{R}\left(\pm\dfrac{\pi}{4}\right) = \begin{bmatrix} 1 & 0 & 0 & 0 \\ 0 & -1 & 0 & 0 \\ 0 & 0 & 1 & 0 \\ 0 & 0 & 0 & -1 \end{bmatrix}$

$$\begin{bmatrix} S_0^{\text{out}} \\ S_1^{\text{out}} \\ S_2^{\text{out}} \\ S_3^{\text{out}} \end{bmatrix} = \frac{1}{2}\begin{bmatrix} 1 & 0 & 0 & 0 \\ 0 & 1 & 0 & 0 \\ 0 & 0 & \cos\varGamma & -\sin\varGamma \\ 0 & 0 & \sin\varGamma & \cos\varGamma \end{bmatrix}\begin{bmatrix} S_0 \\ S_1 \\ S_2 \\ S_3 \end{bmatrix} \tag{3.119}$$

以下に各光学配置での位相型偏光子の Müller 行列についてまとめる.

1/2 波長板, $\varGamma = \pi$, 水平

$$\frac{1}{2}\begin{bmatrix} 1 & 0 & 0 & 0 \\ 0 & 1 & 0 & 0 \\ 0 & 0 & -1 & 0 \\ 0 & 0 & 0 & -1 \end{bmatrix} \tag{3.120}$$

1/4 波長板, $\varGamma = \pi/2$, 水平

$$\frac{1}{2}\begin{bmatrix} 1 & 0 & 0 & 0 \\ 0 & 1 & 0 & 0 \\ 0 & 0 & 0 & -1 \\ 0 & 0 & 1 & 0 \end{bmatrix} \tag{3.121}$$

以上の結果から Müller 行列を**表 3.2** にまとめる.

3.5　Müller 計算と Jones 計算の比較

Müller 計算と Jones 計算では, 多くの共通点があると共に, 多くの異なる点がある. この点を考察するために, ここでは, 図 3.6 に示した Senarmont 複屈折測定法の説明を Müller 行列によって行ってみる. Jones 計算と同様に

おのおのの光学要素の Müller 行列は

$$\mathbf{P}_0 = \frac{1}{2}\begin{bmatrix} 1 & 1 & 0 & 0 \\ 1 & 1 & 0 & 0 \\ 0 & 0 & 0 & 0 \\ 0 & 0 & 0 & 0 \end{bmatrix} \tag{3.122}$$

$$\mathbf{T} = \mathbf{R}\left(-\frac{\pi}{4}\right) \cdot \begin{bmatrix} 1 & 0 & 0 & 0 \\ 0 & 1 & 0 & 0 \\ 0 & 0 & \cos\Gamma & -\sin\Gamma \\ 0 & 0 & \sin\Gamma & \cos\Gamma \end{bmatrix} \cdot \mathbf{R}\left(\frac{\pi}{4}\right) \tag{3.123}$$

$$\mathbf{T}_{90}\left(\frac{\pi}{2}\right) = \begin{bmatrix} 1 & 0 & 0 & 0 \\ 0 & 1 & 0 & 0 \\ 0 & 0 & 0 & 1 \\ 0 & 0 & -1 & 0 \end{bmatrix} \tag{3.124}$$

となる．ここで，$\mathbf{R}(\theta)$ は，Müller 計算における回転行列であり

$$\mathbf{R}(\theta) = \begin{pmatrix} 1 & 0 & 0 & 0 \\ 0 & \cos 2\theta & \sin 2\theta & 0 \\ 0 & -\sin 2\theta & \cos 2\theta & 0 \\ 0 & 0 & 0 & 1 \end{pmatrix} \equiv \begin{pmatrix} 1 & 0 & 0 & 0 \\ 0 & C_2 & S_2 & 0 \\ 0 & -S_2 & C_2 & 0 \\ 0 & 0 & 0 & 1 \end{pmatrix} \tag{3.125}$$

である．よって Senarmont 光学系の Müller 計算は

$$\mathbf{E}_{\text{out}} = \mathbf{T}_{90}\left(\frac{\pi}{2}\right) \cdot \mathbf{T} \cdot \mathbf{P}_0 \cdot \mathbf{E}_{\text{in}} = \begin{bmatrix} 1 \\ \cos\Gamma \\ \sin\Gamma \\ 0 \end{bmatrix} \tag{3.126}$$

となり，直線偏光に変換される出射光の偏光方位角を測定することで位相差を決定できるという (3.38) 式に示した Jones 計算と同様の結果が得られる．

　以上のように同じ計算を Jones 計算と Müller 計算のどちらでも行うことができる場合があるが，各々特徴がある．それをまとめたものを**表 3.3** に示す．Jones 行列の各要素は，位相情報を含んでいるため複素数であり，実験的に各要素を直接決定することはできない．一方で Müller 行列の各要素は，実数であり各要素を実験的に決定できる．また，Müller 計算は部分偏光も取り扱えるすぐれた方法であるが，位相情報が喪失しているため偏光の干渉などを取り扱うことはできない．

第 3 章　Matrix 光学による偏光解析

表 3.3　Jones 計算と Müller 計算の特徴比較.

	Jones 計算	Müller 計算
偏光子・位相子を含む問題への対応	Yes	Yes
散乱計算	No	Yes
完全偏光の取り扱い	Yes	Yes
部分偏光の取り扱い	No	Yes
	Less generally applicable	More generally applicable
直接実験で決定できる物理量か	No	Yes
光波ベクトルの記述方法	Amplitude & phase of the electric field vector	Intensities
位相情報	Retained	Lost
取り扱う数字	Complex	Real
計算の煩雑さ	Less	More
	Vector: 2×1; Matrix: 2×2	Vector: 4×1; Matrix: 4×4

3.6　Polar plot

　光波の偏光状態は，図 3.10 に示すように検光子 (Glan-Thompson プリズムなど) を回転させて透過光強度を測定することによって，実験的には情報が得られる．

　測定によって得られる polar plot は図 3.11 のように表示される．

　透過光強度が最大になる角度が偏光方位角 ϕ であり，透過光強度の最大値と最小値の比 $R = \sqrt{I_{\min}/I_{\max}}$ を消光比と呼ぶ．偏光楕円率は，消光比の平方根 $k = \pm\sqrt{R}$ で与えられる (消光比 R と偏光楕円率 k を区別して使うことが重要である)．透過光電場の検光子の角度依存性は次のように計算できる．

$$\mathbf{E}_{\mathrm{out}}(\theta) = \mathbf{R}(-\theta) \cdot \begin{pmatrix} 1 & 0 \\ 0 & 0 \end{pmatrix} \cdot \mathbf{R}(\theta) \cdot \mathbf{E}_{\mathrm{in}}$$

$$= \begin{pmatrix} \cos^2\theta & \cos\theta\sin\theta \\ \cos\theta\sin\theta & \sin^2\theta \end{pmatrix} \cdot \mathbf{E}_{\mathrm{in}} \tag{3.127}$$

透過光強度は

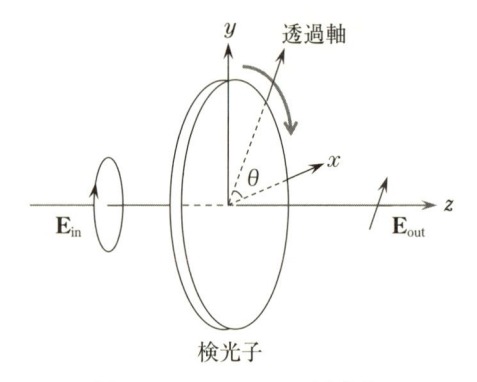

図 3.10　Polar plot の測定系.

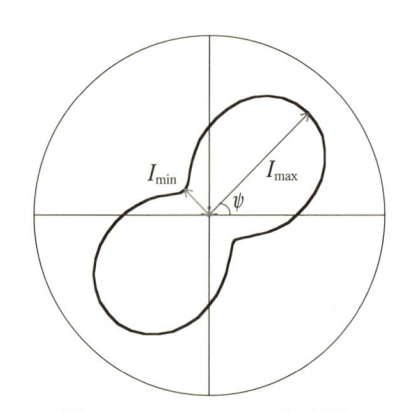

図 3.11　Polar plot の概略図.

$$I(\theta) = |\mathbf{E}_{\text{out}}|^2 \tag{3.128}$$

と与えられる．代表的な偏光楕円率および偏光方位角での polar plot を図 3.12 に例示する．

　Stokes ベクトルと polar plot の関係を次にまとめる．Stokes ベクトルは次のように書ける．

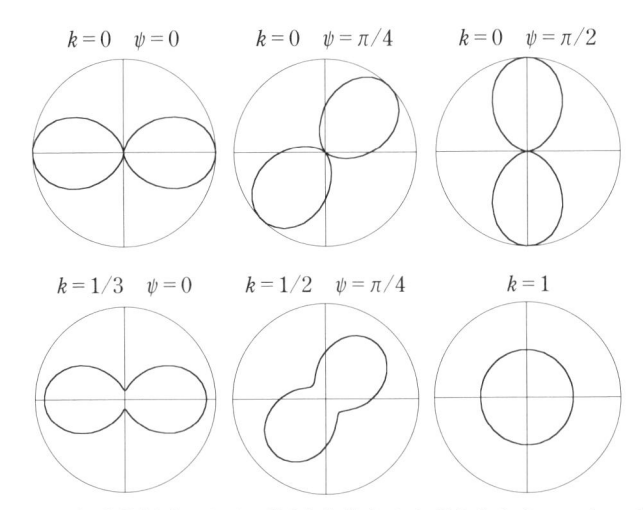

第 3 章　Matrix 光学による偏光解析

図 3.12　偏光楕円率 k および偏光方位角 ψ を変えたときの polar plot.

$$\begin{bmatrix} S_0 \\ S_1 \\ S_2 \\ S_3 \end{bmatrix} = \begin{bmatrix} 1 \\ \cos(2\chi)\cos(2\phi) \\ \cos(2\chi)\sin(2\phi) \\ \sin(2\chi) \end{bmatrix} \tag{3.129}$$

これから、楕円率角 χ, 偏光方位角 ψ, 偏光楕円率 k は次のように書ける.

$$\chi = \frac{1}{2}\sin^{-1} S_3 \tag{3.130}$$

$$\psi = \frac{1}{2}\tan^{-1}\frac{S_2}{S_1} \tag{3.131}$$

$$k = \tan\chi \tag{3.132}$$

三角関数は周期関数であるため，これらの式は複数の解をもつことがあり，偏光を決定する上記パラメータを決定する際には，S_1 は水平優越成分，S_2 は $+45°$ 優越成分，S_3 は右回り円偏光優越成分，であることを意識する必要がある．上式を用いて，代表的な Stokes ベクトルから polar plot したものを図 **3.13** に示す．

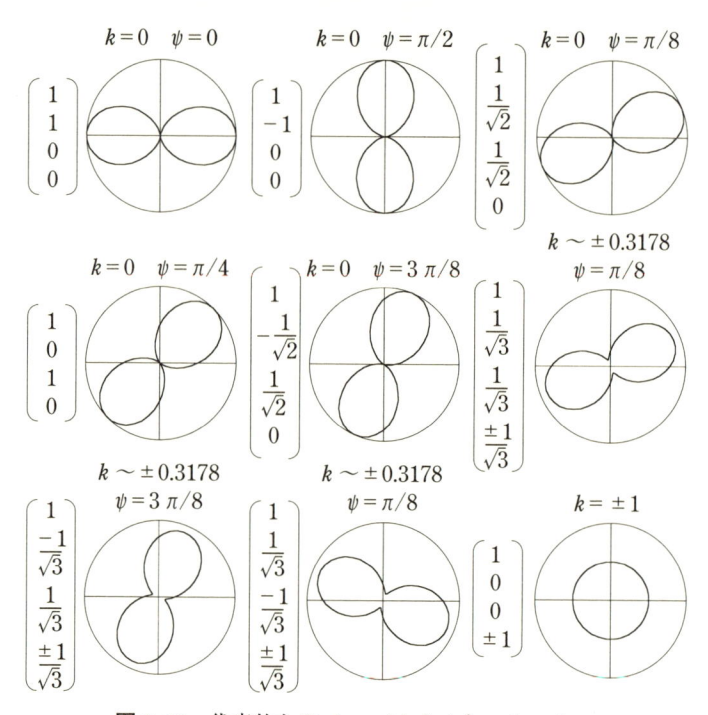

図 3.13　代表的な Stokes ベクトルと polar plot.

第4章

光波干渉の基礎

4.1 スカラー波の干渉

　本章の目的は，光波干渉と偏光との関係について理解する[1~5,33~40]ことである．本項では，まず簡単のため，偏光ではなく，光波を単色のスカラー波として考える．図4.1に示すように，振幅の等しい2つの平面波SおよびRが，入射面をxz面として空気中から均質かつ透明な媒体へと入射する場合を考える．ただし，媒体の法線方向をz軸と平行に取るものとする．空気中におけるSおよびRの入射角をそれぞれθ_Sおよびθ_Rとすると，両光波はそれぞれ

$$\Sigma_S = \exp[ik(x\sin\theta_S + z\cos\theta_S)] \tag{4.1}$$

$$\Sigma_R = \exp[ik(x\sin\theta_R + z\cos\theta_R)] \tag{4.2}$$

と記述できる．ここで，$k = 2\pi/\lambda$である．

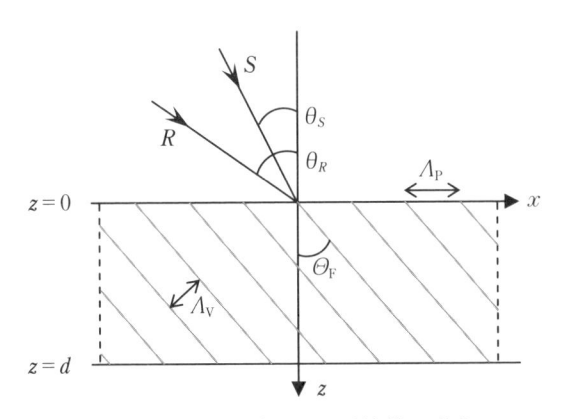

図4.1 2光波干渉による干渉縞の形成．

2つの光波が互いにコヒーレントである場合

$$I(x,z) = |\Sigma_S + \Sigma_R|^2$$
$$= 2(1 + \cos\{k[(\sin\theta_S - \sin\theta_R)x + (\sin\theta_S - \sin\theta_R)z]\}) \quad (4.3)$$

なる強度分布を有する干渉縞が生じる．(4.3)式において

$$k[(\sin\theta_S - \sin\theta_R)x + (\sin\theta_S - \sin\theta_R)z] \equiv 2\pi N \quad (4.4)$$

とおくと

$$x\cos\left(\frac{\theta_S + \theta_R}{2}\right) - z\sin\left(\frac{\theta_S + \theta_R}{2}\right) = \frac{N\lambda}{2\sin\left(\frac{\theta_S - \theta_R}{2}\right)} \quad (4.5)$$

となる．これは軸に対して $\theta_F = (\theta_S + \theta_R)/2$ の角度を成す方向 F に対して平行な等間隔直線状の干渉縞であって，その間隔は

$$\Lambda = \frac{\lambda}{\left|2\sin\left(\frac{\theta_S - \theta_R}{2}\right)\right|} \quad (4.6)$$

で与えられる．もし媒体が光の強度によって屈折率に変化を生じるような性質を有していた場合(形状等の変化でもかまわないが，簡単のため屈折率が変化するものとして説明する)，この干渉縞の周期に応じた周期的な屈折率の変調による回折格子が形成されることになる．このように，光の干渉の情報を媒体へ何らかの状態変化として記録することをホログラム記録と呼ぶ．

厚さが非常に薄い媒体へホログラム記録を行った場合，媒体での屈折は無視され，格子周期は

$$\Lambda_P = \frac{\Lambda}{\left|\cos\left(\frac{\theta_S + \theta_R}{2}\right)\right|} = \frac{\lambda}{|\sin\theta_S - \sin\theta_R|} \quad (4.7)$$

となる．一方，媒体が厚い場合の格子周期は

$$\Lambda_V = \frac{\lambda}{2n\left|\sin\left(\frac{\Theta_S - \Theta_R}{2}\right)\right|} \quad (4.8)$$

で求めることができる．ここで，n は媒体の屈折率，Θ_S および Θ_R は，S およ

びRの媒体内部での入射角である．なお，格子面(等屈折率面)とz軸との成す角は

$$\Theta_F = \frac{\Theta_S + \Theta_R}{2} \tag{4.9}$$

で与えられる．

4.2 偏光の干渉

次に偏光の干渉について説明する．SおよびRをそれぞれ互いに直交する偏光であるs偏光とp偏光とすると，両者のJonesベクトルは位相も考慮して

$$\mathbf{E}_S = \begin{bmatrix} 0 \\ 1 \end{bmatrix} \exp[ik(-x\sin\theta + z\cos\theta)] \tag{4.10}$$

$$\mathbf{E}_R = \begin{bmatrix} 1 \\ 0 \end{bmatrix} \exp[ik(x\sin\theta + z\cos\theta)] \tag{4.11}$$

と書くことができる．なお，両者に共通な位相項$\exp(ikz\cos\theta)$は以後省略して考えるものとする．ここで，(4.6)式により$\Lambda = \lambda/(2\sin\theta)$であることから

$$kx\sin\theta = \frac{\pi x}{\Lambda} \equiv \frac{\xi}{2} \tag{4.12}$$

とする．これを用いると，SとRの干渉電場は

$$\mathbf{E}_S + \mathbf{E}_R = \begin{bmatrix} \exp(i\xi/2) \\ \exp(-i\xi/2) \end{bmatrix} = \begin{bmatrix} 1 \\ \exp(-i\xi) \end{bmatrix} \exp(i\xi/2) \tag{4.13}$$

となり，この式から干渉電場の偏光状態は位置により変化することがわかる（偏光変調干渉）．また，干渉光の光強度は空間的に一定であることもいえる．干渉光の偏光の空間分布を**表 4.1**にまとめる．

表 4.1 s偏光とp偏光の干渉．

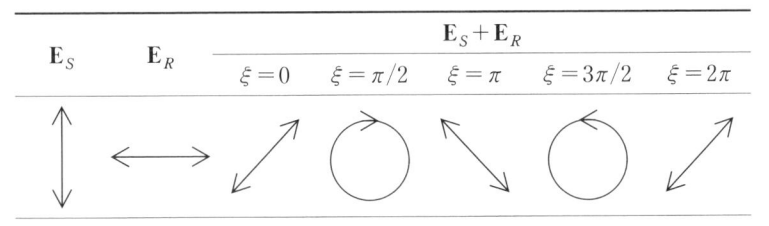

$\mathbf{E}_S$	$\mathbf{E}_R$	$\mathbf{E}_S + \mathbf{E}_R$				
		$\xi = 0$	$\xi = \pi/2$	$\xi = \pi$	$\xi = 3\pi/2$	$\xi = 2\pi$
↕	↔	↗↙	○	↘↖	○	↗↙

次に，S および R をそれぞれ方位が $\pm 45°$ の直線偏光とした場合について考える．これらもまた直交した偏光である．両者のJonesベクトルは

$$\mathbf{E}_S = \frac{1}{\sqrt{2}}\begin{bmatrix}1\\1\end{bmatrix}\exp(-i\xi/2) \tag{4.14}$$

$$\mathbf{E}_R = \frac{1}{\sqrt{2}}\begin{bmatrix}1\\-1\end{bmatrix}\exp(i\xi/2) \tag{4.15}$$

であり，これらの干渉電場は

$$\mathbf{E}_S + \mathbf{E}_R = \frac{2}{\sqrt{2}}\begin{bmatrix}\cos(\xi/2)\\-i\sin(\xi/2)\end{bmatrix} \tag{4.16}$$

となり，この場合も干渉光は偏光変調を有することになる．干渉光の偏光の空間分布を**表 4.2** にまとめる．

表 4.2 $\pm 45°$ の直線偏光の干渉．

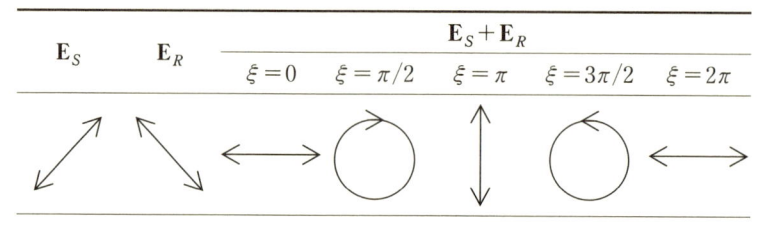

$\mathbf{E}_S$	$\mathbf{E}_R$	$\mathbf{E}_S + \mathbf{E}_R$				
		$\xi=0$	$\xi=\pi/2$	$\xi=\pi$	$\xi=3\pi/2$	$\xi=2\pi$
↗↙	↖↘	↔	○	↕	○	↔

次に，S および R を右回り円偏光および左回り円偏光とした場合について考える（これもまた互いに直交した偏光である）．両者のJonesベクトルは

$$\mathbf{E}_S = \frac{1}{\sqrt{2}}\begin{bmatrix}1\\-i\end{bmatrix}\exp(-i\xi/2) \tag{4.17}$$

$$\mathbf{E}_R = \frac{1}{\sqrt{2}}\begin{bmatrix}1\\i\end{bmatrix}\exp(i\xi/2) \tag{4.18}$$

で与えられる．これらの和を取ると

$$\mathbf{E}_S + \mathbf{E}_R = \frac{2}{\sqrt{2}}\begin{bmatrix}\cos(\xi/2)\\-\sin(\xi/2)\end{bmatrix} \tag{4.19}$$

となる．したがって，この場合も強度が一定で偏光が変調された干渉縞が生じる．また，このときの偏光状態は偏光方位が位置 x に依存した直線偏光となることがわかり，その方位は位置 x に比例して回転することになる．干渉

第4章　光波干渉の基礎

表 4.3 左右円偏光の干渉.

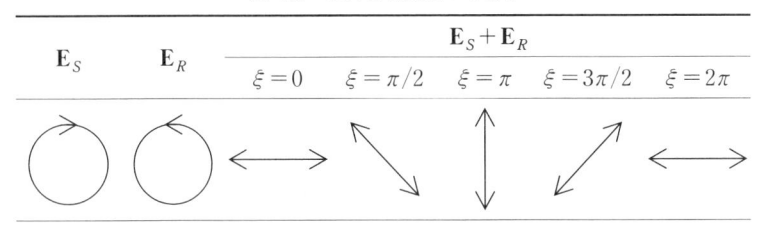

光の偏光の空間分布を**表 4.3** にまとめる．

　直交する楕円偏光についても同じ考察が可能である．今，楕円の長軸・短軸比が 2：1，偏光方位角が 0° と 90° の右回りおよび左回りの楕円偏光を考える．両者の Jones ベクトルは

$$\mathbf{E}_S = \frac{1}{\sqrt{5}} \begin{bmatrix} -2i \\ 1 \end{bmatrix} \exp(-i\xi/2) \tag{4.20}$$

$$\mathbf{E}_R = \frac{1}{\sqrt{5}} \begin{bmatrix} i \\ 2 \end{bmatrix} \exp(i\xi/2) \tag{4.21}$$

で与えられる．これらの和を取ると

$$\mathbf{E}_S + \mathbf{E}_R = \frac{1}{\sqrt{5}} \begin{bmatrix} -i\cos(\xi/2) + 3\sin(\xi/2) \\ 3\cos(\xi/2) - i\sin(\xi/2) \end{bmatrix} \tag{4.22}$$

となる．この場合も，強度が一定で偏光状態が変調された干渉縞を得ることができる．干渉光の偏光の空間分布を**表 4.4** にまとめる．

表 4.4 直交した左右楕円偏光の干渉.

次に，偏光方向が直交しているが，振幅が異なる場合について考える．振幅の比を 1：2 とすると，両者の Jones ベクトルは

$$\mathbf{E}_S = \begin{bmatrix} 0 \\ 2 \end{bmatrix} \exp(-i\xi/2) \tag{4.23}$$

$$\mathbf{E}_R = \begin{bmatrix} 1 \\ 0 \end{bmatrix} \exp(i\xi/2) \tag{4.24}$$

となる．これらの和を取ると

$$\mathbf{E}_S + \mathbf{E}_R = \begin{bmatrix} \exp(i\xi/2) \\ 2\exp(-i\xi/2) \end{bmatrix} = \begin{bmatrix} 1 \\ 2\exp(-i\xi) \end{bmatrix} \exp(i\xi/2) \tag{4.25}$$

となる．この場合にも，強度が一定で偏光状態が変調された干渉縞を得ることができる．その際の偏光方位角は，振幅の大きいベクトル方向に傾き，円偏光は存在せず，楕円偏光となる．干渉光の偏光の空間分布を**表 4.5** にまとめる．

表 4.5 振幅の異なる直交した楕円偏光の干渉．

$\mathbf{E}_S$	$\mathbf{E}_R$	$\mathbf{E}_S + \mathbf{E}_R$				
		$\xi = 0$	$\xi = \pi/2$	$\xi = \pi$	$\xi = 3\pi/2$	$\xi = 2\pi$
↕	↔	↗	◯	↘	◯	↗

最後に，振幅が異なりその比が 1：2 である左右の円偏光の干渉について考える．両者の Jones ベクトルは

$$\mathbf{E}_S = \begin{bmatrix} 1 \\ -i \end{bmatrix} \exp(-i\xi/2) \tag{4.26}$$

$$\mathbf{E}_R = \begin{bmatrix} 2 \\ 2i \end{bmatrix} \exp(i\xi/2) \tag{4.27}$$

で与えられる．これらの和を取ると

$$\mathbf{E}_S + \mathbf{E}_R = \begin{bmatrix} 3\cos(\xi/2) + i\sin(\xi/2) \\ i\cos(\xi/2) - 3\sin(\xi/2) \end{bmatrix} \tag{4.28}$$

となる．したがって，この場合も強度が一定で偏光が変調された干渉縞が生じ

第4章　光波干渉の基礎

る．また，偏光はすべて楕円偏光となり，長軸と短軸の比が1:3であり，偏光方位角がξとなる．干渉光の偏光の空間分布を**表4.6**にまとめる．

表4.6 振幅の異なる左右円偏光の干渉．

$\mathbf{E}_S$	$\mathbf{E}_R$	$\mathbf{E}_S+\mathbf{E}_R$				
		$\xi=0$	$\xi=\pi/2$	$\xi=\pi$	$\xi=3\pi/2$	$\xi=2\pi$

第5章

光回折の基礎

5.1 Kirchhoff の回折理論

本章では,第2部のベクトルホログラムの回折特性解析につなげるため,主にスカラー波の回折基礎理論,回折格子,ホログラムの基礎などについて解説する[1~5].光波は厳密にはベクトル波として取り扱う必要があるが,ほとんどの場合には,光の回折はスカラー波を対象とした Fresnel-Kirchhoff の回折理論と呼ばれるスカラー回折理論によってその説明が成されている.今,単色のスカラー波を $U(x,y,z)\exp(-i\omega t)$ と書くと,自由空間における伝搬は,(1.9),(1.10)式に示した波動方程式で与えられるため(電荷等の存在しない自由空間であるため $\sigma=0$ とする)

$$(\nabla^2 + k^2)U = 0 \qquad (5.1)$$

が得られる.(5.1)式を Helmholtz 方程式と呼ぶ.

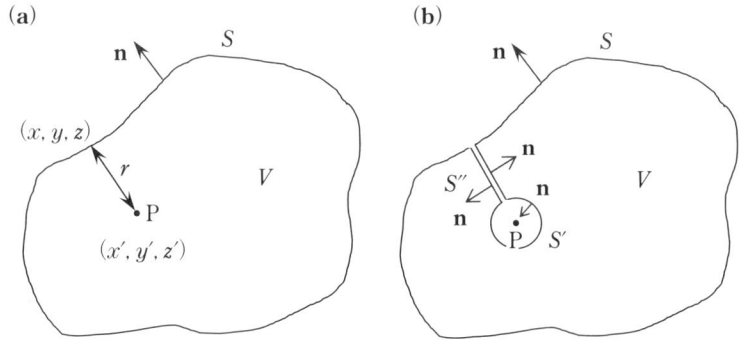

図 5.1 (a)Fresnel-Kirchhoff の回折理論を考えるための閉曲面および(b)光源 P を除外した閉曲面.

今，図 5.1(a) に示すような任意の閉曲面内を考え，その中で何回でも微分可能なベクトル関数として $\mathbf{A}(x,y,z)$ を定義する．ベクトル解析の Gauss の定理によって，閉曲面 S 内の体積積分と表面 S 上の表面積分の間には

$$\iiint \mathrm{div}\, \mathbf{A} \cdot \mathrm{d}V = \iint \mathbf{A} \cdot \mathbf{n} \cdot \mathrm{d}S = \iint \mathbf{A}_n \cdot \mathrm{d}S \tag{5.2}$$

の関係がある．ここで，$\mathbf{A}_n$ は表面 S に垂直な外向き法線方向のベクトル $\mathbf{A}$ の成分になっており，$\mathrm{d}V, \mathrm{d}S$ は，それぞれ体積要素，面積要素である．今 $u(x,y,z)$，$v(x,y,z)$ を 2 つのスカラー関数とし (微分可能な関数であることは言うまでもない)，$\mathbf{A}(x,y,z) \equiv u\, \mathrm{grad}\, v$ とすると，$\mathrm{div}\, \mathbf{A} = \mathrm{grad}\, u \cdot \mathrm{grad}\, v + u\nabla^2 v$，$(\mathrm{grad}\, v)_n = \partial v/\partial n$ であることを考慮して

$$\iiint u\nabla^2 v \mathrm{d}V + \iiint \mathrm{grad}\, u \cdot \mathrm{grad}\, v \mathrm{d}V = \iint u\frac{\partial v}{\partial n}\mathrm{d}S \tag{5.3}$$

となる．ここで，$\partial/\partial n$ は S 上での内側に向いた法線方向の偏微分を表す．同じように，$\mathbf{A}(x,y,z) \equiv v\, \mathrm{grad}\, u$ とすると

$$\iiint v\nabla^2 u \mathrm{d}V + \iiint \mathrm{grad}\, v \cdot \mathrm{grad}\, u \mathrm{d}V = \iint v\frac{\partial u}{\partial n}\mathrm{d}S \tag{5.4}$$

となる．(5.3)式から(5.4)式を引くと

$$\iiint (u\nabla^2 v - v\nabla^2 u)\mathrm{d}V = \iint \left(u\frac{\partial v}{\partial n} - v\frac{\partial u}{\partial n}\right)\mathrm{d}S \tag{5.5}$$

となる．これをグリーンの定理と呼ぶ．

今，図 5.1(a) に示すように，点 P を囲む閉曲面において，その表面 S 上の点から P までの距離を r とし，$v(x,y,z) = \exp(ikr)/r$ と定義する．点 P の座標を (x', y', z') とすると，$r^2 = (x-x')^2 + (y-y')^2 + (z-z')^2$ となり，$v(x,y,z)$ を (x', y', z') を固定した (点 P を固定した) (x,y,z) の関数と考えると，$v(x,y,z)$ も Helmholtz 方程式を満足していることが証明できる．今，$u(x,y,z)$ も Helmholtz 方程式を満足しているとすると

$$(\nabla^2 + k^2)u = 0 \tag{5.6}$$
$$(\nabla^2 + k^2)v = 0 \tag{5.7}$$

となる．(5.6)，(5.7)式を(5.5)式に代入すると，(5.5)式の左辺は 0 となり

$$\iint \left[u\frac{\partial}{\partial n}\left(\frac{e^{ikr}}{r}\right) - \frac{e^{ikr}}{r}\frac{\partial u}{\partial n}\right]\mathrm{d}S = 0 \tag{5.8}$$

第5章 光回折の基礎

となる．ここで，(5.5)式の体積積分を全領域で行うためには，点Pと観察点が一致してはいけない(なぜなら $r=0$ となり v が発散するため)．すなわち，点Pは特異点となっているため，実際の閉曲面 S は図5.1(b)のように選ぶ必要がある．このとき，全閉曲面 S'' での面積積分には閉曲面 S，閉曲面 S' での面積積分に切り口部分の面積積分が加わることとなるが，切り口部分は，互いに逆方向の法線ベクトルとなるため打ち消し合う．これらのことを考慮して

$$\iint_S \left[u \frac{\partial}{\partial n}\left(\frac{e^{ikr}}{r}\right) - \frac{e^{ikr}}{r}\frac{\partial u}{\partial n}\right]dS + \iint_{S'}\left[u \frac{\partial}{\partial n}\left(\frac{e^{ikr}}{r}\right) - \frac{e^{ikr}}{r}\frac{\partial u}{\partial n}\right]dS' = 0 \quad (5.9)$$

となる．閉曲面 S' は半径 ς の球面であり，$dS' = \varsigma^2 d\Omega$ (Ω は極座標での立体角)と書ける．さらに，法線方向は r の減少する方向であり，$\partial/\partial n = -\partial/\partial r$ と書けるので，(5.9)式の第2積分項は

$$-\iint\left[u\frac{e^{ik\varsigma}}{\varsigma}\left(ik - \frac{1}{\varsigma}\right) - \frac{e^{ik\varsigma}}{\varsigma}\left(\frac{\partial u}{\partial r}\right)_{r=\xi}\right]\varsigma^2 d\Omega$$

$$= -\iint\left[iku\varsigma e^{ik\varsigma} - ue^{ik\varsigma} - \varsigma e^{ik\varsigma}\left(\frac{\partial u}{\partial r}\right)_{r=\xi}\right]d\Omega \quad (5.10)$$

となる．今，$\varsigma \to 0$ の極限を考えると，(5.10)式の第2項のみが残るが，$e^{ik\varsigma} \to 1$，$u \to U(\mathrm{P}) = U(x', y', z')$ となり，全球面上での面積積分は 4π なので，結局(5.9)式は

$$U(\mathrm{P}) = -\frac{1}{4\pi}\iint_S\left[U\frac{\partial}{\partial n}\left(\frac{\exp(ikr)}{r}\right) - \frac{\exp(ikr)}{r}\frac{\partial U}{\partial n}\right]dS \quad (5.11)$$

と書くことができる．これを Kirchhoff の公式と呼ぶ．Kirchhoff の公式を用いると，種々の回折現象について数値的な計算を行うことが可能となる．

ここでは図5.2に示すように，点Qにある点光源から発生した球面波 $U = \exp(iks)/s$ が開口で回折された場合の点Pにおける振幅 $U(\mathrm{P})$ を求める．s は，開口面上の点 S_1 とQとの距離である．Kirchhoff の公式において，積分を行うべき表面は，点Pを含んでいれば任意であるから，ここでは，図5.2に示すような閉曲面を取るものとする．閉曲面のうち，S_2 は衝立に遮られているので，その面上での積分は0である．また S_3 上での積分は，R を非常に大きく取ると(仮想的表面であるのでいくらでも大きく取れる)，考えている時間のうちには光波が S_3 上に到達しないと考えることができる．これらのことから，結局積分は S_1 でのみ行えばよいと考えられる．今，S_1 を改めて S と書く

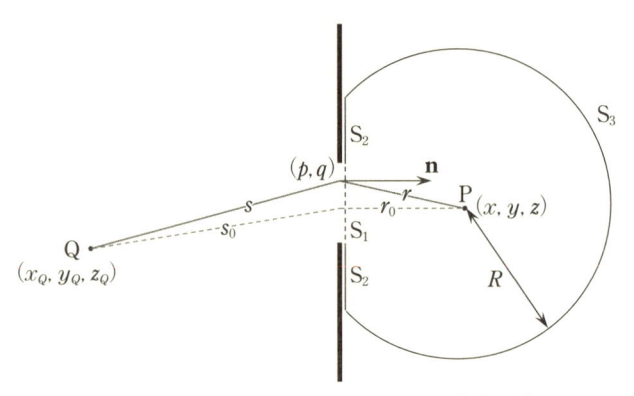

図 5.2 開口での回折への Kirchhoff の公式の適用.

と (5.11) 式は

$$U(\mathrm{P}) = \frac{-i}{2\lambda} \iint_S [\cos(n,s) - \cos(n,r)] \frac{\exp[ik(s+r)]}{sr} \mathrm{d}S \tag{5.12}$$

となる.ここで,(n,s) は n と直線 QS_1 の成す角を,(n,r) は n と直線 $\mathrm{S}_1\mathrm{P}$ の成す角をそれぞれ表す.この式は Fresnel-Kirchhoff の回折式と呼ばれ,開口部の大きさが波長に比べ十分大きい場合に成立する.

5.2 Fresnel 回折と Fraunhofer 回折

光源と開口中心を結ぶ方向の近傍領域を考える場合(Q および P が開口から十分離れていればこの条件は満足される),(5.12)式は

$$U(\mathrm{P}) = \frac{-iC}{\lambda s_0 r_0} \iint_S \exp[ik(s+r)] \mathrm{d}S \tag{5.13}$$

と変形することができる.ここで,s_0 は Q と開口の中心との距離,r_0 は開口の中心と P との距離をそれぞれ表す.また,$\cos(n,s) \simeq -\cos(n,r) \equiv C$ とした.

今,s_0 が開口径に比べて大きいものとし

$$s = \sqrt{(x_Q - p)^2 + (y_Q - q)^2 + z_Q^2}$$

第 5 章 光回折の基礎

$$= s_0 \left(1 - \frac{2x_Q p + 2y_Q q}{s_0^2} + \frac{p^2 + q^2}{s_0^2}\right)^{\frac{1}{2}}$$

$$= s_0 \left(1 - \frac{x_Q p + y_Q q}{s_0^2} + \frac{p^2 + q^2}{2s_0^2} + \cdots\right) \tag{5.14}$$

と展開する．ただし，(x_Q, y_Q, z_Q)，(x, y, z) はそれぞれ光源および観測点の座標を，(p, q) は開口面の座標を表すものとする．p, q に対し 3 次以上の項は省略し

$$s \simeq s_0 - \frac{x_Q p + y_Q q}{s_0} + \frac{p^2 + q^2}{2s_0} \tag{5.15}$$

とする．s と同様に r に対しても

$$r \simeq r_0 - \frac{x_Q p + y_Q q}{r_0} + \frac{p^2 + q^2}{2r_0} \tag{5.16}$$

と近似を施す．これらを用いると，(5.13)式において

$$s + r = s_0 + r_0 - p\left(\frac{x_Q}{s_0} + \frac{x}{r_0}\right) - q\left(\frac{y_Q}{s_0} + \frac{y}{r_0}\right) + \frac{p^2 + q^2}{2}\left(\frac{1}{s_0} + \frac{1}{r_0}\right) \tag{5.17}$$

とすることができる．(5.17)式において，p, q の 1 次の項までを考慮して (5.13)式を考える場合を Fraunhofer 回折，2 次の項まで考える場合を Fresnel 回折と呼ぶ．これらの近似は，開口の大きさ (p, q) が光源 Q や観測点 P からの距離に比べて十分に小さいことを前提としている．その中でも，Fresnel 回折は開口部に比較的近い領域での回折を，Fraunhofer 回折はかなり遠方（可能であれば無限遠）の回折像となる．開口面における複素振幅を $f(p, q)$ とすると，Fraunhofer 回折は

$$U(l_x, l_y) \propto \iint_{-\infty}^{\infty} f(p, q) \exp[-ik(l_x p + l_y q)] \mathrm{d}p \, \mathrm{d}q \tag{5.18}$$

と書き直すことができる．ここで

$$l_x = \frac{x_Q}{s_0} + \frac{x}{r_0} \tag{5.19}$$

$$l_y = \frac{y_S}{s_0} + \frac{y}{r_0} \tag{5.20}$$

とした．$f(p, q)$ が一般的に複素数であるとは，(5.18)式は孔の空いた衝立（光

波の振幅のみが変調)の回折現象のみならず,透明な凹凸物体や屈折率分布があるような対象物(位相すなわち複素部が変調)の回折現象にも適用可能であることを意味している.(5.18)式からわかるように,Fraunhofer回折は開口部の複素振幅のFourier変換となる.時間領域における周波数に相当するものとして,l_x/λ,l_y/λはそれぞれ x,y に対する空間周波数と呼ばれる.Fraunhofer回折における近似の条件というのは,簡単には光源と開口面が十分に離れており,開口面と観測点も十分に離れていることである.すなわち,開口面に入射する光と観測点で観測される光がともに平面波と見なせる場合には(平面波近似:球面波は充分遠方まで伝搬すると平面波に近くなる),その回折をFraunhofer回折として取り扱うことができる.具体的には,入射光を平面波とすると,開口面と観測面の距離 L が,$L \gg \pi(p^2+q^2)/\lambda$ を満たすような場合である.この条件を満足できない実験条件についてはFresnel近似さらに遡ってKirchhoffの式にまで立ち返る必要がある.さらに開口部のごく近傍では,Maxwell方程式を直接解くことが必要となる.

次にFraunhofer回折の実際について矩形および丸形の孔を例示し,考察してみる.まず,図5.3に示すような矩形の開口を考える.(5.18)式の比例定数を C と書くと

$$U(l_x, l_y) = C \int_{-a}^{a} \int_{-b}^{b} \exp[-ik(l_x p + l_y q)] \mathrm{d}p \mathrm{d}q$$

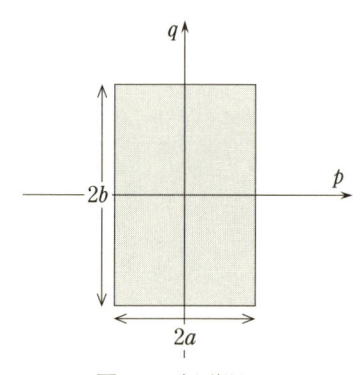

図5.3 矩形開口.

第5章 光回折の基礎

$$= C\left[-\frac{1}{ikl_x}(e^{-ikl_xa} - e^{ikl_xa})\right] \times \left[-\frac{1}{ikl_y}(e^{-ikl_yb} - e^{ikl_yb})\right]$$

$$= 4Cab\frac{\sin kl_x a}{kl_x a} \cdot \frac{\sin kl_y b}{kl_y b} \tag{5.21}$$

と計算できる.

光強度分布は,電場振幅の2乗で与えられるので

$$I(l_x, l_y) = |U(l_x, l_y)|^2 = I_0\left(\frac{\sin kl_x a}{kl_x a}\right)^2 \cdot \left(\frac{\sin kl_y b}{kl_y b}\right)^2 \tag{5.22}$$

となる.ここで,$I_0 = 16|C|^2 a^2 b^2$ である.l_x,l_y は,回折光の回折方向を示すパラメータであるから,(5.22)式によっていろいろな方向への強度が与えられる.(5.22)式の因子はいずれも $(\sin x/x)^2$ (sinc 関数の2乗)の形をしている.この関数の形を図 5.4 に示しており,回折像を1次元で切り取るとこの形になっている.回折像は明暗の構造となっているが,その暗部(強度0の点)は

$$kl_x a = \pm m\pi \quad m = 1, 2, 3, \cdots \tag{5.23}$$

$$kl_y b = \pm n\pi \quad n = 1, 2, 3, \cdots \tag{5.24}$$

の条件を満足するときとなる.すなわち,暗部は等間隔に現れ,その周期は,矩形の辺の長さに反比例している.このことは,スリットの幅が狭ければ大きく回折し,広ければ小さく回折することを意味している.このため,長方形の回折パターンは,**図 5.4** に示されているように長辺と短辺が反転したパターンとなる.

次に,半径 a の丸孔の回折像について考える.(5.18)式の微分変数 p, q を極座標に変換して

$$p = \rho\cos\theta, \quad q = \rho\sin\theta \tag{5.25}$$

とする.また,l_x, l_y も同様に

$$l_x = s\cos\varphi, \quad l_y = s\sin\varphi \tag{5.26}$$

とすると,回折光の振幅は次式で計算される.

$$U(s, \varphi) = C\int_0^a \int_0^{2\pi} \exp[-ik\rho s\cos(\theta - \varphi)]\rho\, d\theta\, d\rho \tag{5.27}$$

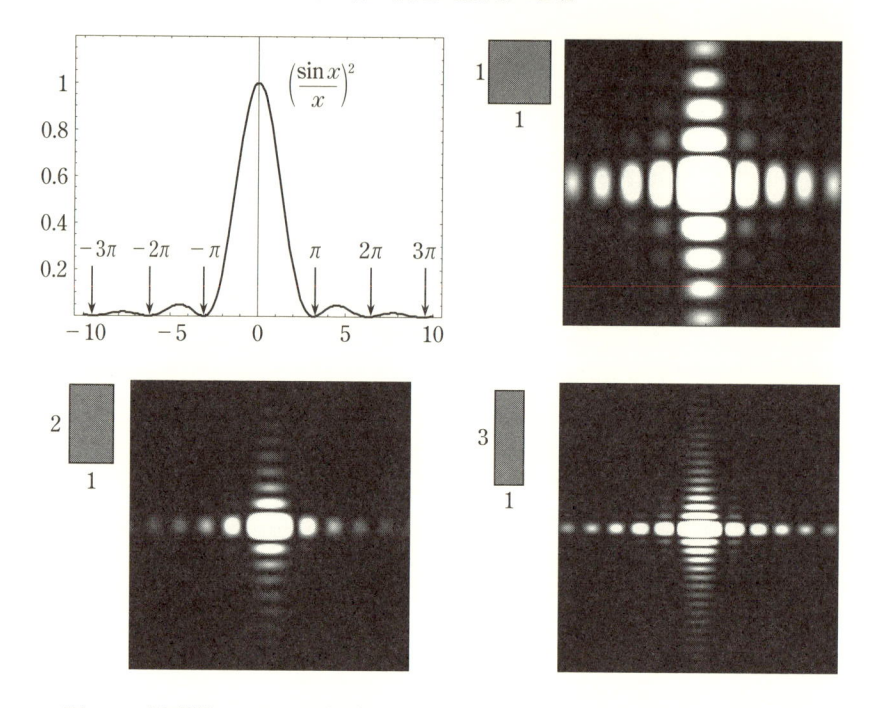

図 5.4　矩形開口からの回折像．1 次元表示および矩形の縦横比の異なる孔からの回折像．

余弦は 2π を周期としているので，$\cos(\theta-\varphi)$ は単に $\cos\theta$ としても同じであり，$U(s,\varphi)$ は実は φ に依存しない（回折光は軸対称の強度分布をもつはずなので自明である）．今，Bessel 関数の公式

$$J_n(z) = \frac{i^{-n}}{2\pi}\int_0^{2\pi} e^{iz\cos\alpha}e^{in\alpha}\mathrm{d}\alpha \tag{5.28}$$

を用いると

$$U(s) = 2\pi C\int_0^a J_0(k\rho s)\rho\mathrm{d}\rho \tag{5.29}$$

となる．再び公式

第 5 章 光回折の基礎

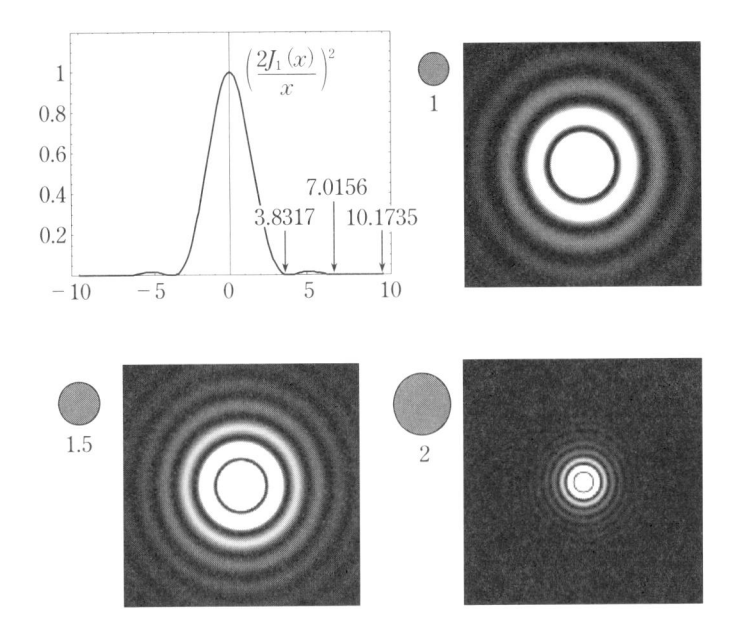

図 5.5 1 次元表示および半径の異なる丸孔からの回折像(airy disc).

$$\frac{\mathrm{d}}{\mathrm{d}z}[z^{n+1}J_{n+1}(z)] = z^{n+1}J_n(z) \tag{5.30}$$

を用いて

$$U(s) = \pi Ca\left[\frac{2J_1(kas)}{kas}\right] \tag{5.31}$$

となる．光強度分布は

$$I(s) = |U(s)|^2 = I_0\left[\frac{2J_1(kas)}{kas}\right]^2 \tag{5.32}$$

となる．ここで，$I_0 = \pi^2|C|^2 a^2$ である．(5.32)式の因子は，$(2J_1(x)/x)^2$ の形であり，そのグラフは，**図 5.5** に示してある．この形は，図 5.4 の $(\sin x/x)^2$ と形は似ているが，0 となる点が等間隔でなく，周辺の縞の強度がより急速に減衰する．回折光が 0 になるのは次の条件である．

$$s = 0.610\frac{\lambda}{a},\quad 1.116\frac{\lambda}{a},\quad 1.619\frac{\lambda}{a},\quad \cdots \tag{5.33}$$

このようにして，明暗の周期は円の半径に反比例し，小さな孔ほど大きく回折する．これらの回折像の計算結果を図5.5に示す．

5.3 回折格子

まず図5.6のようにスリットが2つ並んでいる2重スリットの回折像について考える．

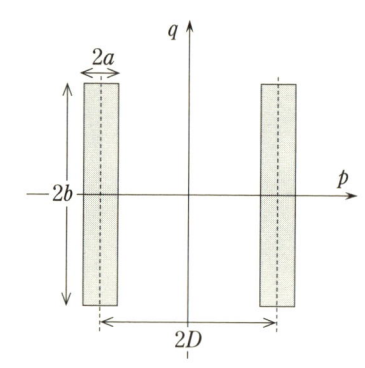

図 5.6 2重スリットのモデル．

開口部が複数になっても，開口部について(5.18)式の計算を実行することに変わりはない．

$$\begin{aligned}U(l_x, l_y) &= C\int_{p=-b}^{+b}\int_{q=-(D+a)}^{-(D-a)} e^{-ik(l_xp+l_yq)}\mathrm{d}p\mathrm{d}q \\ &+ C\int_{p=-b}^{+b}\int_{\xi=D-a}^{D+a} e^{-ik(l_xp+l_yq)}\mathrm{d}\xi\mathrm{d}\eta \\ &= C\cdot 8ab\left(\frac{\sin kl_xa}{kl_xa}\right)\cdot\left(\frac{\sin kl_yb}{kl_yb}\right)\cos(kl_xD) \end{aligned} \quad (5.34)$$

(5.34)式は，矩形の回折像の項に$\cos(kl_xD)$を乗じた形をしており，実際に$|U|^2$(光強度分布)を描くと図5.7のようになる．

図5.7に見られるように，2重スリットの回折像は，1つのスリットからの回折像を包絡線とし，$\cos(kl_xD)$に由来する微細構造が載った構造となってい

第5章 光回折の基礎

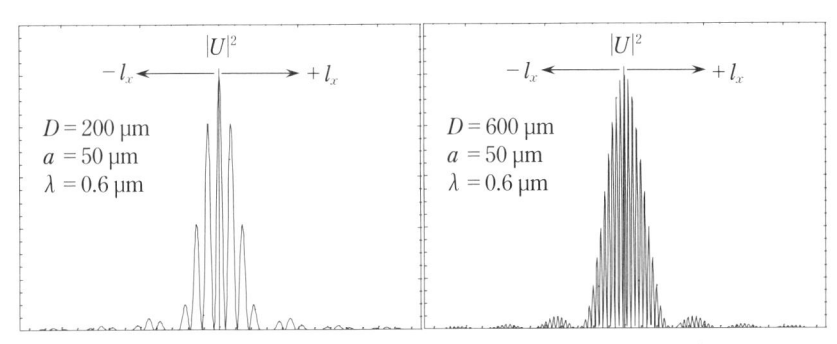

$D = 200$ μm
$a = 50$ μm
$λ = 0.6$ μm

$D = 600$ μm
$a = 50$ μm
$λ = 0.6$ μm

図 5.7 スリット間隔を変えたときの2重スリットの回折像.

る．微細構造の周期は，スリット間隔 D が大きくなるほど細かくなる．この微細周期構造は，2つのスリットから出た回折波面が干渉することに起因しており，スリット間隔が大きくなると，波面の交差角が大きくなり，干渉縞間隔が小さくなることは容易に理解される．

次に，さらに，図 5.8 のように多数の孔が周期的に並んでいる場合(多重スリット型回折格子)の回折像について考える．

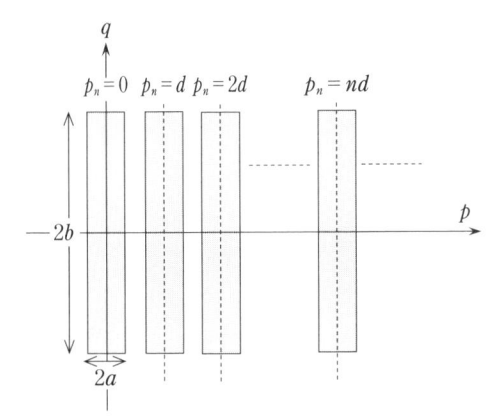

図 5.8 周期的に並んだ多重スリット型回折格子.

今，多数空いている孔の形や大きさはすべて同じであるとし，孔の空いている所の座標を (p_n, q_n) と書くと

$$U(l_x, l_y) = C \sum_{n=0}^{n=N-1} \iint e^{-ik((p_n+p)l_x + (q_n+q)l_x)} \mathrm{d}p\,\mathrm{d}q$$

$$= \left(\sum_{n=0}^{n=N-1} e^{-ik(l_x p_n + l_y q_n)} \right) C \iint e^{-ik(l_x p + l_y q)} \mathrm{d}p\,\mathrm{d}q \quad (5.35)$$

となる．ただし，孔の数を N 個としている．(5.35)式の積分は1つの孔について行い，孔が1つの場合の回折像に相当している．今，図5.8のように，孔が1次元方向に等間隔で並んでいる場合を考えると（等間隔ということが重要である），$p_n = nd$，$q_n = 0$ と書ける．簡単のため，積分部分を $U_0(l_x, l_y)$ と書くと

$$U(l_x, l_y) = \frac{1 - e^{-iNkl_x d}}{1 - e^{-ikl_x d}} U_0(l_x, l_y) \quad (5.36)$$

となる．よって

$$I(l_x, l_y) = \frac{1 - e^{-iNkl_x d}}{1 - e^{-ikl_x d}} \cdot \frac{1 - e^{-iNkl_x d}}{1 - e^{-ikl_x d}} |U_0(l_x, l_y)|^2$$

$$= \frac{1 - \cos Nkl_x d}{1 - \cos kl_x d} |U_0(l_x, l_y)|^2$$

$$= I_0 \left(\frac{\sin \dfrac{Nkl_x d}{2}}{\sin \dfrac{kl_x d}{2}} \right)^2 \left(\frac{\sin kl_x a}{kl_x a} \right)^2 \cdot \left(\frac{\sin kl_y b}{kl_y b} \right)^2 \quad (5.37)$$

となる．(5.37)式の第1の因子は，$l_x = nd/\lambda$ の条件のとき，N^2 となり，孔の数が増えれば増えるほど大きな値となる．N の値を変えた1次元の強度分布を**図5.9**に示す．

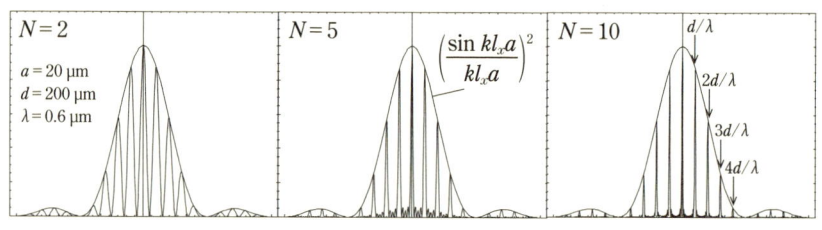

図5.9　スリット数を変えた場合の回折像．N^2 で規格化してある．

図 5.9 に見られるように，回折像は，$(\sin kl_x a/kl_x a)^2$ を包絡線とし，周期的に強め合った方向に回折しているが，その回折光の幅は N が大きくなると狭くなり，ピーク強度は N^2 で大きくなる（図は N^2 で規格化してある）．このように，周期的に振幅あるいは位相を変化させた媒体を回折格子と呼んでいる．

実際の回折格子の回折特性の計算では，まずは，回折格子が薄いか厚いかによって，理論計算方法が分けられている．ここでは，まず薄い回折格子についての理論計算の方法を説明する．薄い回折格子によって加えられる複素透過率を次のように定義する．

$$\mathbf{t}(p,q) = |\mathbf{t}(p,q)|\exp[-i\phi(p,q)] \tag{5.38}$$

ここで，$|\mathbf{t}(p,q)|$ は振幅の変調分であり，$\phi(p,q)$ は位相の変調分である．以下に回折格子の種類を分類して説明する．

薄い振幅型回折格子

媒体の透過率が，1 次元的に周期的に変調されているとすると

$$\begin{aligned}\mathbf{t}(p) &= \left(1 - \frac{m}{2}\right) + \frac{m}{2}\cos \mathbf{K}p \\ &= \left(1 - \frac{m}{2}\right) + \frac{m}{2}\cos \frac{2\pi}{\Lambda}p\end{aligned} \tag{5.39}$$

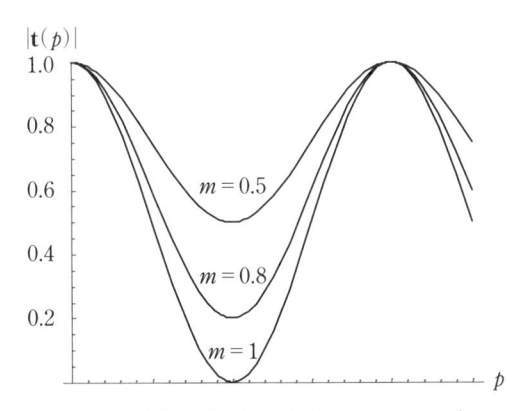

図 5.10 振幅型回折格子の透過率変調分布．

と書ける．ここで，**K**を格子ベクトルと呼ぶ．また，Λは回折格子の周期であり，mは変調度である．

Fraunhofer回折は，複素透過率をFourier級数展開すればよいので

$$\mathbf{t}(x) = \left(1 - \frac{m}{2}\right) + \frac{m}{4}\exp(iKx) + \frac{m}{4}\exp(-iKx) \tag{5.40}$$

となる．この第1項は，そのままの透過光の振幅であり，第2項および第3項が± 1次の回折光の振幅となっている．したがって一次の回折効率は以下のようになる．

$$\eta = \left(\frac{m}{4}\right)^2 \tag{5.41}$$

振幅の変調度mの関数として回折効率を図示すると，**図5.11**のようになり，最大回折効率は6.25％となる．

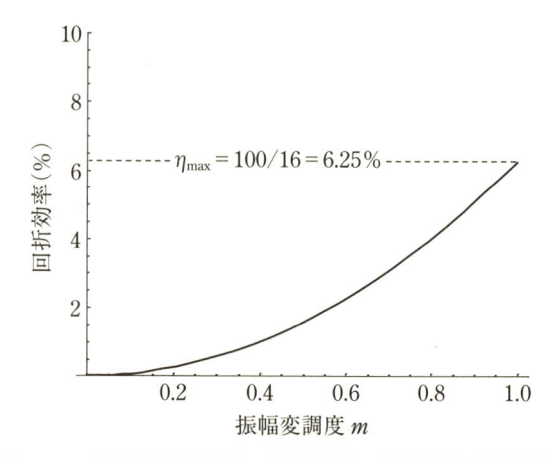

図5.11 振幅型回折格子の回折効率の振幅変調度依存性．

薄い位相型回折格子

次に薄い位相型回折格子について考える．位相型回折格子では，振幅透過率は100％であり，位相が$\phi(p) = \phi_0 + \phi_1\cos Kp$で変調される場合を考える．この場合には，透明な薄膜の厚さか屈折率(もしくは両方)が変調されている

(この両者は光波伝搬の上からは同等であり区別できない).

$$\begin{aligned}\mathbf{t}(p) &= \exp[-i\phi(p)] \\ &= \exp[-i\phi_0 - i\phi_1 \cos Kp] \\ &= \exp(-i\phi_0)\exp(-i\phi_1 \cos Kp)\end{aligned} \quad (5.42)$$

$\exp(-i\phi_0)$ は，非変調部分であるので回折には寄与せず無視できる．残りの部分を Fourier 展開すると

$$\mathbf{t}(x) = \sum_{n=-\infty}^{\infty} i^n J_n(\phi_1) \exp(inKx) \quad (5.43)$$

となる．(5.43)式の n は回折光の次数に相当する．したがって1次の回折光の回折効率は

$$\eta = J_1^2(\phi_1) \quad (5.44)$$

となる．この場合の回折効率の位相振幅依存性は図 **5.12** のようになり，最大回折効率は 33.9 % となる．

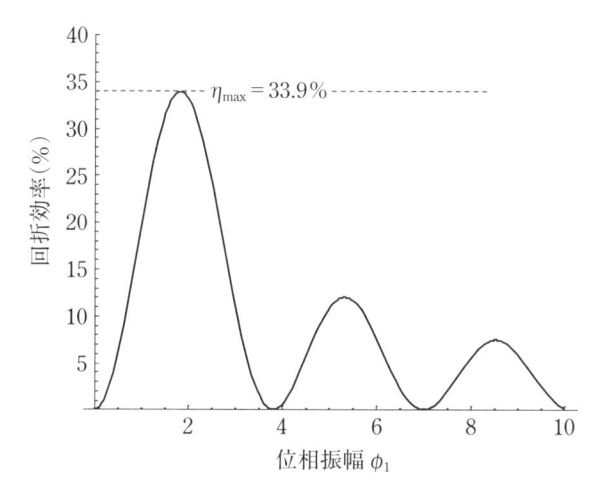

図 5.12 位相型回折格子の回折効率の位相振幅依存性．

光学異方性のある回折格子

光学異方性を有する回折格子は，回折の理論(Fourier 級数展開)と Jones 解析法を組み合わせることで解析できる．今，図 5.13 のような，2 種類の異なる異方性が周期的に配列している Binary 型の異方性回折格子を考える．

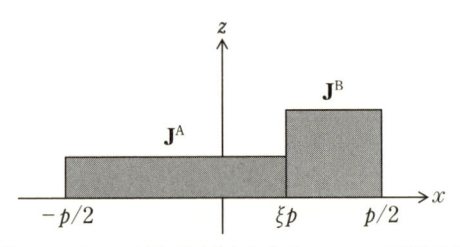

図 5.13 2 種類の異なる異方性領域を含む Binary 型異方性回折格子.

今，2 領域の Jones 行列を次のように書けるとする．

$$\mathbf{J}^{\mathrm{A}} = \begin{pmatrix} J_{11}^{\mathrm{A}} & J_{12}^{\mathrm{A}} \\ J_{21}^{\mathrm{A}} & J_{22}^{\mathrm{A}} \end{pmatrix} \tag{5.45}$$

$$\mathbf{J}^{\mathrm{B}} = \begin{pmatrix} J_{11}^{\mathrm{B}} & J_{12}^{\mathrm{B}} \\ J_{21}^{\mathrm{B}} & J_{22}^{\mathrm{B}} \end{pmatrix} \tag{5.46}$$

m 次の回折透過マトリックスは，Fourier 変換で与えられるので

$$\mathbf{T}^m = \frac{1}{p}\left[\int_{-p/2}^{\xi p}\mathbf{J}^{\mathrm{A}} e^{-i\frac{2m\pi}{p}x}\mathrm{d}x + \int_{\xi p}^{p/2}\mathbf{J}^{\mathrm{B}} e^{-i\frac{2m\pi}{p}x}\mathrm{d}x\right] \tag{5.47}$$

となる．今，Binary 型回折格子を想定しているので，各 Jones 行列は積分区間内で x に依存せず積分の前に出すことができる．よって

$$\begin{aligned}\mathbf{T}^m &= \frac{1}{p}\left[\mathbf{J}^{\mathrm{A}}\int_{-p/2}^{\xi p}e^{-i\frac{2m\pi}{p}x}\mathrm{d}x + \mathbf{J}^{\mathrm{B}}\int_{\xi p}^{p/2}e^{-i\frac{2m\pi}{p}x}\mathrm{d}x\right] \\ &= \frac{i}{2m\pi}(e^{im\pi} - e^{-i2m\pi\xi})(\mathbf{J}^{\mathrm{B}} - \mathbf{J}^{\mathrm{A}}) \\ &= e^{-im\pi(\xi - 1/2)}\frac{\sin[m\pi(\xi + 1/2)]}{m\pi}(\mathbf{J}^{\mathrm{A}} - \mathbf{J}^{\mathrm{B}})\end{aligned} \tag{5.48}$$

と求められる．この方法は汎用性が高く，Binary 数(横の分割数)を増やすことによって，任意の形状および異方性を有する回折格子の光学特性の計算に応

用できる．

次に回折格子が厚くなった場合(体積型格子)について考える．このような格子と光波との相互作用(光の場合には結合と呼ぶ)を考えるには，1960 年代に Kogelnik によって提案された**結合波理論**(coupled wave theory)を用いることが必要である．媒体中の屈折率 n および吸収係数 α が次のように変調されているとする．

$$n = n_0 + n_1 \cos \mathbf{K} \cdot \mathbf{r} \tag{5.49}$$

$$\alpha = \alpha_0 + \alpha_1 \cos \mathbf{K} \cdot \mathbf{r} \tag{5.50}$$

ただし，n_0, α_0 は平均屈折率および平均吸収係数であり，$\mathbf{r} = (x, y, z)$ である．一方，回折格子中の光波伝搬は，次の Helmholtz 方程式から求まる．

$$\nabla^2 \mathbf{E} + k^2 \mathbf{E} = 0 \tag{5.51}$$

ここで，k は波数ベクトルであるが，回折格子中では，伝搬と共に，媒体中の屈折率 n および吸収係数 α によって変調され

$$k = k_0 \left(n - i \frac{\lambda}{2\pi} \alpha \right) = \frac{2\pi}{\lambda} \left(n - i \frac{\lambda}{2\pi} \alpha \right) \tag{5.52}$$

となる．k_0 は自由空間での波数である．吸収係数が屈折率に比べて十分に小さく，屈折率変調係数も屈折率自体に比べると小さいなどの近似を行うと，$n_0 k_0 \gg \alpha_0, n_0 k_0 \gg \alpha_1, n_0 \gg n_1$ などとなり

$$k^2 = n_0^2 k_0^2 - 2i\alpha_0 n_0 k_0 + 4\kappa n_0 k_0 \cos \mathbf{K} \cdot \mathbf{r} \tag{5.53}$$

となる．ただし

$$\kappa = \frac{\pi n_1}{\lambda} - \frac{i\alpha_1}{2} \tag{5.54}$$

が，屈折率および吸収係数の変調成分を与える係数であり，**結合定数**(coupling constant)と呼ばれている．

今，図 **5.14** に示すように，z 軸と成す角度が ϕ の格子ベクトル $\mathbf{K}$ をもつ厚い回折格子を考える．格子中の光波の電場は，**入射波**(probe)と**回折波**(diffraction)の 2 つの電場振幅 $\mathbf{P}(z), \mathbf{D}(z)$ で記述できる．これらの電場は，媒体

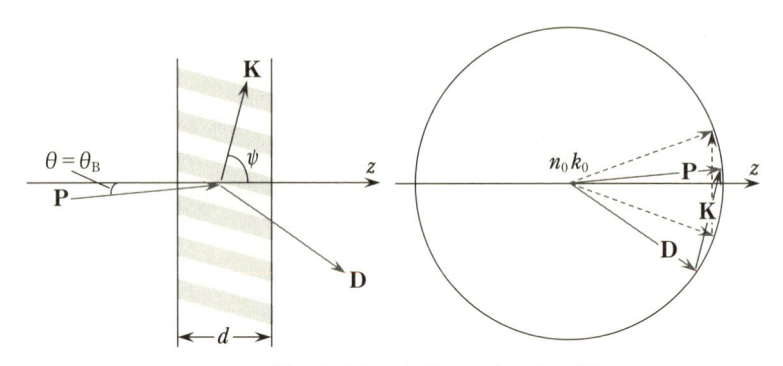

図 5.14 厚い格子中の格子ベクトルと回折.

中の屈折率 n および吸収係数 α によって z の関数として変調され，エネルギーを全体としては失いながら（光吸収ロスが存在する媒体では），エネルギー交換して回折波 $\mathbf{D}(z)$ が増強されていくことになる．

回折格子媒体中の電場総和は

$$\mathbf{E} = \mathbf{P}(z)\exp(-i\mathbf{k}_P \cdot \mathbf{r}) + \mathbf{D}(z)\exp(-i\mathbf{k}_D \cdot \mathbf{r}) \tag{5.55}$$

となる．ここで，$\mathbf{k}_P$ および $\mathbf{k}_D$ は，入射波および回折波の波数ベクトルである．$\mathbf{k}_P$ は，自由空間での波数ベクトルと同等と見なされるが，$\mathbf{k}_D$ は，$\mathbf{k}_P$ が格子ベクトル $\mathbf{K}$ の作用を受けて散乱したものと考えることができ，次の運動量保存則が成立する．

$$\mathbf{k}_D = \mathbf{k}_P - \mathbf{K} \tag{5.56}$$

今，$\mathbf{k}_P$ および $\mathbf{k}_D$ の長さが，自由空間での波数 $n_0 k_0$ と等しいという特別な場合を考える（図 5.14 の右図）．この場合には

$$\cos(\psi - \theta_B) = \frac{K}{2n_0 k_0} \tag{5.57}$$

となり，θ_B を Bragg 角と呼ぶ．さらに，Bragg 条件からのずれを表すパラメータ (dephasing parameter) ς を定義しておく．Bragg の条件は $|\mathbf{k}_P| = |\mathbf{k}_D| = n_0 k_0$ ということであったので，そのずれを意味するパラメータは

第 5 章 光回折の基礎

$$\varsigma = \frac{|\mathbf{k}_\mathrm{P}|^2 - |\mathbf{k}_\mathrm{D}|^2}{2|\mathbf{k}_\mathrm{P}|} = \frac{n_0^2 k_0^2 - |\mathbf{k}_\mathrm{D}|^2}{2n_0 k_0} = K\cos(\phi - \theta) - \frac{K^2 \lambda}{4\pi n_0} \quad (5.58)$$

と定義するとよい．

(5.53)，(5.55)式を Helmholtz 方程式(5.51)式に代入し，$\exp(-i\mathbf{k}_\mathrm{P}\cdot\mathbf{r})$ および $\exp(-i\mathbf{k}_\mathrm{D}\cdot\mathbf{r})$ の係数を辺々比較することで，次の連立微分方程式が得られる．

$$\frac{\mathrm{d}^2}{\mathrm{d}z^2}P(z) - 2i\frac{\mathrm{d}}{\mathrm{d}z}P(z)\cdot k_\mathrm{P}^{(z)} - 2i\alpha n_0 k_0 P(z) + 2\kappa n_0 k_0 D(z) = 0 \quad (5.59)$$

$$\frac{\mathrm{d}^2}{\mathrm{d}z^2}D(z) - 2i\frac{\mathrm{d}}{\mathrm{d}z}D(z)\cdot k_\mathrm{D}^{(z)} - 2i\alpha n_0 k_0 D(z) + 2\varsigma n_0 k_0 D(z) + 2\kappa n_0 k_0 P(z) = 0 \quad (5.60)$$

この連立微分方程式を解くことで，回折波電場の z 依存性 $D(z)$ を求められるが，より簡単のために，屈折率および吸収係数の変調は比較的小さく，$P(z)$，$D(z)$ の z 方向の変化分が小さいとすると，(5.59)，(5.60)式の 2 階微分の項を省略することができる(slowly varying approximation)．

$$\frac{\mathrm{d}}{\mathrm{d}z}P(z)\cos\theta + \alpha P(z) = ikD(z) \quad (5.61)$$

$$\left(\cos\theta - \frac{K}{n_0 k_0}\cos\phi\right)\frac{\mathrm{d}}{\mathrm{d}z}D(z) + (\alpha + i\varsigma)D(z) = i\kappa P(z) \quad (5.62)$$

以下に回折格子の種類を分類してより詳細に説明する．

厚い透過型位相回折格子

位相回折格子であるので $\alpha = 0$ とし，透過型であることから境界条件は $P(0) = D(0) = 1$ となる．この条件の下に，(5.61)，(5.62)式で与えられる連立微分方程式を解くと

$$D(d) = \frac{-i\exp(i\chi)\sin\sqrt{\Phi^2 + \chi^2}}{\sqrt{1 + \chi^2/\Phi^2}} \quad (5.63)$$

となる．ただし

$$\Phi = \frac{\pi n_1 d}{\lambda \cos\theta} \quad (5.64)$$

図 5.15 の位置にグラフ

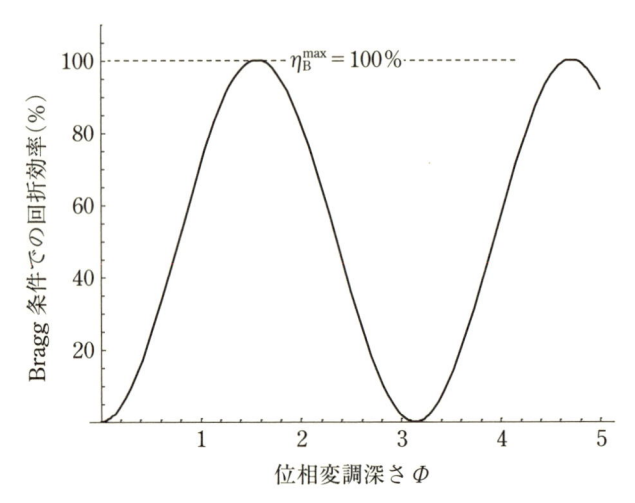

図 5.15 厚い透過型位相回折格子の Bragg 条件での回折効率の位相変調深さ依存性.

$$\chi = \frac{\varsigma d}{2 \cos \theta} \tag{5.65}$$

である．(5.63)式から，回折効率は

$$\eta = \frac{\sin^2 \sqrt{\Phi^2 + \chi^2}}{1 + \chi^2/\Phi^2} \tag{5.66}$$

となる．Bragg の条件では，$\varsigma = 0$ であるから

$$\eta_B = \sin^2 \Phi \tag{5.67}$$

である．Φ は(5.64)式で定義されているように，屈折率の変調 n_1 および回折格子の厚さ d などに依存しているパラメータであり，いわば**位相変調の深さ**(modulation depth)とも呼べるものである．Bragg 条件での回折効率を Φ についてプロットすると，**図 5.15** のようになる．

図 5.15 から理解されるように，厚い位相回折格子において Bragg の条件を満足すれば，透過の回折効率は，$\Phi = \pi/2$ のときに 100% となる．それから先は，回折効率は周期的に増減を繰り返し，$\Phi = m\pi/2$ の条件を満足するときに 100% となる．回折効率は，Bragg の条件から外れると急速に減衰する．

第 5 章 光回折の基礎

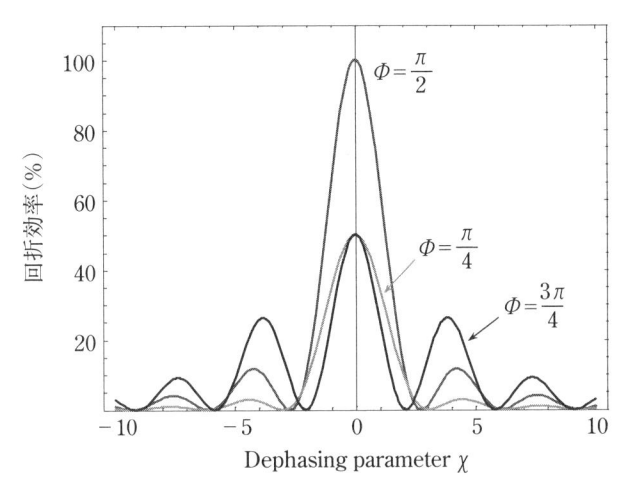

図 5.16 厚い透過型位相回折格子の回折効率の Bragg 条件からのずれ依存性.

Bragg 条件からのずれを表すパラメータを ς として定義しているが，ς を含むパラメータ χ について回折効率をプロットすると図 5.16 のようになる．(5.58)式で明らかなように dephasing parameter には波長や入射角が含まれており，例えば入射角を変えて回折効率を測定すると，図 5.16 のような依存性を示すことが期待される．

厚い反射型位相回折格子

位相回折格子であるので $\alpha = 0$ とし，反射型であることから境界条件は $P(0) = 1$, $D(d) = 0$ となる．この条件の下に，(5.61)，(5.62)式で与えられる連立微分方程式を解くと

$$D(d) = \frac{i}{i\chi/\Phi + \sqrt{1 - \chi^2/\Phi^2} \coth \sqrt{\Phi^2 - \chi^2}} \tag{5.68}$$

となる．これから回折効率は

$$\eta = \frac{1}{1 + (1 - \chi^2/\Phi^2)/\sinh^2 \sqrt{\Phi^2 - \chi^2}} \tag{5.69}$$

となる．Bragg 条件を満足した場合には，$\chi = 0$ であり

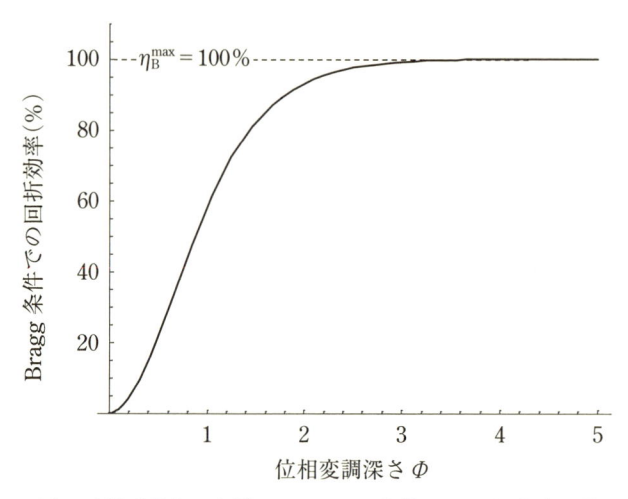

図 5.17　厚い反射型位相回折格子の Bragg 条件での回折効率の位相変調深さ依存性.

$$\eta_B = \tanh^2(\Phi) \tag{5.70}$$

となる．Bragg 条件での回折効率を Φ についてプロットすると，図 5.17 のようになる．

　回折効率は Φ が増加すると共に大きくなり，100％に漸近していく．これは，厚い反射型位相回折格子の反射回折効率は，各回折格子面からの反射光波の足し合わせになっていると考えれば，ごく当然のことである．例えば Φ の増加が，回折格子の厚さ d の増加であると考えると，反射光波の足し合わせは，d の増大と共に大きくなり，ある一定の厚さ以上になれば，すべての入射光波が反射され（回折効率が100％），それ以上の厚さを増やしても回折効率は高くならない．また屈折率変調深さに相当する n_1 についても同様の考察ができる．また回折効率の dephasing parameter 依存性についても，図 5.18 に示しておく．Φ が増加すると共に，最大回折効率の得られる範囲が広がっていることがわかる．

　ここまでの議論では，回折格子の形状は正弦波形状を想定してきた．ホログラフィックな手法で形成された回折格子の形状は，干渉光の光電場分布を反映

第 5 章 光回折の基礎

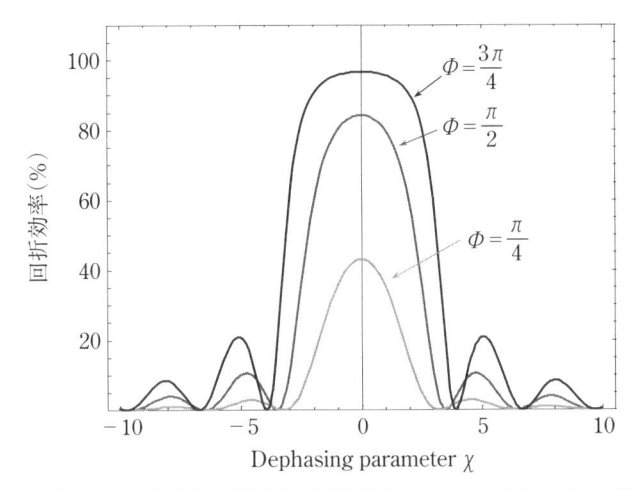

図 5.18 厚い反射型位相回折格子の回折効率の Bragg 条件からのずれ依存性.

し，通常は正弦波形状を取ることを仮定することが自然であるからである．しかしながら，実際には，ホログラフィックな手法で形成した場合でも，格子形状は記録材料の感度曲線に依存するので，正弦波からのずれが問題になることもあるし，マスク露光等の別の手法で形成された回折格子であれば，正弦波であることがまれである．このように回折格子の実際の応用を目指した開発現場では，回折格子の形状が問題となる．ここでは，薄い位相型の回折格子を想定し，種々の形状の回折格子を例示して考察する．

今，一般的に任意の格子形状を有する回折格子の位相変調分布を次のように書く．

$$\phi(p) = \phi_0 + \phi_1 f(p) \tag{5.71}$$

$f(p)$ は，回折格子の形状を表す周期 2π の周期関数であり，$-1 \leq f \leq 1$ であるとする．このような回折格子の透過率は

$$\begin{aligned}
t(p) &= \exp[-i\phi(p)] \\
&= \exp[-i\phi_0 - i\phi_1 f(p)] \\
&= \exp(-i\phi_0)\exp[-i\phi_1 f(p)]
\end{aligned} \tag{5.72}$$

と書ける．回折光は(5.72)式をFourier級数展開することによって得られる．$\exp(-i\phi_0)$は，非変調成分であるので，回折には寄与せずに無視できて

$$t(x) \sim c_0 + \sum_{m=-\infty(m\neq 0)}^{+\infty} c_m e^{imx} \tag{5.73}$$

と展開できる．ここで

$$c_0 = \frac{1}{2\pi}\int_{-\pi}^{\pi}\exp[-i\phi_1 f(x)]\mathrm{d}x \tag{5.74}$$

$$c_m = \frac{1}{2\pi}\int_{-\pi}^{\pi}\exp[-i\phi_1 f(x)]\exp(-imx)\mathrm{d}x \tag{5.75}$$

である．このとき，m次回折光の回折効率は

$$\eta_m = |c_m|^2 \tag{5.76}$$

で与えられる．以下に回折格子の形状の種類を分類してより詳細に説明する．

薄い矩形波状回折格子

凹凸の部分の比が1:1である矩形波状格子のモデルを**図5.19**に示す．
このモデルでは，Fourier級数展開係数は

$$\begin{aligned}c_m &= \frac{1}{2\pi}\int_{-\pi}^{0}\exp(i\phi_1)\exp(-imx)\mathrm{d}x + \frac{1}{2\pi}\int_{0}^{\pi}\exp(-i\phi_1)\exp(-imx)\mathrm{d}x \\ &= -\frac{\exp(i\phi_1)}{2\pi im}[\exp(-imx)]_{-\pi}^{0} - \frac{\exp(-i\phi_1)}{2\pi im}[\exp(-imx)]_{0}^{\pi} \\ &= -\frac{\exp(i\phi_1)}{2\pi im}(1-\cos(m\pi)) + \frac{\exp(-i\phi_1)}{2\pi im}(1-\cos(m\pi)) \\ &= \frac{\sin\phi_1}{\pi m}[(-1)^m - 1]\end{aligned} \tag{5.77}$$

となる．これから求められる矩形波状回折格子の回折効率の位相差依存性を，**図5.20**に示す．1:1比の矩形格子の場合には，偶数次数の回折光は発生せず奇数次数の回折光のみが発生すること，回折効率はm^2に反比例することがわかる．

次に，矩形波状回折格子の回折効率の凹凸の幅の比(duty比)の影響について考える．このときの格子モデルを**図5.21**に示す．

第 5 章　光回折の基礎　　　　　　　　　　　　　　　99

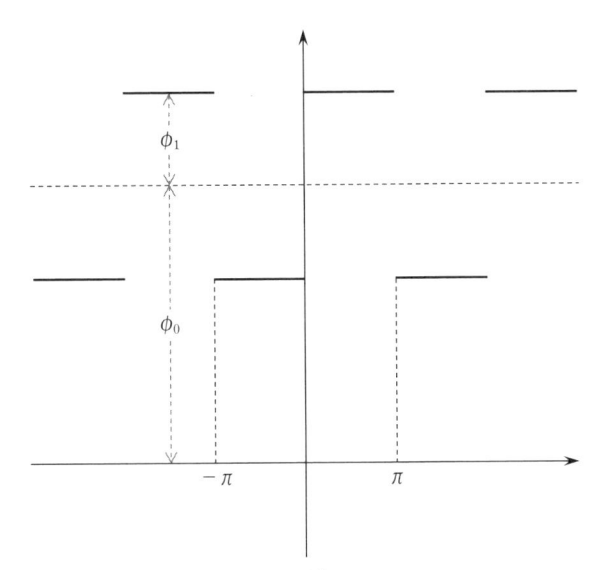

図 5.19　矩形格子モデル.

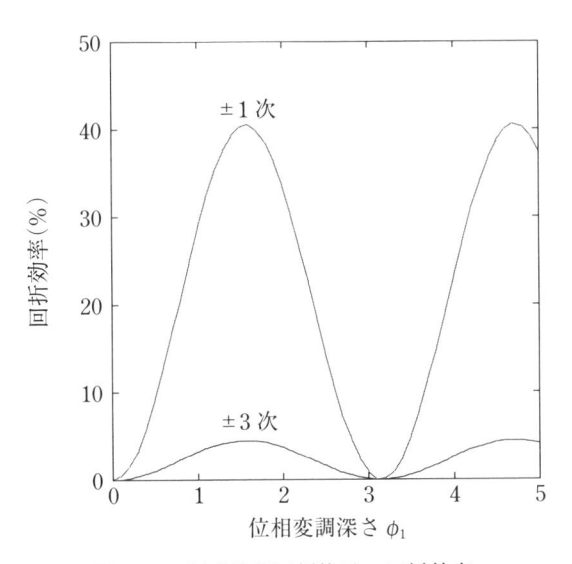

図 5.20　矩形波状回折格子の回折効率.

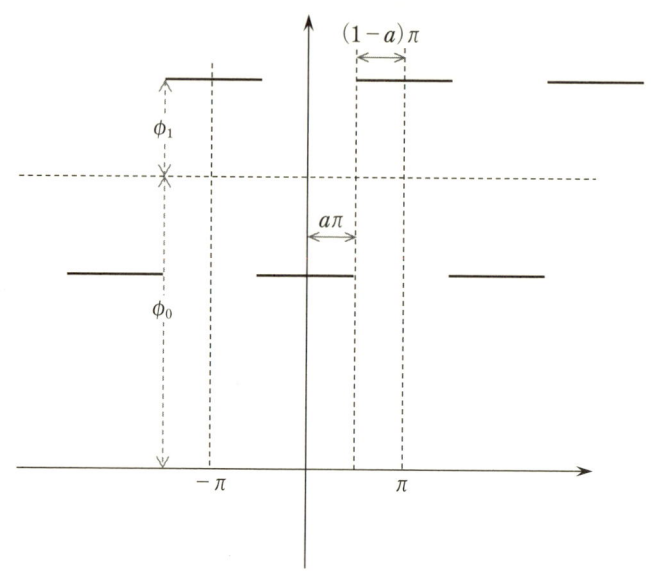

図 5.21 Duty 比の異なる矩形波状回折格子の解析モデル.

このモデルでの Fourier 級数展開係数は次のように計算される.

$$c_m = \frac{1}{2\pi}\int_{-\pi}^{-a\pi} \exp(-i\phi_1)\exp(-imx)\mathrm{d}x + \frac{1}{2\pi}\int_{-a\pi}^{a\pi} \exp(i\phi_1)\exp(-imx)\mathrm{d}x$$

$$+ \frac{1}{2\pi}\int_{a\pi}^{\pi} \exp(-i\phi_1)\exp(-imx)\mathrm{d}x$$

$$= -\frac{\exp(-i\phi_1)}{2\pi im}[\exp(ima\pi) - \exp(im\pi)]$$

$$- \frac{\exp(i\phi_1)}{2\pi im}[\exp(-ima\pi) - \exp(ima\pi)]$$

$$- \frac{\exp(-i\phi_1)}{2\pi im}[\exp(-im\pi) - \exp(-ima\pi)] \quad (5.78)$$

これから回折効率を計算した結果をまとめると，**図 5.22** のようになる．回折光が消滅する次数は duty 比によって異なることに注意が必要である．

第 5 章 光回折の基礎

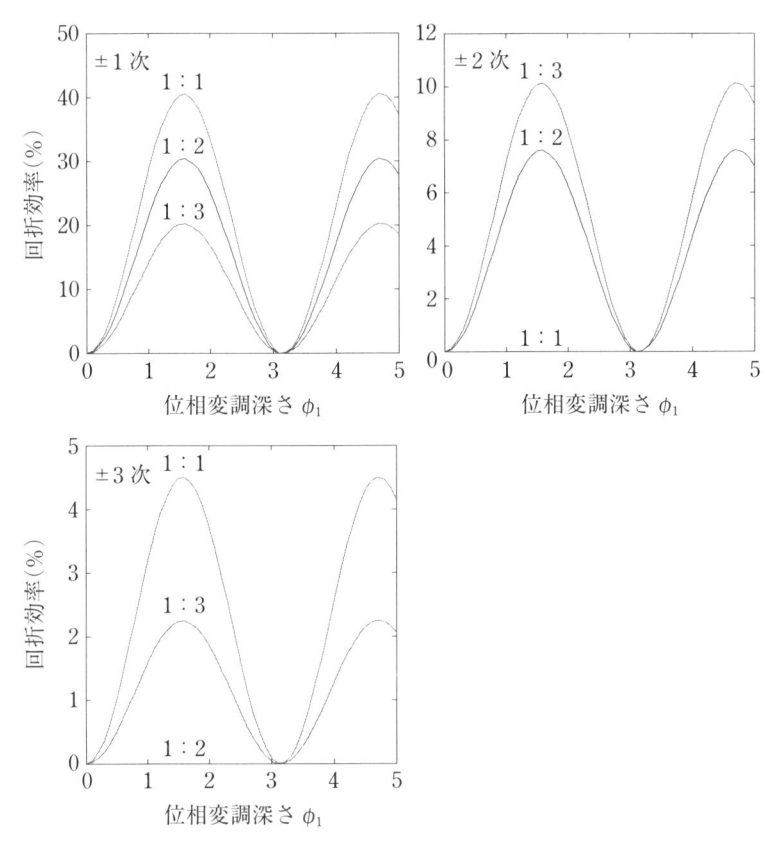

図 5.22 矩形波状回折格子回折効率の duty 比依存性.

薄い鋸波状回折格子

鋸波状回折格子のモデルを**図 5.23**に示す.

鋸波状モデルにおいて，Fourier 級数展開係数は次のように計算される.

$$c_m = \frac{1}{2\pi}\int_{-\pi}^{\pi}\exp\left(-i\frac{\phi_1}{\pi}x\right)\exp(-imx)\mathrm{d}x$$

$$= \frac{1}{2\pi}\int_{-\pi}^{\pi}\exp\left[-i\left(\frac{\phi_1}{\pi}+m\right)x\right]\mathrm{d}x$$

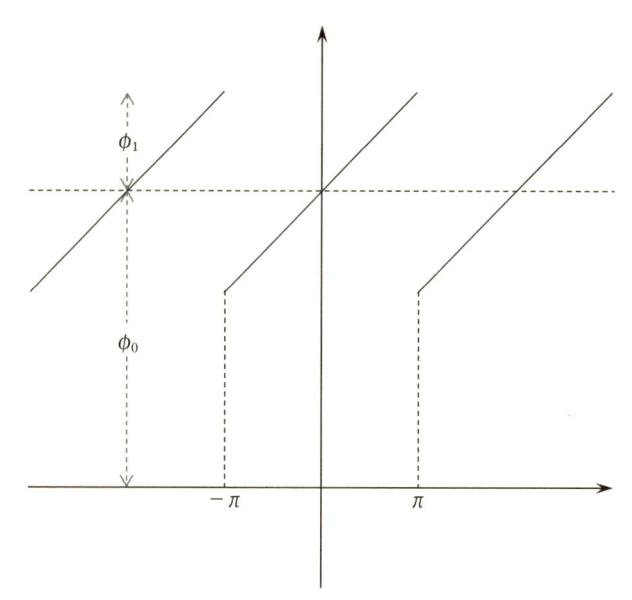

図 5.23 鋸波状格子モデル．

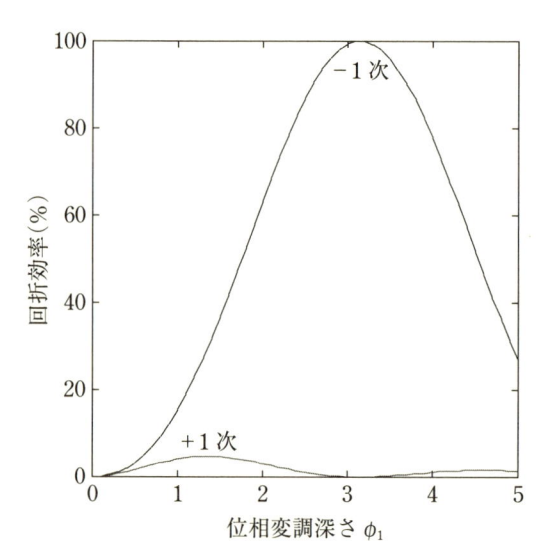

図 5.24 鋸波状回折格子の回折効率．

第 5 章　光回折の基礎

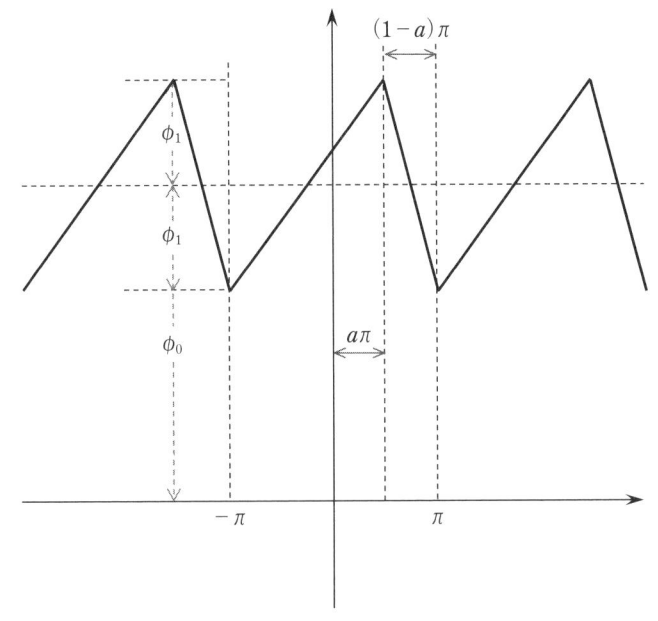

図 5.25　左右非対称性の異なる鋸波状回折格子の解析モデル．

$$= \frac{-1}{2i(\phi_1 + m\pi)} \left[\exp\left[-i\left(\frac{\phi_1}{\pi} + m\right)x\right] \right]_{-\pi}^{\pi}$$
$$= \frac{\sin(\phi_1 + m\pi)}{\phi_1 + m\pi} \tag{5.79}$$

鋸波状回折格子の場合には，回折次数の正負によって回折効率が異なり，図 5.24 のようになる．

次に鋸波状回折格子の非対称性の影響について考える．このときの格子モデルを図 5.25 に示す．図 5.25 に示される鋸波状回折格子の解析モデルでは

$$y = \begin{cases} \dfrac{2}{\pi(1+a)}x + \dfrac{1-a}{1+a} & (-\pi \leq x \leq a\pi) \\ \dfrac{2}{\pi(a-1)}x - \dfrac{a+1}{a-1} & (a\pi \leq x \leq \pi) \end{cases} \tag{5.80}$$

となり，このモデルでの Fourier 級数展開係数は次のように計算される．

$$
\begin{aligned}
c_m =& \frac{1}{2\pi}\int_{-\pi}^{a\pi}\exp\left[-i\left(\frac{2}{\pi(1+a)}x+\frac{1-a}{1+a}\right)\phi_1\right]\exp(-imx)\mathrm{d}x \\
&+\frac{1}{2\pi}\int_{a\pi}^{\pi}\exp\left[-i\left(\frac{2}{\pi(a-1)}x+\frac{a+1}{a-1}\right)\phi_1\right]\exp(-imx)\mathrm{d}x \\
=& -\frac{(1+a)\exp\left(-i\dfrac{1-a}{1+a}\phi_1\right)}{2i(2\phi_1+m\pi+ma\pi)}\left\{\exp\left[-i\left(\frac{2a}{1+a}\phi_1+ma\pi\right)\right]\right.\\
&\left.-\exp\left[i\left(\frac{2}{1+a}\phi_1+m\pi\right)\right]\right\} \\
&-\frac{(a-1)\exp\left(i\dfrac{a+1}{a-1}\phi_1\right)}{2i(2\phi_1+ma\pi-m\pi)}\left\{\exp\left[-i\left(\frac{2}{a-1}\phi_1+m\pi\right)\right]\right.\\
&\left.-\exp\left[-i\left(\frac{2a}{a-1}\phi_1+ma\pi\right)\right]\right\}
\end{aligned}
\tag{5.81}
$$

これから回折効率を計算した結果をまとめると，**図 5.26** のようになる．

図 5.26 において $a=1$ のときは，完全に非対称な場合であり，図 5.23 のモデルと同じである．また $a=0$ のときは，完全に対象な三角波状回折格子の場合である．

薄い台形波状回折格子

台形波状回折格子のモデルを**図 5.27** に示す．

図 5.27 に示される台形波状回折格子の解析モデルでは，格子形状は

$$
f(x)=\begin{cases}
-\dfrac{x}{a\pi}-\dfrac{1}{a} & (-\pi\leq x\leq a\pi-\pi) \\
-1 & (a\pi-\pi\leq x\leq -a\pi) \\
\dfrac{x}{a\pi} & (-a\pi\leq x\leq a\pi) \\
1 & (a\pi\leq x\leq \pi-a\pi) \\
-\dfrac{x}{a\pi}+\dfrac{1}{a} & (\pi-a\pi\leq x\leq \pi)
\end{cases}
\tag{5.82}
$$

と与えられる．(5.82)式を(5.75), (5.76)式に代入することで回折効率を計算す

第5章 光回折の基礎

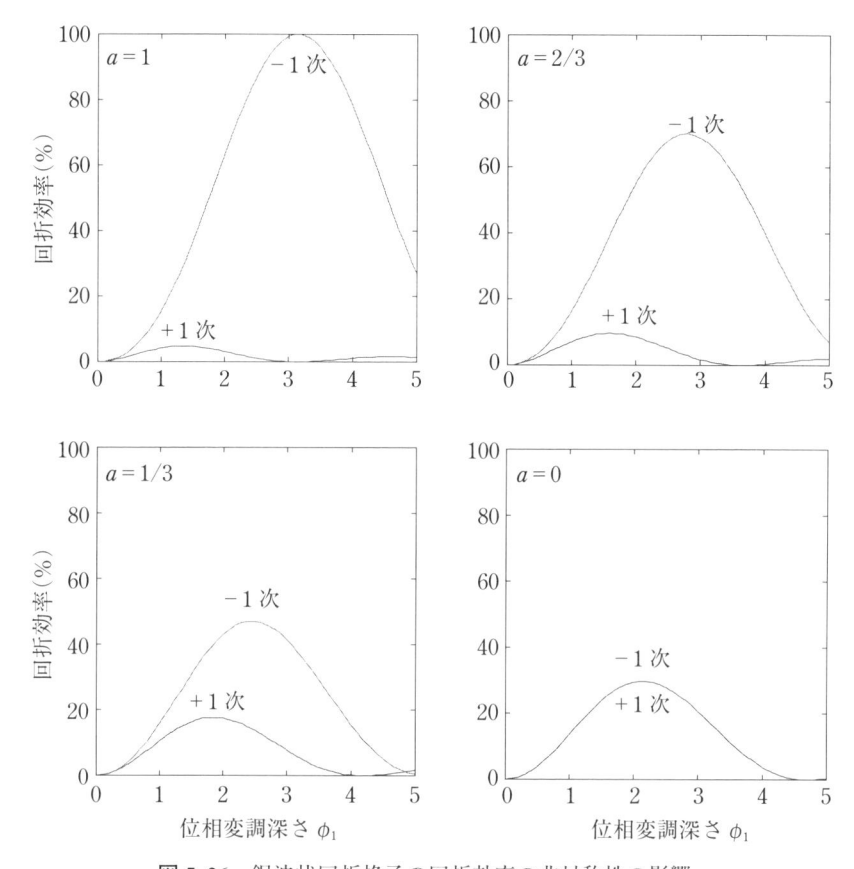

図5.26 鋸波状回折格子の回折効率の非対称性の影響.

ると，**図5.28**のようにまとめることができる．図5.28において$a=0.5$のときは，対称な三角波状格子の場合であり，$a=0$のときは，矩形波状回折格子の場合であり，偶数次数の回折光は生じない．

薄い複合型回折格子

種々のフォトポリマーなどで形成された実際の回折格子を議論する場合，種類の異なる複数の回折格子が形成される場合がある．例えば，樹脂表面に形成

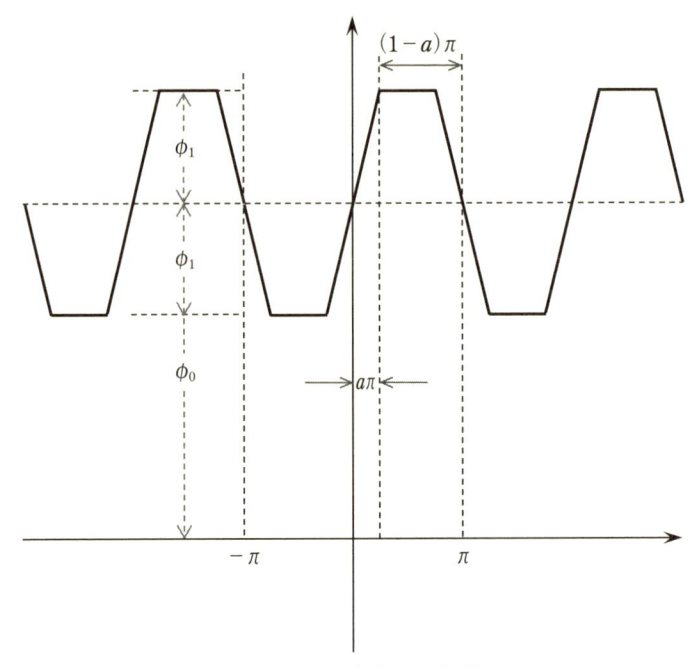

図 5.27 台形波状回折格子の解析モデル.

される凹凸(表面レリーフ)型の回折格子と樹脂内部の屈折率変調が共存することはごく一般的であるし，ナノインプリントなどの成形技術で形成した場合に，同時に内部に樹脂流動などの要因によって屈折率の変調が形成される場合もある．本項では，このような場合の取り扱いについて考察する．

2 種類の正弦波状格子が存在している場合のモデルを図 5.29 に示す．

複合型回折格子の位相分布は，2 種類の正弦波状格子の振幅と相対的な位相差によって決まり

$$\begin{aligned} f(x) &= a\sin(x+b\pi) + (1-a)\sin x \\ &= a\cos x \sin(b\pi) + \sin x - a\sin x + a\cos(b\pi)\sin x \\ &= a\sin(b\pi)\cos x + [1-a+a\cos(b\pi)]\sin x \end{aligned} \tag{5.83}$$

と書ける．この関数の m 次の Fourier 級数展開係数は，次式のように求まる．

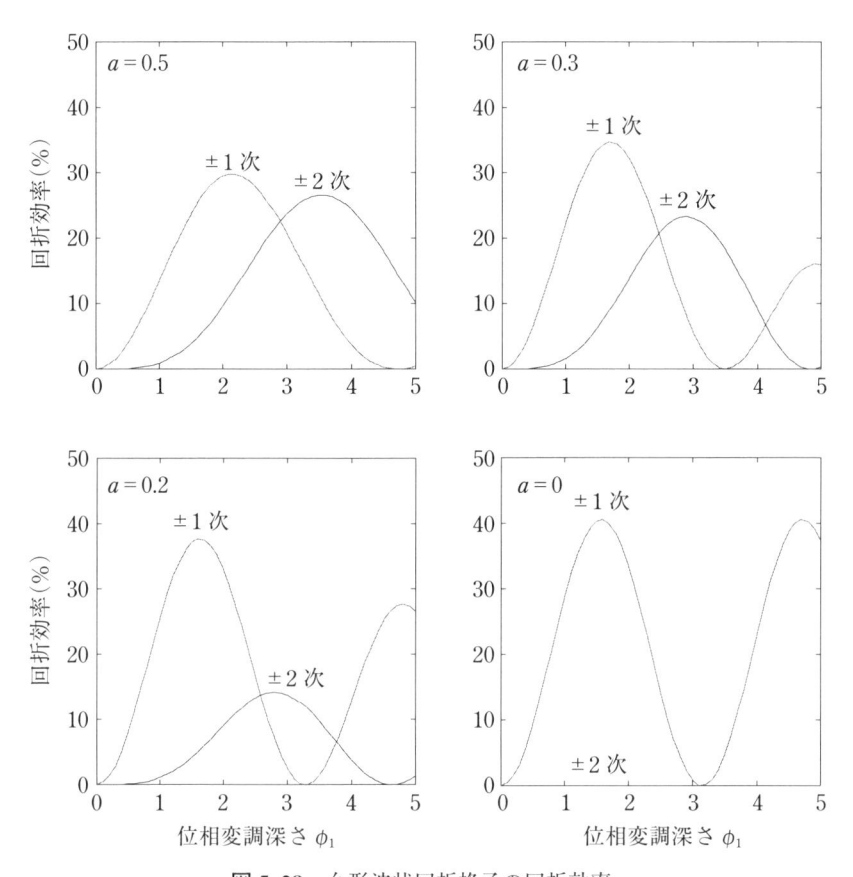

図 5.28 台形波状回折格子の回折効率.

$$c_m = ia\sin(b\pi)J_m(\phi_1) + [1 - a + a\cos(b\pi)]J_m(\phi_1) \tag{5.84}$$

この結果に基づき，代表的な条件で回折効率を計算した例を**図 5.30** にまとめる．図 5.30 では，2 種類の正弦波格子の振幅が互いに等しい場合について，相対的位相差を変えた場合の結果について示している．相対的位相差が $0 \sim \pi$ で，回折効率が順次減少していく様子が示されている．

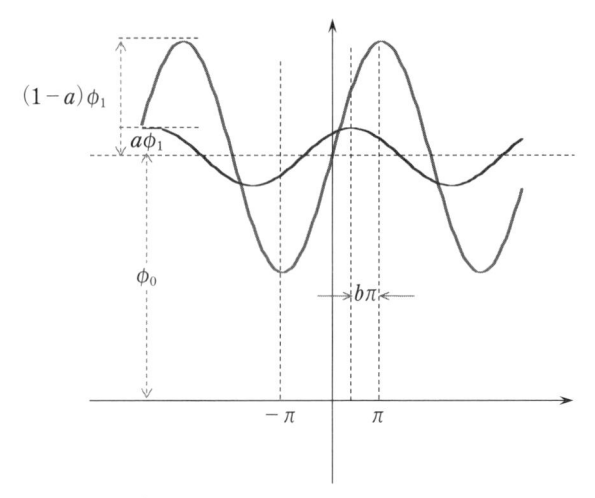

図 5.29 2種類の正弦波状格子の複合型回折格子モデル.

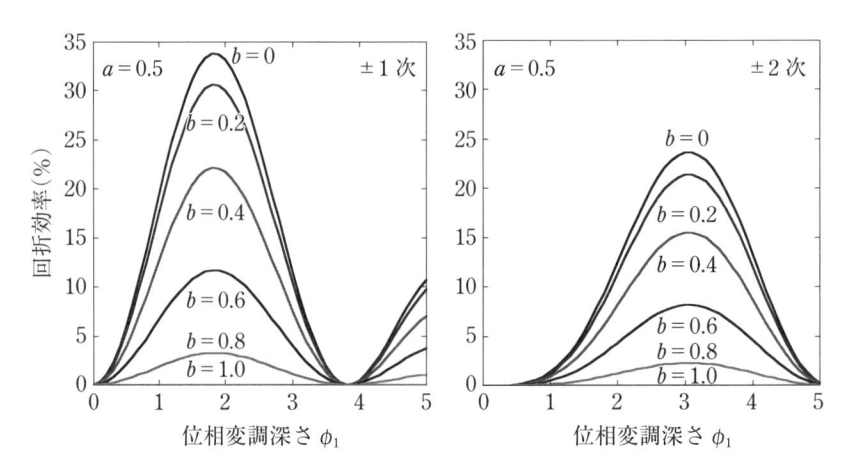

図 5.30 2種類の正弦波格子からなる複合型回折格子の回折効率の相対的位相差依存性.

5.4 ホログラフィ

ホログラフィとは，光波のもつ情報の内，位相情報と振幅情報を干渉縞として記録したものである[24]．さらに偏光情報記録まで含めたものを偏光ホログラフィと呼ぶが，この詳細な解説は第2部に譲り，ここでは，光波をスカラーとして取り扱う伝統的なホログラフィについて解説する．波動のもつ位相と振幅を干渉縞として記録する着想は，1950年代にハンガリーの Dennis Gabor によって提案され，ギリシャ語で「すべてが記録されたもの」を意味する「**hologram**（ホログラム）」という名称が与えられている．その後，hologram と photography を結びつけた **holography**（ホログラフィ）という言葉が生まれている．Gabor が提案したホログラムは，**記録対象物**（object）からの**物体光**（object light）と**参照光**（reference light）が同軸上にある In-line hologram であった．In-line hologram の光学系は簡便であるが，原則として物体は透明である必要があること，実像と虚像(共役像)が同軸上に重なって再生される，といった欠点があった．1962年にミシガン大学の Leith と Upatnieks は実用時期に入りつつあったレーザー光源を用い，同一可干渉光を2光束にわけ，それを再度重ね合わせる2光束法を用いたホログラム記録方法を提案した．2光速干渉露光法は **off-axis hologram** と呼ばれ，自由度の高さと画期的に良質な画像が得られることからその後の主流となり，レンズの Fourier 変換機能と組み合わせた Fourier hologram，物体像からの Fresnel 回折を用いた lensless Fourier hologram 等へと発展している．以下にホログラフィを種別に説明する．

In-line hologram

In-line hologram では，**図 5.31** に示すように，物体から回折した光波を物体光，直接透過した光波を参照光と見立てて，その干渉光波を記録媒体に記録する．

記録干渉光波は，

$$\begin{aligned}I(x,y) &= |r(x,y)+o(x,y)|^2 \\ &= |r|^2+|o|^2+r\cdot o+r\cdot o^*\end{aligned} \quad (5.85)$$

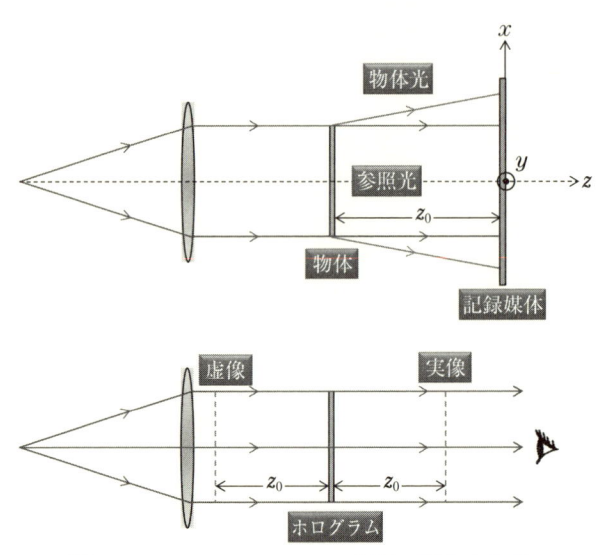

図 5.31 In-line hologram の記録・再生光学系.

となる．ここで，(5.85)式中の"*"は複素共役を示している．今，記録材料の感受率を β とすると，記録されたホログラムの透過関数は以下のように書ける．

$$t(x,y) = t_0 + \beta I(x,y) \tag{5.86}$$

ホログラムからの再生は，その再生効率係数としての r をかけて

$$\begin{aligned}u(x,y) &= rt(x,y) \\ &= r(t_0 + \beta r^2) + r\beta|o|^2 + r^2\beta o + r^2\beta o^*\end{aligned} \tag{5.87}$$

となる．(5.87)式の第1項は一様な再生光，第2項は物体光の2乗であるが，多くの場合では小さく無視できる．ホログラムからの実際の再生光を示しているのは，第3項と第4項であるが，第3項を実像，第4項を虚像(共役像)と呼び，図5.31に示すように同軸上に現れる．

Off-axis hologram

Off-axis hologram では，図 **5.32** に示すように，コヒーレント光波を 2 光波に分割し，物体から回折した物体光，直接伝搬した光波を参照光と見立てて，その干渉光波を記録媒体に重ね合わせて記録する．このような光学系では，物体光と参照光の強度を物体の回折強度に合わせて制御できるため干渉縞の**可視度**(visibility)を高めることができる，虚像と実像を分離して再生できる(分離角度は 2 光波の交叉角度によって制御可能)，といった特徴がある．

物体光と参照光の電場はそれぞれ位相項を含めて次のように書ける．

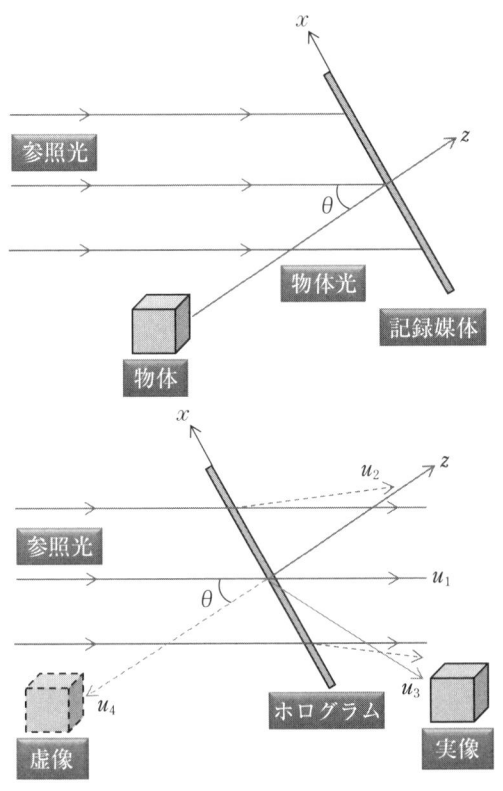

図 **5.32** Off-axis hologram の記録・再生光学系．

$$o(x,y) = |o(x,y)|\exp[-i\phi(x,y)] \tag{5.88}$$

$$r(x,y) = r\exp\left(i\frac{2\pi\sin\theta}{\lambda}x\right) \equiv r\exp(i2\pi\xi x) \tag{5.89}$$

記録干渉光波は

$$\begin{aligned}I(x,y) &= |r(x,y)+o(x,y)|^2 \\ &= |r|^2 + |o|^2 + 2|r|\cdot|o|\cos[2\pi\xi x + \phi(x,y)]\end{aligned} \tag{5.90}$$

となる．ここで，第3項が干渉縞の明暗部分を表している．記録されたホログラムからの再生像は次のように書ける．

$$u(x,y) = r(x,y)[t_0 + \beta I(x,y)] = u_1 + u_2 + u_3 + u_4 \tag{5.91}$$

ただし

$$u_1 = t_0 r\exp(i2\pi\xi x) \tag{5.92}$$

$$u_2 = r\beta|o|^2 \exp(i2\pi\xi x) \tag{5.93}$$

$$u_3 = r^2\beta o \tag{5.94}$$

$$u_4 = r^2\beta o^* \exp(i4\pi\xi x) \tag{5.95}$$

である．u_1, u_2 はホログラムからの直接透過光であり，u_3, u_4 がそれぞれ実像，虚像(共役像)であり，図5.32に示すように空間的に分離されて再生される．

Fourier hologram

Fourier hologram では，図 **5.33** に示すように，物体から回折した物体光，直接伝搬した参照光をレンズで Fourier 変換したものを記録媒体に重ね合わせて干渉記録する．

物体光と参照光の電場はそれぞれ位相項を含めて次のように書ける．

$$O(\xi,\eta) = F\{o(x,y)\} \tag{5.96}$$

$$R(\xi,\eta) = \exp(i2\pi\xi b) \tag{5.97}$$

ただし，F は Fourier 変換を表している．記録干渉光波は，

第 5 章 光回折の基礎

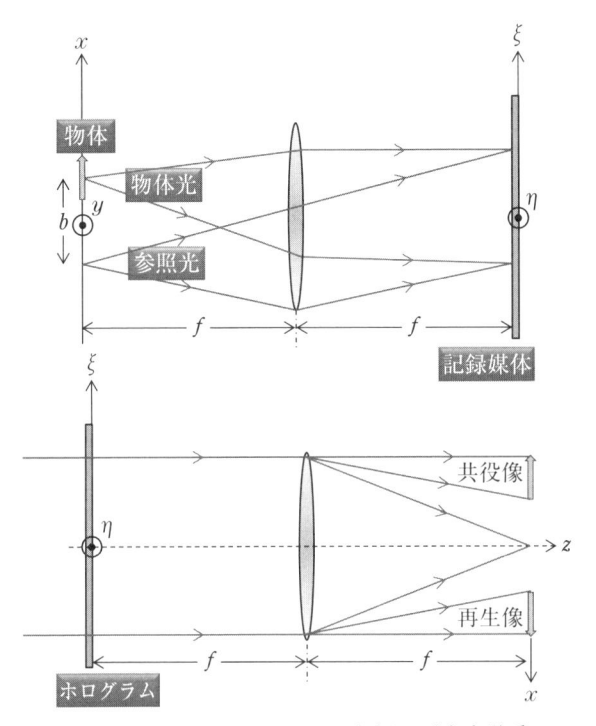

図 5.33 Fourier hologram の記録・再生光学系.

$$I(x,y) = |R(x,y) + O(x,y)|^2$$
$$= 1 + |O|^2 + O\exp(i2\pi\xi b) + O^*\exp(-i2\pi\xi b) \qquad (5.98)$$

となる．記録されたホログラムからの再生像は次のように書ける．

$$\begin{aligned}u(\xi,\eta) &= F\{t_0 + \beta I(\xi,\eta)\} \\&= (t_0+\beta)\delta(x,y) + \beta o(x,y)*o(x,y) + \beta o(x-b,y) \\&\quad + \beta o^*(-x+b,-y)\end{aligned} \qquad (5.99)$$

第 3 項，第 4 項がそれぞれ実像と虚像(共役像)となり，図 5.33 のように再生される．

Lensless Fourier hologram

Lensless Fourier hologram では，図 5.34 に示すように，物体からの Fresnel 回折した物体光，直接伝搬した参照光を記録媒体に重ね合わせて記録する．Fourier 変換レンズを使用せず，物体からの回折波を Fourier 変換像として直接記録することからこの名前がある．

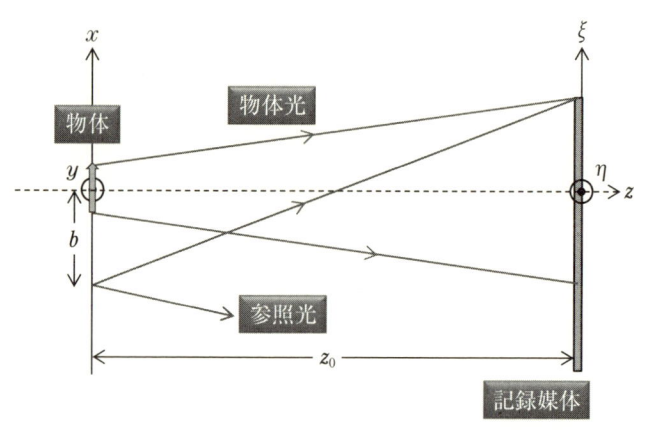

図 5.34 Lensless Fourier hologram の記録・再生光学系．

物体光と参照光の電場はそれぞれ位相項を含めて次のように書ける．

$$o(\xi, \eta) = \frac{i}{\lambda z_0} \exp[-i\pi\lambda z_0(\xi^2 + \eta^2)] O(\xi, \eta) \tag{5.100}$$

$$r(\xi, \eta) = r \exp[-i\pi\lambda z_0(\xi^2 + \eta^2)]\exp(-i2\pi\xi b) \tag{5.101}$$

ただし

$$O(\xi, \eta) = F\left[o(x, y)\exp\left\{-i\frac{\pi}{\lambda z_0}(x^2 + y^2)\right\}\right] \tag{5.102}$$

である．干渉光は

$$\begin{aligned}I(\xi, \eta) &= |r(\xi, \eta) + o(\xi, \eta)|^2 \\ &= |r|^2 + |o|^2 + i\frac{\pi}{\lambda z_0}O\exp(i2\pi\xi b) + i\frac{\pi}{\lambda z_0}O^*\exp(-i2\pi\xi b)\end{aligned} \tag{5.103}$$

第3項,第4項によって記録されたホログラムからの再生像がそれぞれ実像と虚像(共役像)となる.

球面波のホログラム記録とホログラムレンズ

図 5.35 に示すように物体光をピンホールから発した球面波,参照光を平面波とすると,干渉縞はいわゆる Fresnel の半波長帯型となり,ホログラムレンズを形成できる.

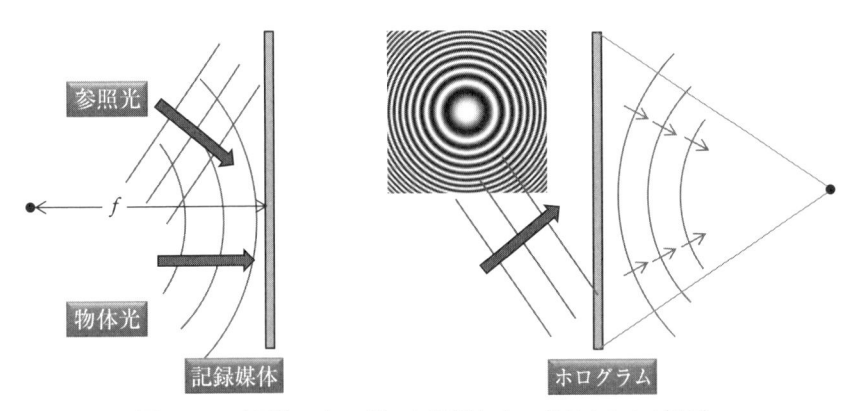

図 5.35 球面波のホログラム記録とホログラムレンズ再生.

今,点光源から記録媒体までの距離を f とすると

$$o(x,y) = |o(x,y)| \exp\left[i\frac{\pi}{\lambda f}(x^2+y^2)\right] \tag{5.104}$$

$$r(x,y) = r\exp\left(i\frac{2\pi\sin\theta}{\lambda}x\right) \equiv r\exp(i2\pi\xi x) \tag{5.105}$$

となる.これより干渉光波は

$$\begin{aligned}I(x,y) &= |r(x,y)+o(x,y)|^2 \\ &= |r|^2+|o|^2+2|r|\cdot|o|\cos\left[2\pi\xi x-\frac{\pi}{\lambda f}(x^2+y^2)\right]\end{aligned} \tag{5.106}$$

となる.この干渉光波で記録されたホログラムを平面波 $r\exp(-i2\pi\xi x)$ で再生すると

$$\begin{aligned}u(x,y) &= r\beta I(x,y)\exp(-i2\pi\xi x) \\ &= r\beta(|o|^2+|r|^2)\exp(-i2\pi\xi x) \\ &\quad + r\beta|r|^2\exp\left\{-i\left[4\pi\xi x-\frac{\pi}{\lambda f}(x^2+y^2)\right]\right\} \\ &\quad + r\beta|r|^2\exp\left\{-i\frac{\pi}{\lambda f}(x^2+y^2)\right\} \end{aligned} \qquad (5.107)$$

となる．第2項が球面発散項，第3項が球面収束項であり，記録ホログラムがいわゆる Fresnel レンズとして作用していることがわかる．

以上のように，ホログラフィは光波のもつ情報のすべてを記録する方法であり，その応用分野は多岐にわたっている．その一部を**図 5.36** にまとめる．

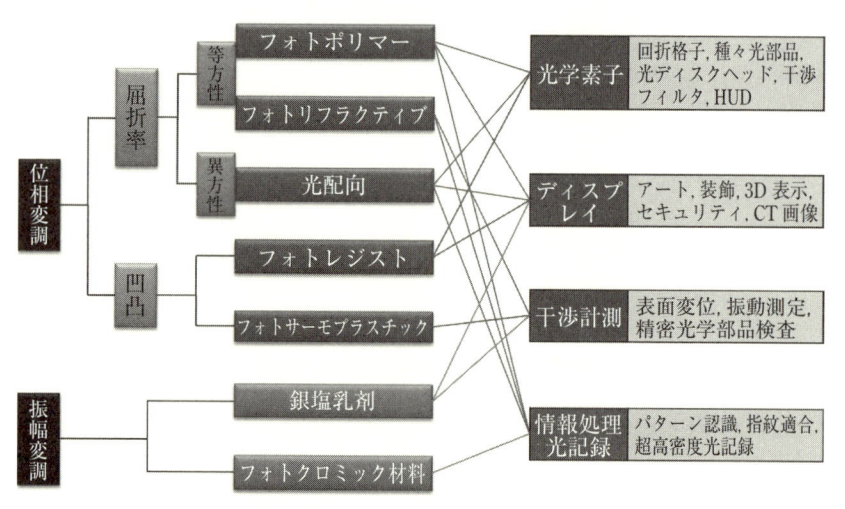

図 5.36 ホログラムの分類と応用．

第6章

時間領域差分法（FDTD 法）

6.1　FDTD 法の基本原理と異方性媒体への適用

　Finite-Difference Time-Domain method（**FDTD 法**）とは，時間と空間の微分方程式である Maxwell の方程式を離散的な空間と時間に分割し，差分法によって電磁場を直接数値計算するという数値電磁解析法のひとつである[24〜32]．この方法は，電磁場理論やアンテナなどの分野では標準的な手法であるといってよいが，光学の分野では対象とする構造の大きさや対象物の間隔が使用する電磁波の波長に比べると大きいため，計算時間と記憶容量への負担が大きすぎ，近年まであまり利用されていないのが現状であった．しかしながら，計算機の性能の向上により，現在光学の分野においても広く利用されるようになってきている．基本概念は，Maxwell の方程式を直接数値的に解くというものであり，数学的な近似をほとんど用いていない．FDTD 法では，あまり広い解析領域は取れないものの，さまざまな解析モデルに対して汎用性が高いという特徴をもっており，近接場光や光集積回路などの開発には，必要不可欠な解析手法となっている．

　FDTD 法では，まず，解析対象全体を囲むように解析領域を取り，解析領域全体を微小長方体（セル）に分割する．セル中の電場および磁場を計算する際に基本となるのが**図 6.1** に示す Yee 格子を用いた数値計算アルゴリズムである．一般的に微分方程式を差分化するとは，微分方程式を以下のように置き換えることである．

$$\frac{\partial f}{\partial s} \sim \frac{f(s+\Delta s/2) - f(s-\Delta s/2)}{\Delta s} \tag{6.1}$$

Yee アルゴリズムでは，Maxwell 方程式を時間的および空間的に差分化する際，1 次の中心差分を用いている．こうすることで，電場と磁場は，時間および空間のそれぞれの場合において交互に配置され，電場ベクトルの 3 成分と磁

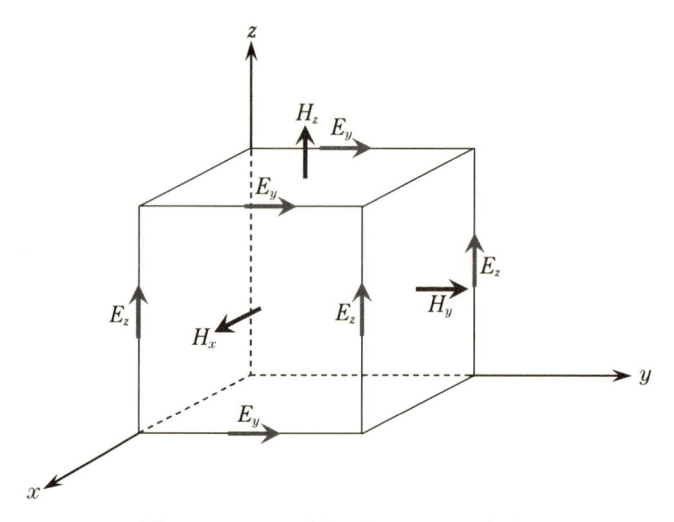

図 6.1 FDTD 計算のための Yee 格子.

場ベクトルの 3 成分を計算する点が図 6.1 のようにすべて異なることになる.このような状況は,rot を含む Maxwell 方程式と相性がよく,境界条件の設定にも大変都合がよい.

FDTD 法では,Yee 格子について時間ステップを取って電場および磁場の伝搬を逐次計算することとなる.まずは簡単のため 1 次元での計算ステップを以下に説明する.

1 次元での電磁場計算の時間配置を**図 6.2** に示す.時間ステップとして,電場を $t=(n-1)\Delta t,\ n\Delta t,\ (n+1)\Delta t\cdots$ のように整数次の時刻に,磁場を $t=(n-1/2)\Delta t,\ (n+1/2)\Delta t\cdots$ のように半奇数次の時刻に配置する.ここで Δt は時間ステップを表している.今,Maxwell 方程式は

$$\frac{\partial \mathbf{E}}{\partial t} = -\frac{\sigma}{\varepsilon}\mathbf{E} + \frac{1}{\varepsilon}\nabla \times \mathbf{H} \tag{6.2}$$

$$\frac{\partial \mathbf{H}}{\partial t} = -\frac{1}{\mu}\nabla \times \mathbf{E} \tag{6.3}$$

であるが,それぞれの時間微分を差分法によって書くと

第6章 時間領域差分法(FDTD法)

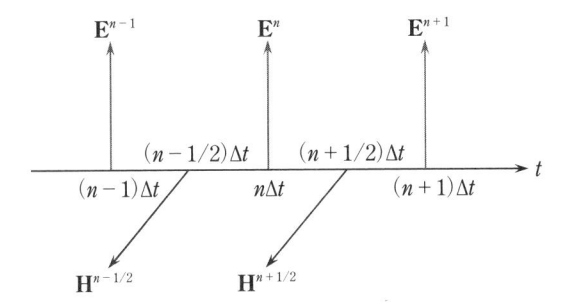

図 6.2 FDTD 時間ステップ計算の手順.

$$\left.\frac{\partial \mathbf{E}}{\partial t}\right|_{t=\left(n-\frac{1}{2}\right)\Delta t} = \frac{\mathbf{E}^n - \mathbf{E}^{n-1}}{\Delta t} \tag{6.4}$$

$$\left.\frac{\partial \mathbf{H}}{\partial t}\right|_{t=n\Delta t} = \frac{\mathbf{H}^{n+\frac{1}{2}} - \mathbf{H}^{n-\frac{1}{2}}}{\Delta t} \tag{6.5}$$

となる．(6.4), (6.5)式を，(6.2), (6.3)式にそれぞれ代入すると

$$\frac{\mathbf{E}^n - \mathbf{E}^{n-1}}{\Delta t} = -\frac{\sigma}{\varepsilon}\mathbf{E}^{n-\frac{1}{2}} + \frac{1}{\varepsilon}\nabla\times\mathbf{H}^{n-\frac{1}{2}} \tag{6.6}$$

$$\frac{\mathbf{H}^{n+\frac{1}{2}} - \mathbf{H}^{n-\frac{1}{2}}}{\Delta t} = -\frac{1}{\mu}\nabla\times\mathbf{E}^n \tag{6.7}$$

となる．今，$\sigma\mathbf{E}^{n-1/2}$ は図 6.2 の電場配置として与えられていないので，次のように近似する．

$$\sigma\mathbf{E}^{n-\frac{1}{2}} = \sigma\frac{\mathbf{E}^{n-1} + \mathbf{E}^n}{2} \tag{6.8}$$

(6.8)式を(6.6)式に代入して

$$\mathbf{E}^n = \frac{1 - \frac{\sigma\Delta t}{2\varepsilon}}{1 + \frac{\sigma\Delta t}{2\varepsilon}}\mathbf{E}^{n-1} + \frac{\frac{\Delta t}{\varepsilon}}{1 + \frac{\sigma\Delta t}{2\varepsilon}}\nabla\times\mathbf{H}^{n-\frac{1}{2}} \tag{6.9}$$

となる．一方，磁場は(6.7)式より

$$\mathbf{H}^{n+\frac{1}{2}} = \mathbf{H}^{n-\frac{1}{2}} - \frac{\Delta t}{\mu}\nabla\times\mathbf{E}^n \tag{6.10}$$

となる．一連のプロセスでは，次のような手順で電場および磁場が時系列で求められていることになる．すなわち，$t=(n-1)\Delta t$ での電場 $\mathbf{E}^{n-1}$ と，$t=(n-1/2)\Delta t$ での磁場 $\mathbf{H}^{n-1/2}$ から次の半ステップ後での電場が計算され ((6.9) 式)，さらに求まった電場 $\mathbf{E}^n$ と磁場 $\mathbf{H}^{n-1/2}$ から次の半ステップ後の磁場 $\mathbf{H}^{n+1/2}$ が計算される ((6.10) 式)．

次に通常よく使われる 2 次元での FDTD 法について述べる．FDTD 法において 2 次元問題を解析する際には，TE-FDTD 法と TM-FDTD 法の 2 種類にその方法を分けて計算を行うのが便利である．TE 波，TM 波とは，それぞれ Transverse Electric Wave（電場成分が入射面に対し直交，s 偏光），Transverse Magnetic Wave（電場成分が入射面に平行，p 偏光）であり，電気工学分野での呼び名である．図 6.1 の配置において光波が z 方向に伝搬するとするならば，TE-FDTD 法では電磁場成分 E_y, H_x, H_z 成分について考え，TM-FDTD 法は E_x, E_z, H_y について考えることとなる．TE-FDTD 法での電磁場配置を**図 6.3** に示す．

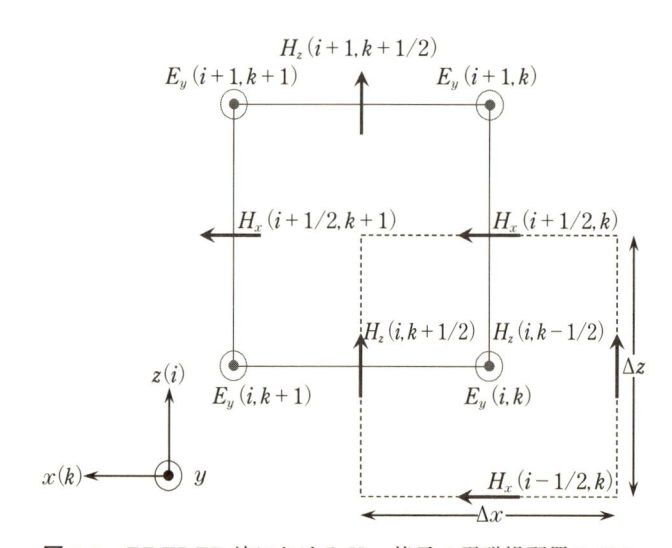

図 6.3 TE-FDTD 法における Yee 格子の電磁場配置モデル．

今，解析モデルとして誘電体を考えると，導電率 $\sigma=0$ と書くことができ，TE 波に対する Maxwell 方程式は次のようになる．

$$\frac{\partial H_x}{\partial t} = \frac{1}{\mu}\frac{\partial E_y}{\partial z} \tag{6.11}$$

$$\frac{\partial H_z}{\partial t} = -\frac{1}{\mu}\frac{\partial E_y}{\partial x} \tag{6.12}$$

$$\frac{\partial E_y}{\partial t} = \frac{1}{\varepsilon}\left(\frac{\partial H_x}{\partial z} - \frac{\partial H_z}{\partial x}\right) \tag{6.13}$$

(6.9), (6.10)式を参考にこれらの式を差分化すると次のようになる.

$$H_x^{n+\frac{1}{2}}\left(i+\frac{1}{2},k\right) = H_x^{n-\frac{1}{2}}\left(i+\frac{1}{2},k\right) + \frac{\Delta t}{\mu}\left\{\frac{E_y^n(i+1,k) - E_y^n(i,k)}{\Delta z}\right\} \tag{6.14}$$

$$H_z^{n+\frac{1}{2}}\left(i,k+\frac{1}{2}\right) = H_z^{n-\frac{1}{2}}\left(i,k+\frac{1}{2}\right) - \frac{\Delta t}{\mu}\left\{\frac{E_y^n(i,k+1) - E_y^n(i,k)}{\Delta x}\right\} \tag{6.15}$$

$$E_y^{n+1}(i,k) = E_y^n(i,k)$$
$$+ \frac{\Delta t}{\varepsilon}\left\{\frac{H_x^{n+\frac{1}{2}}\left(i+\frac{1}{2},k\right) - H_x^{n+\frac{1}{2}}\left(i-\frac{1}{2},k\right)}{\Delta z} - \frac{H_z^{n+\frac{1}{2}}\left(i,k+\frac{1}{2}\right) - H_z^{n+\frac{1}{2}}\left(i,k-\frac{1}{2}\right)}{\Delta x}\right\}$$
$$\tag{6.16}$$

次に TM-FDTD 法での電磁場配置を**図 6.4** に示す.

次に TM 波に対する Maxwell 方程式は次のようになる.

$$\frac{\partial E_x}{\partial t} = -\frac{1}{\varepsilon}\frac{\partial H_y}{\partial z} \tag{6.17}$$

$$\frac{\partial E_z}{\partial t} = \frac{1}{\varepsilon}\frac{\partial H_y}{\partial x} \tag{6.18}$$

$$\frac{\partial H_y}{\partial t} = \frac{1}{\mu}\left(\frac{\partial E_z}{\partial x} - \frac{\partial E_x}{\partial z}\right) \tag{6.19}$$

(6.9), (6.10)式を参考にこれらの式を差分化すると次のようになる.

$$E_x^{n+1}\left(i,k+\frac{1}{2}\right) = E_x^n\left(i,k+\frac{1}{2}\right)$$
$$- \frac{\Delta t}{\varepsilon}\left\{\frac{H_y^{n+\frac{1}{2}}\left(i+\frac{1}{2},k+\frac{1}{2}\right) - H_y^{n+\frac{1}{2}}\left(i-\frac{1}{2},k+\frac{1}{2}\right)}{\Delta z}\right\}$$
$$\tag{6.20}$$

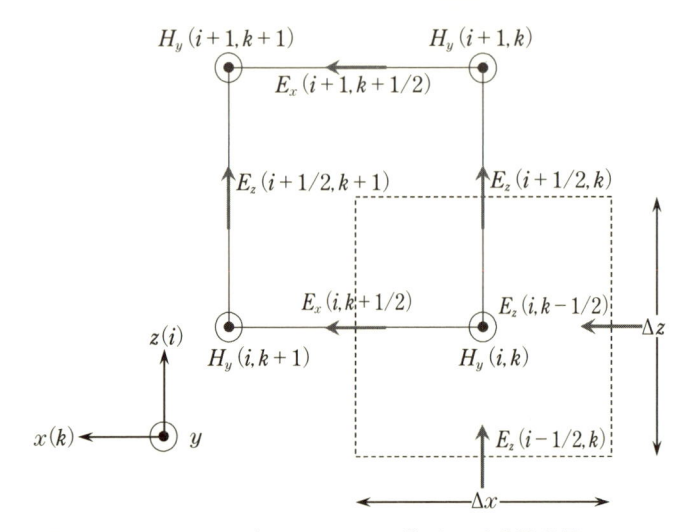

図 6.4 TM-FDTD 法における Yee 格子の電磁場配置モデル.

$$E_z^{n+1}\left(i+\frac{1}{2},k\right) = E_z^n\left(+\frac{1}{2}i,k\right)$$
$$+ \frac{\Delta t}{\varepsilon}\left\{\frac{H_y^{n+\frac{1}{2}}\left(i+\frac{1}{2},k+\frac{1}{2}\right) - H_y^{n+\frac{1}{2}}\left(i+\frac{1}{2},k-\frac{1}{2}\right)}{\Delta x}\right\}$$
(6.21)

$$H_y^{n+\frac{1}{2}}\left(i+\frac{1}{2},k+\frac{1}{2}\right) = H_y^{n-\frac{1}{2}}\left(i+\frac{1}{2},k+\frac{1}{2}\right)$$
$$+ \frac{\Delta t}{\mu}\left\{\frac{E_z^n\left(i+\frac{1}{2},k+1\right) - E_z^n\left(i+\frac{1}{2},k\right)}{\Delta x} - \frac{E_x^n\left(i+1,k+\frac{1}{2}\right) - E_x^n\left(i,k+\frac{1}{2}\right)}{\Delta z}\right\}$$
(6.22)

　等方性媒体の場合には，TE 波と TM 波はそれぞれ独立に伝搬するので，TE-FDTD および TM-FDTD を独立に計算すれば，光波伝搬を決定できる．一方で，媒体に異方性がある場合には，TE 波と TM 波は独立ではなく，誘電率テンソル ε を媒介とした $\mathbf{E} = \varepsilon^{-1}\mathbf{D}$ によって関連付けられる．異方性媒体に

おける Maxwell 方程式は

$$\frac{\partial \mathbf{E}}{\partial t} = \varepsilon^{-1} \operatorname{rot} \mathbf{H} \tag{6.23}$$

$$\frac{\partial \mathbf{H}}{\partial t} = -\frac{1}{\mu_0} \operatorname{rot} \mathbf{E} \tag{6.24}$$

となる．

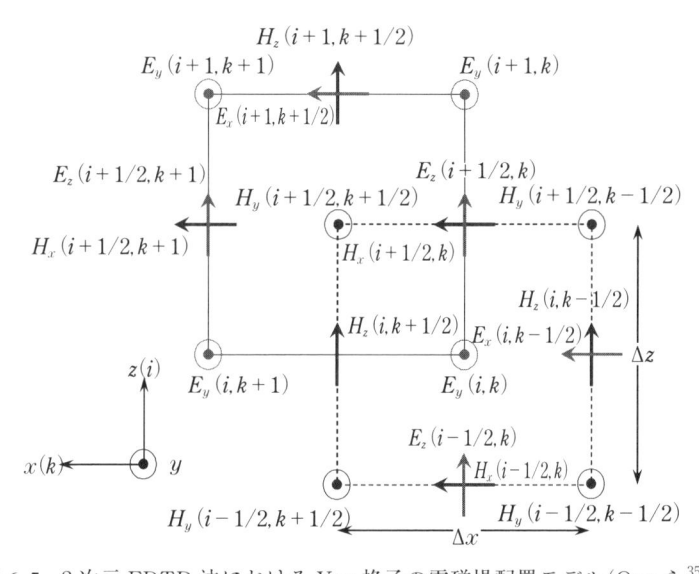

図 6.5 2次元 FDTD 法における Yee 格子の電磁場配置モデル（Ono ら[35,36]より抜粋）．

異方性媒体における 2 次元 FDTD 法では，**図 6.5** に示すような Yee 格子について計算することになり，Maxwell 方程式を差分化すると以下のような一連の式を得ることができる．

$$\begin{aligned} D_x^{n+1}\left(i, k+\frac{1}{2}\right) = &\, D_x^n\left(i, k+\frac{1}{2}\right) \\ &- \Delta t \left\{ \frac{H_y^{n+\frac{1}{2}}\left(i+\frac{1}{2}, k+\frac{1}{2}\right) - H_y^{n+\frac{1}{2}}\left(i-\frac{1}{2}, k+\frac{1}{2}\right)}{\Delta z} \right\} \end{aligned} \tag{6.25}$$

$$D_y^{n+1}(i,k) = D_y^n(i,k)$$
$$+ \Delta t \left\{ \frac{H_x^{n+\frac{1}{2}}\left(i+\frac{1}{2},k\right) - H_x^{n+\frac{1}{2}}\left(i-\frac{1}{2},k\right)}{\Delta z} - \frac{H_z^{n+\frac{1}{2}}\left(i,k+\frac{1}{2}\right) - H_z^{n+\frac{1}{2}}\left(i,k-\frac{1}{2}\right)}{\Delta x} \right\}$$
(6.26)

$$D_z^{n+1}\left(i+\frac{1}{2},k\right) = D_z^n\left(+\frac{1}{2}i,k\right)$$
$$+ \Delta t \left\{ \frac{H_y^{n+\frac{1}{2}}\left(i+\frac{1}{2},k+\frac{1}{2}\right) - H_y^{n+\frac{1}{2}}\left(i+\frac{1}{2},k-\frac{1}{2}\right)}{\Delta x} \right\}$$
(6.27)

$$H_x^{n+\frac{1}{2}}\left(i+\frac{1}{2},k\right) = H_x^{n-\frac{1}{2}}\left(i+\frac{1}{2},k\right) + \frac{\Delta t}{\mu}\left\{\frac{E_y^n(i+1,k) - E_y^n(i,k)}{\Delta z}\right\} \quad (6.28)$$

$$H_y^{n+\frac{1}{2}}\left(i+\frac{1}{2},k+\frac{1}{2}\right) = H_y^{n-\frac{1}{2}}\left(i+\frac{1}{2},k+\frac{1}{2}\right)$$
$$+ \frac{\Delta t}{\mu}\left\{\frac{E_z^n\left(i+\frac{1}{2},k+1\right) - E_z^n\left(i+\frac{1}{2},k\right)}{\Delta x} - \frac{E_x^n\left(i+1,k+\frac{1}{2}\right) - E_x^n\left(i,k+\frac{1}{2}\right)}{\Delta z}\right\}$$
(6.29)

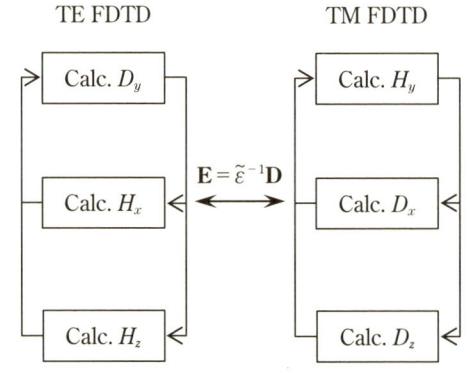

図 6.6 2次元 FDTD 法における異方性媒体の計算アルゴリズム (Ono ら[35,36]より抜粋).

第6章 時間領域差分法(FDTD法)

$$H_z^{n+\frac{1}{2}}\left(i, k+\frac{1}{2}\right) = H_z^{n-\frac{1}{2}}\left(i, k+\frac{1}{2}\right) - \frac{\Delta t}{\mu}\left\{\frac{E_y^n(i, k+1) - E_y^n(i, k)}{\Delta x}\right\} \quad (6.30)$$

以上の2次元 FDTD 法による異方性媒体の計算の手順を図 **6.6** にまとめる.

6.2 FDTD 法の実際

実際の計算では,初期条件として光源をしかるべき場所に導入する必要がある.よく行われる方法としては,適切な場所に直線状に点在する標本点を導入し,そこでの電磁場を正弦的に振動させ続けることで,連続光波として導入する方法である.このような初期条件の下で,解析領域の電磁場が安定するまで図 6.6 の計算サイクルを回し続けることになる.また,その際の時間ステップ Δt はいくらでも大きく取れるわけではなく,Courant の安定化条件と呼ばれる次の条件が必要とされている.

$$\begin{aligned}\Delta t &\leq \frac{1}{v\sqrt{\left(\frac{1}{\Delta x}\right)^2 + \left(\frac{1}{\Delta y}\right)^2 + \left(\frac{1}{\Delta z}\right)^2}} \cdots 3\text{次元}\\ &\leq \frac{1}{v\sqrt{\left(\frac{1}{\Delta x}\right)^2 + \left(\frac{1}{\Delta z}\right)^2}} \cdots 2\text{次元}\end{aligned} \quad (6.31)$$

またセルの大きさである Δx および Δz は取り扱う波長に対して十分に小さい必要があり,一般的には $\Delta x, \Delta y, \Delta z < \lambda/20$ 程度にする必要があるとされている.このように FDTD 法においては,解析領域を空間的に分割した分割数と時間的に分割した分割数によって計算時間が決まり,そのおのおのの数を N で表すと

$$計算時間 \propto N(\Delta x) \times N(\Delta y) \times N(\Delta z) \times N(\Delta t) \quad (6.32)$$

となる.またその際必要な計算機のメモリーはおおむね

$$必要メモリー = 54 \times N(\Delta x) \times N(\Delta y) \times N(\Delta z) \text{ バイト} \quad (6.33)$$

と見積もられる.全セル数 $N(\Delta x) \times N(\Delta y) \times N(\Delta z)$ は,前述の波長の 1/20 程度という制限の他に,解析対象の複雑さで決まり,時間ステップ数

$N(\Delta t)$ は，解析対象の電磁界特性の収束のしやすさで決まる．実際の計算においては，FDTD の計算時間と計算制度を考慮して最適なセルの分割を行う必要がある．例えば解析にとって重要な部分のセルは小さく取り，そうでないところでは大きく取るなどの工夫をして効率的な計算を行うことは重要である．セル分割の際の注意事項としては以下のようなことが言われている．

1) セルサイズは自由空間では $\lambda/10$ 程度．誘電体内では $\lambda/20$ 程度．
2) 物体の境界部でセルを区切る．
3) 隣接するセルサイズの比は 1：3 以内とする．
4) セルの縦横比は 1：3 以内とする．

FDTD 法の計算においては，ある標本点での電磁場の計算には，必ず最近接の標本点での電磁場の値が必要となる．しかしながら実際に計算を行う領域は有限であるため，実際には存在しない仮想的な境界としての解析領域の端においては(6.25)式から(6.30)式をそのまま用いることができない(もしそのまま用いると，現実には発生しない反射波が解析領域端で発生する)．このことを防ぐためには，解析領域の端に対して適切な境界条件を設けることが必要となる．近年よく使われている境界条件は，Berenger の Perfectly Marched Layer (PML)である[33]．PML の考え方は，境界面での互いのインピーダンスが一致すれば電磁波の反射は起こらないとするインピーダンスマッチングの考え方に基づいている．今，真空のインピーダンスを Z_0，媒体(導電率 σ，導磁率 σ^*)のインピーダンスを Z とすると

$$Z_0 = \sqrt{\frac{\mu_0}{\varepsilon_0}} \tag{6.34}$$

$$Z = \sqrt{\frac{\mu_0 + \frac{\sigma^*}{i\omega}}{\varepsilon_0 + \frac{\sigma}{i\omega}}} = \sqrt{\frac{\mu_0\left(1 + \frac{1}{i\omega}\frac{\sigma^*}{\mu_0}\right)}{\varepsilon_0\left(1 + \frac{1}{i\omega}\frac{\sigma^*}{\varepsilon_0}\right)}} \tag{6.35}$$

となる．インピーダンスのマッチング条件 $Z_0 = Z$ から

$$\frac{\sigma}{\varepsilon_0} = \frac{\sigma^*}{\mu_0} \tag{6.36}$$

が得られる．

第2部

偏光伝搬解析の応用
液晶とベクトルホログラム解析を中心として

第7章

液晶の分子配向と光学

7.1 ネマチック液晶分子配向状態と Jones 行列

　液晶物質を構成する分子の形状は，だいたいにおいて，細長い棒状か，扁平な板状である．これらの液晶分子は，分子間相互作用によって協調的に配向しやすく，液晶分子の種類，注入するセル内部表面の配向処理(ラビング，光配向，化学処理，斜め蒸着処理など)によって種々の配向構造を取ることができる．このようなユニークな性質のため，偏光伝搬を制御するのに必要な3次元的な光学異方性分布を自在に制御できる代表的な材料であるといえる．例えばディスプレイに主に用いられている，ネマチック液晶相と呼ばれる液晶相での代表的な配向構造を図 7.1 に示す．

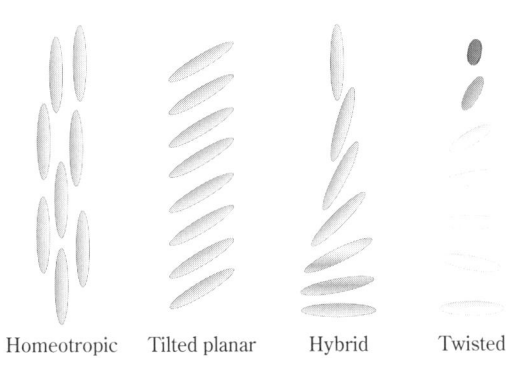

Homeotropic　Tilted planar　Hybrid　Twisted
図 7.1　ネマチック液晶相での代表的な配向構造．

　液晶の光学特性は，このような分子配向の空間分布の状況によって決定される．光学特性を決定するためには，これらの配向に対する Jones 行列がわかればよい．図 7.1 の各配向状態に垂直入射した場合の Jones 行列を以下にまとめる．

Homeotropic 配向

Homeotropic 配向は，基板に対して垂直に液晶分子が配向した状態である．この状態では，光学軸は基板に垂直に向いており，垂直入射した光波は光学軸に沿って伝搬する．したがって，光波の伝搬は等方性媒体中を伝搬しているのと同等であり，Jones 行列は(7.1)式のように与えられる．(7.1)式が単位行列となっていることからも理解されるように，homeotropic 配向に基板垂直に入射した光波の偏光状態は変化しない．

$$\mathbf{T}_{\mathrm{HO}} = \begin{pmatrix} e^{-i\frac{2\pi}{\lambda}n_{\mathrm{o}}d} & 0 \\ 0 & e^{-i\frac{2\pi}{\lambda}n_{\mathrm{o}}d} \end{pmatrix} = e^{-i\frac{2\pi}{\lambda}n_{\mathrm{o}}d}\begin{pmatrix} 1 & 0 \\ 0 & 1 \end{pmatrix} \tag{7.1}$$

Tilted planar 配向

Tilted planar 配向では，図 7.2 に示すように，光学軸が一定角度傾いた構造をしている．

Tilted planar 配向での Jones 行列は，次のように与えられる．

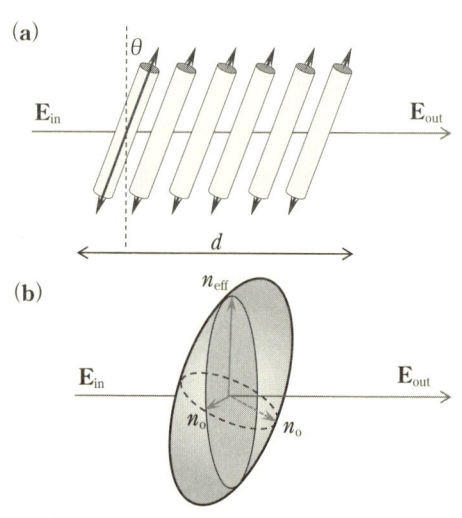

図 7.2 （a）チルト角 θ の tilted planar 配向中の光波伝搬，（b）屈折率楕円体と実効屈折率 n_{eff}.

$$\mathbf{T}_{\mathrm{PL}} = \begin{pmatrix} e^{-i\frac{2\pi}{\lambda}n_{\mathrm{eff}}d} & 0 \\ 0 & e^{-i\frac{2\pi}{\lambda}n_{\mathrm{o}}d} \end{pmatrix} \tag{7.2}$$

ただし

$$n_{\mathrm{eff}} = \frac{n_{\mathrm{e}}n_{\mathrm{o}}}{\sqrt{n_{\mathrm{e}}^2 \sin^2\theta + n_{\mathrm{o}}^2 \cos^2\theta}} \tag{7.3}$$

であり，θ はチルト角である．このような媒体中の偏光伝搬状況をわかりやすく議論するために，クロスニコル配置におかれた場合の透過光強度を求めてみる．クロスニコル配置では，入射光は直線偏光となるが，その偏光方位角とダイレクタの成す角度を φ とすると，出射電場は次のように書ける．

$$\begin{aligned}
\mathbf{E}_{\mathrm{out}} &= \begin{pmatrix} 0 & 0 \\ 0 & 1 \end{pmatrix}\begin{pmatrix} \cos\varphi & -\sin\varphi \\ \sin\varphi & \cos\varphi \end{pmatrix}\mathbf{T}_{\mathrm{PL}}\begin{pmatrix} \cos\varphi & \sin\varphi \\ -\sin\varphi & \cos\varphi \end{pmatrix}\begin{pmatrix} 1 \\ 0 \end{pmatrix} \\
&= \begin{pmatrix} 0 & 0 \\ 0 & 1 \end{pmatrix}\begin{pmatrix} \cos\varphi & -\sin\varphi \\ \sin\varphi & \cos\varphi \end{pmatrix}\begin{pmatrix} e^{-i\frac{2\pi}{\lambda}n_{\mathrm{eff}}d} & 0 \\ 0 & e^{-i\frac{2\pi}{\lambda}n_{\mathrm{o}}d} \end{pmatrix}\begin{pmatrix} \cos\varphi & \sin\varphi \\ -\sin\varphi & \cos\varphi \end{pmatrix}\begin{pmatrix} 1 \\ 0 \end{pmatrix} \\
&= \cos\varphi \sin\varphi \begin{pmatrix} 0 \\ e^{-i\frac{2\pi}{\lambda}n_{\mathrm{eff}}d} - e^{-i\frac{2\pi}{\lambda}n_{\mathrm{o}}d} \end{pmatrix} \\
&= ie^{-i\frac{2\pi}{\lambda}(n_{\mathrm{eff}}+n_{\mathrm{o}})d}\sin 2\varphi \sin\left[\frac{\pi}{\lambda}(n_{\mathrm{eff}}-n_{\mathrm{o}})d\right]\begin{pmatrix} 0 \\ 1 \end{pmatrix}
\end{aligned} \tag{7.4}$$

これより出射光強度は

$$I = |\mathbf{E}_{\mathrm{out}}|^2 = \sin^2 2\varphi \sin^2\left[\frac{\pi}{\lambda}(n_{\mathrm{eff}}-n_{\mathrm{o}})d\right] \tag{7.5}$$

となる．

Hybrid 配向

Hybrid 配向では，図 7.3 に示すように，液晶ダイレクタが光波の伝搬方向に順次傾いた構造となっている．

Hybrid 配向は一見複雑な異方性構造を有する媒体であるが，このような系においても Jones 解析法は有効であり，図 7.3 に示しているように，異方性媒体を光波伝搬方向に分割して考えることによって光波伝搬を議論できる．今，hybrid 配向液晶媒体を z 方向に m 個に分割し，分割された板は，均一な 1 軸

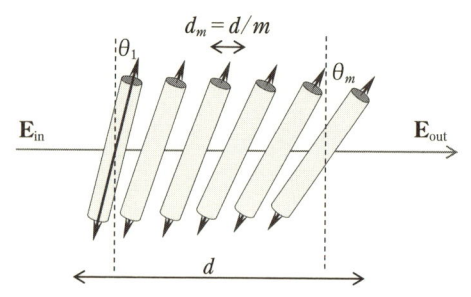

図7.3 チルト角が θ_1 から θ_m の hybrid 配向中の光波伝搬.

異方性を有していると考える．分割された1軸異方性媒体の光学軸は，光波の伝搬方向に順次傾斜しており，1枚の光学軸のチルト角を θ_m とする．m 枚の光学軸の順次傾斜した1軸異方性媒体を透過した最終的な Jones 行列は

$$\mathbf{T}_{\mathrm{HY}} = \begin{pmatrix} e^{-i\frac{2\pi}{\lambda m}n_o d} & 0 \\ 0 & e^{-i\frac{2\pi}{\lambda m}n_{\mathrm{eff}}^m d} \end{pmatrix} \cdots\cdots \times \begin{pmatrix} e^{-i\frac{2\pi}{\lambda m}n_o d} & 0 \\ 0 & e^{-i\frac{2\pi}{\lambda m}n_{\mathrm{eff}}^1 d} \end{pmatrix} \quad (7.6)$$

と書ける．ただし

$$n_{\mathrm{eff}}^m = \frac{n_e n_o}{\sqrt{n_e^2 \sin^2\theta_m + n_o^2 \cos^2\theta_m}} \quad (7.7)$$

である．今，$m \to \infty$ とすると

$$\mathbf{T}_{\mathrm{HY}} = \begin{pmatrix} e^{-i\frac{2\pi}{\lambda}n_o d} & 0 \\ 0 & e^{-i\frac{2\pi}{\lambda}\int_0^d \frac{n_e n_o}{\sqrt{n_e^2 \sin^2\theta(z) + n_o^2 \cos^2\theta(z)}}dz} \end{pmatrix} \quad (7.8)$$

となる．Hybrid 配向液晶をクロスニコル配置に置くと，(7.5)式から，その透過光強度は

$$I = \sin^2 2\varphi \sin^2\left[\frac{\pi}{\lambda}\left(\int_0^d \frac{n_e n_o}{\sqrt{n_e^2 \sin^2\theta(z) + n_o^2 \cos^2\theta(z)}}dz - dn_o\right)\right] \quad (7.9)$$

と求められる．(7.9)式を実際に計算するためには，$\theta(z)$ についての情報が必要である．$\theta(z)$ についての情報は，液晶を連続弾性体と見なし，自由エネルギーを極小にする条件から配向分布を見積もる「連続体理論」から得られるが，その解析から以下のような条件がわかっている．

第7章 液晶の分子配向と光学

$$\frac{d^2\theta(z)}{dz^2} = 0 \tag{7.10}$$

今,2つの界面のうち一方の界面が完全に homeotropic 配向となっているとし($\theta = \pi/2$),もう一方の界面のチルト角が $\theta = \theta_0$ であるとすると,(7.10)式のひとつの解として

$$\theta(z) = \frac{(\pi/2 - \theta_0)}{d} z + \theta_0 \tag{7.11}$$

が与えられる.さらに $\theta_0 = 0$,すなわち homogenous 配向から homeotropic 配向までチルト角が変化する hybrid 配向を考えると

$$I = \sin^2 2\varphi \sin^2\left[\frac{\pi d}{\lambda}\left(\frac{2}{\pi}\int_0^{\pi/2}\frac{n_e n_o}{\sqrt{n_e^2 \sin^2\theta + n_o^2 \cos^2\theta}}d\theta - n_o\right)\right] \tag{7.12}$$

となる.

Twisted 配向

次に Twisted Nematic(TN)液晶構造を取り上げる.

TN 液晶では,図 7.4 に示すように 1 軸異方性を有するネマチック液晶が,光波の伝搬方向に順次ねじれた構造となっている.このような構造において

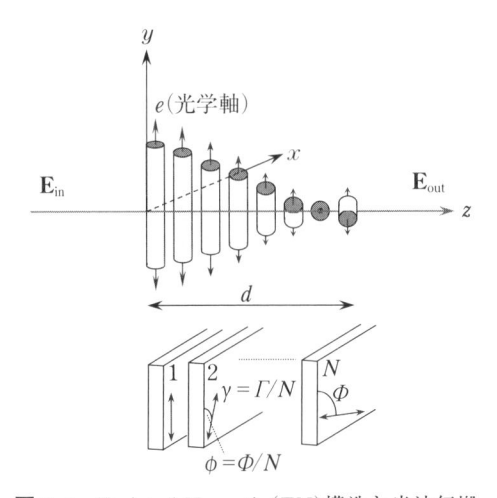

図 7.4 Twisted Nematic(TN)構造と光波伝搬.

は，光学軸が，光波の伝搬と共に，xy 面で一定の角度で回転していくこととなる（基板界面での初期配向角度であるプレチルト角は無視）．一見複雑な異方性構造を有する媒体であるが，このような系においても Jones 解析法は有効であり，図 7.4 に示しているように，異方性媒体を光波伝搬方向に分割して考えることによって光波伝搬を議論できる．今，TN 液晶媒体を z 方向に N 個に分割し，分割された板は，位相差 $\gamma = \Gamma/N$ の均一な 1 軸異方性を有していると考える．分割された 1 軸異方性媒体の光学軸は，光波の伝搬方向に順次回転しており，1 枚の光学軸の回転角を $\phi = \Phi/N$ とする．N 枚の光学軸の回転した 1 軸異方性媒体を透過した最終的な Jones 行列は

$$\mathbf{T}_{\mathrm{TN}}(\Gamma) = \prod_{m=1}^{N} \mathbf{R}(-m\phi) \cdot \mathbf{T}(\gamma) \cdot \mathbf{R}(m\varphi) \tag{7.13}$$

となる．明らかに $\mathbf{R}(\phi_1) \cdot \mathbf{R}(\phi_2) = \mathbf{R}(\phi_1 + \phi_2)$ であるので

$$\mathbf{T}_{\mathrm{TN}}(\Gamma) = \mathbf{R}(-\Phi)\left[\mathbf{T}(\gamma) \cdot \mathbf{R}\left(\frac{\Phi}{N}\right)\right]^N$$

$$= \mathbf{R}(-\Phi)\begin{bmatrix} \cos\left(\dfrac{\Phi}{N}\right)e^{-i\frac{\Gamma}{2N}} & \sin\left(\dfrac{\Phi}{N}\right)e^{-i\frac{\Gamma}{2N}} \\ -\sin\left(\dfrac{\Phi}{N}\right)e^{-i\frac{\Gamma}{2N}} & \cos\left(\dfrac{\Phi}{N}\right)e^{-i\frac{\Gamma}{2N}} \end{bmatrix}^N \tag{7.14}$$

となる．今，一般的に

$$\det\begin{vmatrix} A & B \\ C & D \end{vmatrix} = AD - BC = 1 \tag{7.15}$$

であるとき

$$\begin{bmatrix} A & B \\ C & D \end{bmatrix}^m = \begin{bmatrix} \dfrac{A\sin mZ - \sin(m-1)Z}{\sin Z} & B\dfrac{\sin mZ}{\sin Z} \\ C\dfrac{\sin mZ}{\sin Z} & \dfrac{D\sin mZ - \sin(m-1)Z}{\sin Z} \end{bmatrix} \tag{7.16}$$

となる．ただし

$$Z = \cos^{-1}\left[\frac{1}{2}(A+D)\right] \tag{7.17}$$

である (Chebyshev's identity)．(7.14)式は明らかに(7.15)式の条件を満足しているので，(7.16)式の適用が可能であり，さらに，$N \to \infty$ の条件を加えると

第 7 章 液晶の分子配向と光学

$$T_{\text{TN}}(\Gamma) = \begin{bmatrix} \cos\Phi & -\sin\Phi \\ \sin\Phi & \cos\Phi \end{bmatrix} \begin{bmatrix} \cos X - i\dfrac{\Gamma\sin X}{2X} & \Phi\dfrac{\sin X}{X} \\ -\Phi\dfrac{\sin X}{X} & \cos X + i\dfrac{\Gamma\sin X}{2X} \end{bmatrix} \quad (7.18)$$

となる．ただし

$$X = \sqrt{\Phi^2 + \left(\dfrac{\Gamma}{2}\right)^2} \quad (7.19)$$

である．

　今，入射面および出射面での異常光，常光に相当する座標軸を，それぞれ (e, o)，(e′, o′) とする．TN 構造に $\begin{bmatrix} E_{\text{e}} \\ E_{\text{o}} \end{bmatrix}$ の光波が入射したとすると，その出射電場は，次のように与えられる．

$$\begin{bmatrix} E_{\text{e}'} \\ E_{\text{o}'} \end{bmatrix} = \begin{bmatrix} \cos X - i\dfrac{\Gamma\sin X}{2X} & \Phi\dfrac{\sin X}{X} \\ -\Phi\dfrac{\sin X}{X} & \cos X + i\dfrac{\Gamma\sin X}{2X} \end{bmatrix} \begin{bmatrix} E_{\text{e}} \\ E_{\text{o}} \end{bmatrix} \quad (7.20)$$

ここで，入射光が直線偏光で，その偏光の方位が入射面での液晶配向と平行方向であるとすると

$$\begin{bmatrix} E_{\text{e}'} \\ E_{\text{o}'} \end{bmatrix} = \begin{bmatrix} \cos X - i\dfrac{\Gamma\sin X}{2X} & \Phi\dfrac{\sin X}{X} \\ -\Phi\dfrac{\sin X}{X} & \cos X + i\dfrac{\Gamma\sin X}{2X} \end{bmatrix} \begin{bmatrix} 1 \\ 0 \end{bmatrix} = \begin{bmatrix} \cos X - i\dfrac{\Gamma\sin X}{2X} \\ -\Phi\dfrac{\sin X}{X} \end{bmatrix}$$
$$(7.21)$$

となる．もし，TN 角 Φ が，位相差 Γ に比べて十分に小さいとすると ($\Phi \ll \Gamma$)

$$\begin{bmatrix} E_{\text{e}'} \\ E_{\text{o}'} \end{bmatrix} \approx \begin{bmatrix} e^{-i\Gamma/2} \\ 0 \end{bmatrix} \quad (7.22)$$

となる．この結果から，$\Phi \ll \Gamma$ の条件では，光波は常に直線偏光であり，その偏光方向は，局所面での液晶の配向方向に平行である．一般的に，$\Phi \ll \Gamma$ の条件を満足しなければ，(7.21)式にしたがって楕円偏光として伝搬する．次に，入射光が直線偏光で，その偏光の方位が入射面での液晶配向と垂直方向であるとすると

$$\begin{bmatrix} E_{e'} \\ E_{o'} \end{bmatrix} = \begin{bmatrix} \cos X - i\dfrac{\Gamma \sin X}{2X} & \Phi\dfrac{\sin X}{X} \\ -\Phi\dfrac{\sin X}{X} & \cos X + i\dfrac{\Gamma \sin X}{2X} \end{bmatrix} \begin{bmatrix} 0 \\ 1 \end{bmatrix} = \begin{bmatrix} \Phi\dfrac{\sin X}{X} \\ \cos X + i\dfrac{\Gamma \sin X}{2X} \end{bmatrix}$$

(7.23)

となる．同様に，もし，TN角 Φ が，位相差 Γ に比べて十分に小さいとすると ($\Phi \ll \Gamma$)

$$\begin{bmatrix} E_{e'} \\ E_{o'} \end{bmatrix} \approx \begin{bmatrix} 0 \\ e^{i\Gamma/2} \end{bmatrix} \qquad (7.24)$$

となり，やはり光波は常に直線偏光であり，その偏光方向は，局所面での液晶の配向方向に垂直となる．

7.2 コレステリック液晶の光学

コレステリック液晶(cholesteric liquid crystal)は，図 **7.5** に示すような螺旋配向構造を自己組織的に形成する．

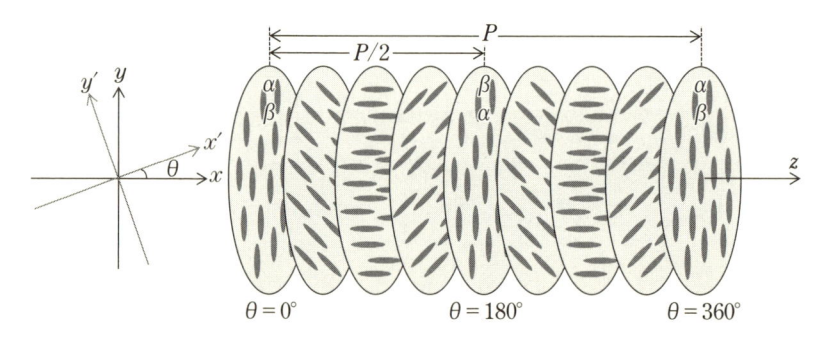

図 7.5 コレステリック液晶（左回り）のダイレクタ分布 $\mathbf{n}(z)$ と螺旋配向のねじれ周期(helical pitch) P.

コレステリック液晶の周期配向構造は，1次元フォトニック構造とも呼べる高精度のものであり，このような高い秩序性は有機材料の中でも特異であると言える．螺旋の周期を，可視光波長程度以下にすることも可能で，その配向構

造に起因して円偏光の選択反射が引き起こされることが知られている．これらの性質から，コレステリック液晶のフォトニクス応用として，光変調素子，回折格子，レーザー発振，フォトニック構造の光・電場制御への応用などが検討されている．コレステリック液晶は，図 7.5 に示すように，配向方向が一様な薄い層が，その方向を連続的に変えながら重なったものとして考えることができる．Helical pitch P は，配向方位角 θ が 360° 回転する距離と定義できるが，通常液晶分子は**極性**（polarity）をもっていないので，$\theta = 180°$ と $\theta = 360°$ は同等と見なされ，誘電率テンソルは $P/2$ の周期をもつこととなる．今，各層の常光，異常光の屈折率をそれぞれ $n_\mathrm{o}, n_\mathrm{e}$ とし，螺旋軸（z 軸）と平行に入射した光波の波長 λ が

$$n_\mathrm{o} P < \lambda < n_\mathrm{e} P \tag{7.25}$$

の範囲にあるとき，その螺旋と回転方向が同一な円偏光成分に対して選択的な反射が生じる．ただし，螺旋の回転方向は，螺旋軸を z 軸と平行としたとき，x 軸と局所的な配向方向の成す角が $\theta = (2\pi/P)z$ のとき右回り，$\theta = -(2\pi/P)z$ のとき左回りと定義される．コレステリック液晶の選択反射を考察するには，周期構造内部での多重反射・多重干渉を考慮する必要がある．このような計算においては，第 3 章で紹介した反射も考慮された 4×4 行列法が便利である．**図 7.6** に右回りコレステリック相の透過スペクトルを 4×4 行列法で計算した結果を示す．右回り円偏光が，特定の波長幅で反射されている様子が再現されていることがわかる．

以上のように，コレステリック液晶の光学特性を数値計算するには，4×4 行列法が便利であるが，光学特性の物理を考察するには，誘電率の摂動と入射電場により生じる分極が反射波を放射するという考えのもと，入射光の偏光と反射光の偏光の関係について言及しておくことが有益である．xyz 座標系において，局所的に見たときの光学軸の方向が x 軸と平行である層の誘電率テンソルは

$$\varepsilon_\mathrm{local} = \varepsilon_0 \begin{bmatrix} n_\mathrm{e}^2 & 0 & 0 \\ 0 & n_\mathrm{o}^2 & 0 \\ 0 & 0 & n_\mathrm{o}^2 \end{bmatrix} \tag{7.26}$$

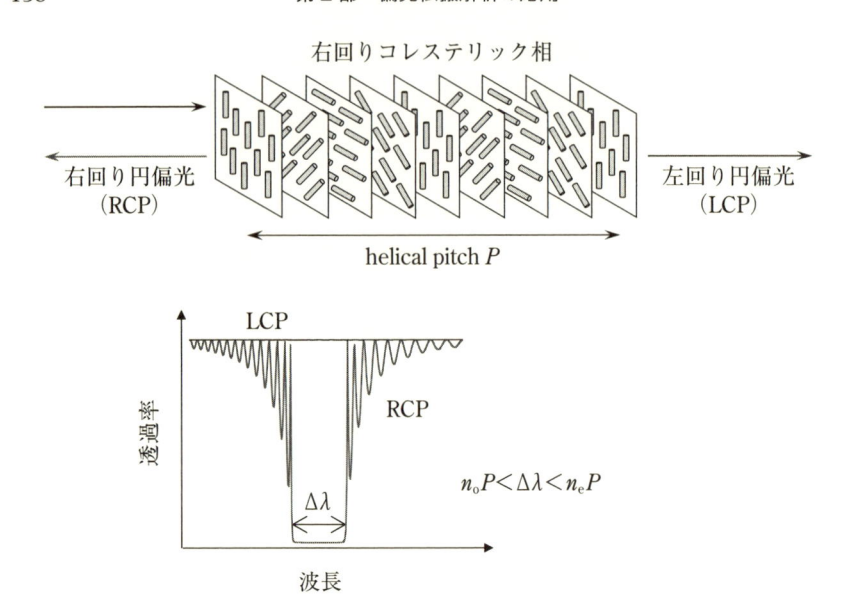

図7.6 右回りコレステリック相と4×4行列法による透過スペクトル計算.

となる．これを用いるとコレステリック液晶の誘電率テンソルは

$$\boldsymbol{\varepsilon}(z) = \boldsymbol{R}(\theta)\boldsymbol{\varepsilon}_{\text{local}}\boldsymbol{R}(-\theta) \tag{7.27}$$

と表すことができる．ここで，$\boldsymbol{R}(\theta)$はxy面における回転行列であり

$$\boldsymbol{R}(\theta) = \begin{bmatrix} \cos\theta & -\sin\theta & 0 \\ \sin\theta & \cos\theta & 0 \\ 0 & 0 & 1 \end{bmatrix} \tag{7.28}$$

である．ここでは，右回りコレステリック液晶を想定し，$\theta = (2\pi/P)z \equiv qz$とする．ただし，$q$は螺旋周期構造の波数である．$\alpha = (n_e^2 - n_o^2)/2$, $\beta = (n_e^2 + n_o^2)/2$とすると

$$\boldsymbol{\varepsilon}(z) = \varepsilon_0 \begin{bmatrix} \beta + \alpha\cos(2qz) & \alpha\sin(2qz) & 0 \\ \alpha\sin(2qz) & \beta - \alpha\cos(2qz) & 0 \\ 0 & 0 & n_o^2 \end{bmatrix} \tag{7.29}$$

と表すことができる（この式から，誘電率テンソルの周期は$P/2$となることが

わかる．これは，0°方向に配向した相も180°方向に配向した相も光学的には等価であることに起因する）．

ここで，$n_\mathrm{o}P<\lambda<n_\mathrm{e}P$ の条件（Bragg 領域）を満足する場合を考えると，(7.29)式は次のように変形される．

$$\boldsymbol{\varepsilon}(z)=\varepsilon_0\begin{bmatrix}\beta & 0 & 0\\0 & \beta & 0\\0 & 0 & n_\mathrm{o}^2\end{bmatrix}+\varepsilon_0\alpha\begin{bmatrix}\cos(2qz) & \sin(2qz) & 0\\\sin(2qz) & -\cos(2qz) & 0\\0 & 0 & 0\end{bmatrix} \quad (7.30)$$

Bragg 領域では，コレステリック構造の helical pitch が波長程度であり，(7.30)式の第1項は平均誘電率であり，第2項はダイレクタが周期的に回転していることに起因する摂動項であると見なせる．今，光波が z 軸方向にのみ伝搬しているとすると，電場ベクトルは xy 面に局在しているため，(7.30)式は

$$\boldsymbol{\varepsilon}(z)=\varepsilon_0\begin{bmatrix}\beta & 0\\0 & \beta\end{bmatrix}+\varepsilon_0\alpha\begin{bmatrix}\cos(2qz) & \sin(2qz)\\\sin(2qz) & -\cos(2qz)\end{bmatrix} \quad (7.31)$$

と書き直せる．(7.31)式の第2項（摂動項）はさらに以下のように変形できる．

$$\Delta\boldsymbol{\varepsilon}(z)=\varepsilon_0\frac{\alpha}{2}\begin{bmatrix}1 & -i\\-i & 1\end{bmatrix}e^{i2qz}+\varepsilon_0\frac{\alpha}{2}\begin{bmatrix}1 & i\\i & -1\end{bmatrix}e^{-i2qz} \quad (7.32)$$

ここで，(7.32)式の各項は媒体中の進行波と後退波に対する摂動であると理解される．今，入射波を $\mathbf{E}_\mathrm{i}\exp i(\omega t-kz)$，反射波を $\mathbf{E}_\mathrm{r}\exp i(\omega t+kz)$ と書くこととする．ここで，$\mathbf{E}_\mathrm{i}$ および $\mathbf{E}_\mathrm{r}$ は xy 面に局在した電場ベクトルであり，波数 k は次のように与えられる．

$$k=\frac{\omega}{c}\sqrt{\frac{n_\mathrm{e}^2+n_\mathrm{o}^2}{2}} \quad (7.33)$$

入射光の光電場と(7.32)式の誘電率の摂動成分によって

$$\Delta\mathbf{P}=\Delta\boldsymbol{\varepsilon}(\mathbf{z})\mathbf{E}_\mathrm{i}\exp i(\omega t-kz) \quad (7.34)$$

の分極が発生しこれが反射光を放射する．光波は z 軸方向にのみ伝搬しているとしているので Bragg 条件は

$$2k=2q \quad (7.35)$$

で与えられることになる．

今，光波の入射方向に対して右回りの媒体を想定し，入射波が直線偏光であるとすると

$$\mathbf{E}_i = \begin{pmatrix} 1 \\ 0 \end{pmatrix} e^{-ikz}, \begin{pmatrix} 0 \\ 1 \end{pmatrix} e^{-ikz} \tag{7.36}$$

と書ける．(7.32), (7.34)式から $-z$ 方向に伝搬する Bragg 反射波は

$$\Delta\mathbf{P} \propto \begin{pmatrix} 1 \\ -i \end{pmatrix} e^{ikz} \tag{7.37}$$

となり左回りの円偏光となる．次に入射波が右回り円偏光であるとすると

$$\mathbf{E}_i = \begin{pmatrix} 1 \\ -i \end{pmatrix} e^{-ikz} \tag{7.38}$$

となり，$-z$ 方向に伝搬する Bragg 反射波は

$$\Delta\mathbf{P} = 0 \tag{7.39}$$

となり反射波は発生しない．入射波が左回り円偏光であるとすると

$$\mathbf{E}_i = \begin{pmatrix} 1 \\ i \end{pmatrix} e^{-ikz} \tag{7.40}$$

となり，$-z$ 方向に伝搬する Bragg 反射波は

$$\Delta\mathbf{P} \propto \begin{pmatrix} 1 \\ -i \end{pmatrix} e^{ikz} \tag{7.41}$$

となり左回りの円偏光となる．このように Bragg 条件を満足する helical pitch を有する右回りのコレステリック媒体では，左回り円偏光が左回り円偏光として Bragg 反射される．また右回り円偏光はすべて透過する．これらの反射特性は金属薄膜からの反射特性とは大きく異なっている．

次にコレステリック液晶中の光波伝搬に結合波理論を適用して反射率について考察する．コレステリック液晶中の透過波と反射波の総和は，円偏光伝搬の総和として記述可能であり

$$\begin{aligned}\mathbf{E} &= A_1(z) \frac{1}{\sqrt{2}} \begin{pmatrix} 1 \\ i \end{pmatrix} e^{i(\omega t - kz)} + A_2(z) \frac{1}{\sqrt{2}} \begin{pmatrix} 1 \\ -i \end{pmatrix} e^{i(\omega t + kz)} \\ &\equiv A_1(z) \cdot \mathbf{E}_1 + A_2(z) \cdot \mathbf{E}_2 \end{aligned} \tag{7.42}$$

となる．ここでは，入射波 A_1 と反射波 A_2（回折波）が同軸上にあり，結合方

第7章 液晶の分子配向と光学

程式は次のように書ける.

$$\frac{dA_1(z)}{dz} = -i\kappa A_2(z) e^{i\Delta kz} \tag{7.43}$$

$$\frac{dA_2(z)}{dz} = i\kappa^* A_1(z) e^{-i\Delta kz} \tag{7.44}$$

ここで

$$\Delta k = 2k - \frac{4\pi}{P} \tag{7.45}$$

$$\kappa = \frac{\omega^2 \varepsilon_0 \mu_0}{2k} \mathbf{E}_1^* \frac{\Delta \varepsilon}{2} \begin{pmatrix} 1 & i \\ i & -1 \end{pmatrix} \mathbf{E}_2 = \frac{\pi \Delta \varepsilon}{\lambda \sqrt{\bar{\varepsilon}}} \tag{7.46}$$

であり

$$\bar{\varepsilon} = \frac{1}{2}(n_e^2 + n_o^2) \tag{7.47}$$

$$\Delta \varepsilon = \frac{1}{2}(n_e^2 - n_o^2) \tag{7.48}$$

$$k = \frac{2\pi}{\lambda}\sqrt{\frac{n_e^2 + n_o^2}{2}} \tag{7.49}$$

と定義される.

ここで, $|A_1|^2$ と $|A_2|^2$ は, 入射波と反射波のエネルギーの流れを表すが, 全エネルギーは保存されなければならないので

$$\frac{d}{dz}(|A_1|^2 - |A_2|^2) = 0 \tag{7.50}$$

の関係がある. 今, 結合長(コレステリック液晶相厚)を L とすると, 初期条件は $A_1(0)=1$, $A_2(L)=0$ となり, この条件下で(7.43)および(7.44)式からなる連立微分方程式を解くと

$$A_1(z) = e^{i(\Delta k/2)z}\frac{s \cosh s(L-z) + i(\Delta k/2)\sinh s(L-z)}{s \cosh sL + i(\Delta k/2)\sinh sL} \tag{7.51}$$

$$A_2(z) = e^{-i(\Delta k/2)z}\frac{-i\kappa^* \sinh s(L-z)}{s \cosh sL + i(\Delta k/2)\sinh sL} \tag{7.52}$$

となる. ただし

$$s^2 = \kappa\kappa^* - \left(\frac{\Delta k}{2}\right)^2 \tag{7.53}$$

である．(7.51)式および(7.52)式からコレステリック液晶相での反射率は次のように求められる．

$$R = \frac{|A_2(0)|^2}{|A_1(0)|^2}$$

$$= \frac{|\kappa|^2 \sinh^2 sL}{s^2 \cosh^2 sL + (\Delta k/2)^2 \sinh^2 sL} \tag{7.54}$$

最大反射率は $\Delta k = 0$（Bragg 条件）のときに得られる．

以上の結果を用いて，反射スペクトルのコレステリック液晶の helical pitch 依存性を**図 7.7** に示す．

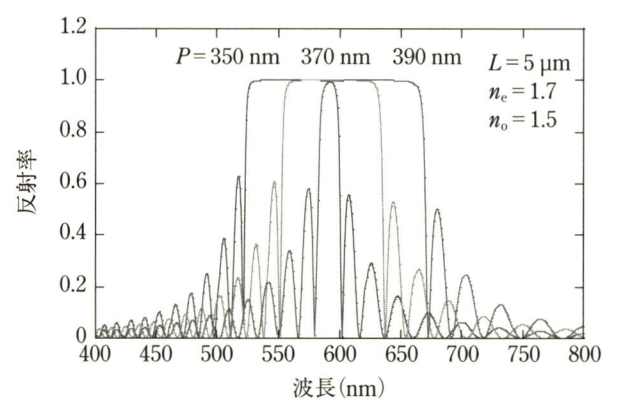

図 7.7 コレステリック相の反射スペクトルの helical pitch 依存性．

図 7.7 からわかるように，helical pitch が大きくなるにつれて反射バンドの形は維持されたまま長波長側にシフトしている．さらに，異常光および常光屈折率を変えた場合の反射スペクトルの変化を**図 7.8** および**図 7.9** にそれぞれ示す．いずれの場合でも，複屈折値が小さくなるとバンド幅が狭くなるが，異常光の場合には長波長側のバンド端が，常光の場合には短波長側のバンド端がシフトしているのが見てとれる．

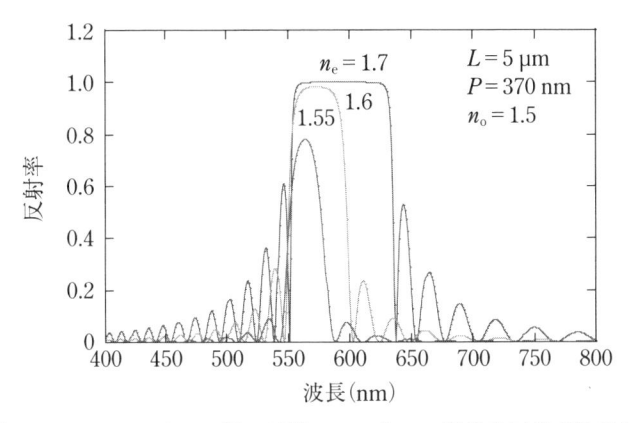

第 7 章　液晶の分子配向と光学　　　　　　　　　　　　　　　　143

図 7.8　コレステリック相の反射スペクトルの異常光屈折率依存性.

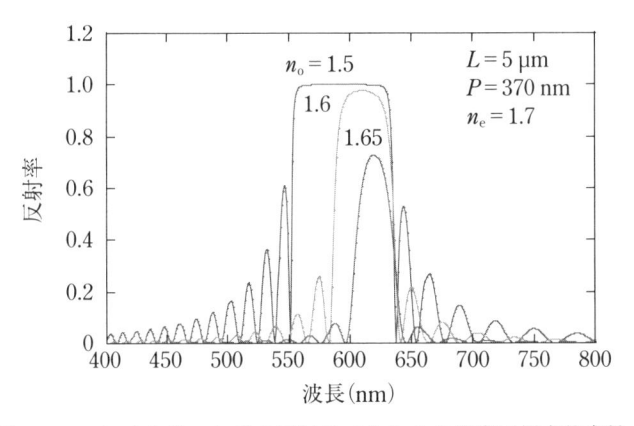

図 7.9　コレステリック相の反射スペクトルの常光屈折率依存性.

第8章

ベクトルホログラム

8.1 薄いベクトルホログラム(偏光ホログラム)の基礎理論

　ホログラム記録において，光学異方性と偏光の概念を導入することを考える．例えば，偏光を照射することによって偏光電場ベクトルに依存した1軸異方性が生じる記録材料(偏光記録媒体と呼ぶ)を考える．偏光記録媒体に第4章で説明した偏光干渉を照射すると，偏光の空間的分布にしたがって1軸異方性分布が生じる．このようにして形成されたホログラムを一般的に**ベクトルホログラム**と呼んでいるが[34～41]，その中でも特に薄い(1次元もしくは2次元)ホログラムは，偏光干渉露光を薄い偏光記録媒体に行うことで得られ，従来から「**偏光ホログラム**(polarization hologram)」と呼ばれ，盛んに研究されてきている[34～36,40]．従来の等方性のホログラフィでは，物体の振幅と位相の情報が記録されるが，ベクトルホログラムではさらに偏光情報も記録されることとなる．偏光ホログラム(薄いベクトルホログラム)は「偏光依存」「偏光変換」などの独特の光学特性を示し，偏光制御型回折格子，偏光多重ホログラム記録，偏光Fourier変換情報処理などの分野で応用が期待されている．

　今，偏光記録媒体に図**8.1**に示す楕円偏光が照射された場合を考える．

　偏光感受率を有する偏光記録媒体においては，楕円偏光のような電場ベクトルに偏りのある光波が照射された場合に，楕円の長軸および短軸方向に誘起される屈折率変化量が異なり，全体として光学異方性(複屈折)を生じさせることとなる．楕円の長軸に平行な方向の屈折率変化量 $\Delta n_{\parallel}$ および垂直な方向の屈折率変化量 $\Delta n_{\perp}$ を次のように書くこととする．

$$\Delta n_{\parallel} = C_{\parallel} a^2 + C_{\perp} b^2 \tag{8.1}$$

$$\Delta n_{\perp} = C_{\perp} a^2 + C_{\parallel} b^2 \tag{8.2}$$

ここで，$C_{\parallel}, C_{\perp}$ は，それぞれ楕円偏光長軸に平行および垂直な方向の偏光記

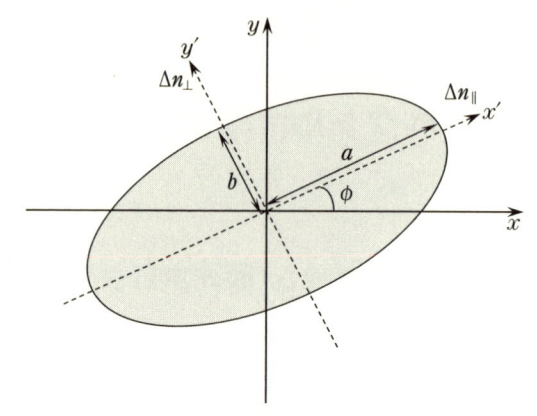

図 8.1 楕円偏光と誘起複屈折.

録媒体の感受率である．もし，$C_\parallel = C_\perp$ か $a = b$（円偏光）の場合には，$\Delta n_\parallel = \Delta n_\perp$ となり光学異方性は誘起されない．さらに，以下の2つのパラメータを導入する．

$$\alpha = \frac{C_\parallel + C_\perp}{2} \tag{8.3}$$

$$\beta = \frac{C_\parallel - C_\perp}{2} \tag{8.4}$$

すると

$$\langle n \rangle = \frac{\Delta n_\parallel + \Delta n_\perp}{2} = \alpha(a^2 + b^2) \tag{8.5}$$

$$\Delta n = \Delta n_\parallel - \Delta n_\perp = 2\beta(a^2 - b^2) \tag{8.6}$$

となる（偏光照射前の材料は等方性であるとしている）．$\langle n \rangle$ は平均誘起屈折率変化であり，Δn は偏光誘起複屈折である．(8.5)式によって平均の屈折率変化は，$a^2 + b^2$ すなわち光強度に比例しており，(8.6)式により異方性は記録光の偏光楕円率に依存していることがわかる．

偏光照射後の屈折率を次のように書く．

$$n = n_0 + n_1 \tag{8.7}$$

第8章 ベクトルホログラム

$$n_1 = \begin{bmatrix} \Delta n_\parallel & 0 \\ 0 & \Delta n_\perp \end{bmatrix} \tag{8.8}$$

ここで，n_0 は偏光照射前の屈折率である．n_1 を媒体の感受率である α, β と楕円偏光のパラメータである a, b を用いて表すと

$$n_1 = \begin{bmatrix} \alpha(a^2+b^2)+\beta(a^2-b^2) & 0 \\ 0 & \alpha(a^2+b^2)-\beta(a^2-b^2) \end{bmatrix} \tag{8.9}$$

となる．ここまでの議論は図 8.1 に示す $x'y'$ 座標系でなされているので，実験室座標系（xy 座標系）での議論にもどすために次のように座標を変換する．

$$n_1(x,y) = \mathbf{R}(-\phi)\,n_1(x',y')\,\mathbf{R}(\phi) \tag{8.10}$$

ただし

$$\mathbf{R}(\phi) = \begin{bmatrix} \cos\phi & \sin\phi \\ -\sin\phi & \cos\phi \end{bmatrix} \tag{8.11}$$

である．したがって

$$n_1(x,y) = \begin{bmatrix} \alpha(a^2+b^2)+\beta(a^2-b^2)\cos(2\phi) & \beta(a^2-b^2)\sin(2\phi) \\ \beta(a^2-b^2)\sin(2\phi) & \alpha(a^2+b^2)-\beta(a^2-b^2)\cos(2\phi) \end{bmatrix} \tag{8.12}$$

となる．今，次の 3 つの Stokes パラメータ

$$S_0 = a^2 + b^2 \tag{8.13}$$
$$S_1 = (a^2-b^2)\cos(2\phi) \tag{8.14}$$
$$S_2 = (a^2-b^2)\sin(2\phi) \tag{8.15}$$

を導入すると

$$n_1(x,y) = \begin{bmatrix} \alpha S_0 + \beta S_1 & \beta S_2 \\ \beta S_2 & \alpha S_0 - \beta S_1 \end{bmatrix} \tag{8.16}$$

となる．これが一般的な偏光誘起複屈折に対するオペレーション行列となる．

8.2 薄いベクトルホログラム（偏光ホログラム）解析の実際

次に，薄い位相型のベクトルホログラム（偏光ホログラム）の場合について，

(8.16)式で与えたオペレーション行列を各種偏光干渉露光の場合に分類して使ってみる．以下は，第1部の第3, 4, 5章の知識を総合的に用いて「偏光の回折現象」を取り扱う典型例となる．

互いに直交した直線偏光(Orthogonal Linear : OL)での書込み

互いに直交する直線偏光を s 偏光と p 偏光とすると，干渉電場は

$$\mathbf{E}_S + \mathbf{E}_R = \begin{bmatrix} \exp(i\xi/2) \\ \exp(-i\xi/2) \end{bmatrix} = \begin{bmatrix} 1 \\ \exp(-i\xi) \end{bmatrix} \exp(i\xi/2) \tag{8.17}$$

となる．ただし

$$\xi = \frac{2\pi x}{\Lambda} \tag{8.18}$$

である．この場合の偏光分布は，**表8.1**のようになる．

表8.1 互いに直交した直線偏光(OL型)の干渉電場分布．

$\mathbf{E}_S$	$\mathbf{E}_R$	$\mathbf{E}_S + \mathbf{E}_R$				
		$\xi=0$	$\xi=\pi/2$	$\xi=\pi$	$\xi=3\pi/2$	$\xi=2\pi$
↕	↔	↗	○	↖	○	↗

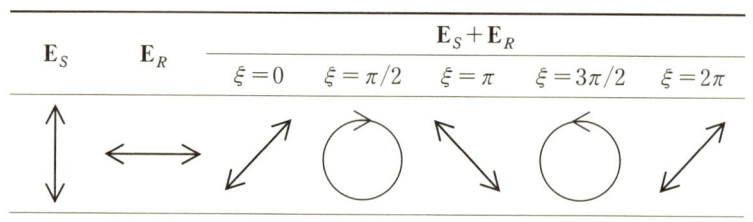

表8.1の偏光分布を見ると，偏光の方位角は常に斜め45°を向いており，その座標系での3つのStokesパラメータで表現すると次のようになる．

$$\begin{cases} S_0 = 1 \\ S_1 = \cos\xi \\ S_2 = 0 \end{cases} \tag{8.19}$$

(8.19)式を(8.16)式に代入すると

$$n_1 = \begin{bmatrix} \alpha + \beta\cos\xi & 0 \\ 0 & \alpha - \beta\cos\xi \end{bmatrix} \tag{8.20}$$

となる．今，薄い位相格子を想定しているので，屈折率が $n = n_0 + n_1$ で，厚さが d の媒体中を光波が伝搬することによって，位相変調を受けることとなるが，位相変調分の内，回折に寄与するのは空間変調している成分のみであ

第8章 ベクトルホログラム

る．また，(8.20)式は対角行列であることにも考慮して，透過行列は次のように与えられる．

$$\mathbf{T}^{(45)} = \exp\left[-i\frac{2\pi}{\lambda}d(n_0+n_1)\right]$$

$$= \exp\left(-i\frac{2\pi}{\lambda}dn_0\right)\exp\begin{bmatrix} -i\frac{2\pi}{\lambda}d(\alpha+\beta\cos\xi) & 0 \\ 0 & -i\frac{2\pi}{\lambda}d(\alpha-\beta\cos\xi) \end{bmatrix}$$

$$= \exp\left(-i\frac{2\pi}{\lambda}dn_0\right)\exp\left(-i\frac{2\pi}{\lambda}d\langle n\rangle\right)\begin{bmatrix} \exp\left(-i\frac{\pi\Delta nd}{\lambda}\cos\xi\right) & 0 \\ 0 & \exp\left(i\frac{\pi\Delta nd}{\lambda}\cos\xi\right) \end{bmatrix}$$

$$= \exp\left(-i\frac{2\pi}{\lambda}dn_0\right)\exp\left(-i\frac{2\pi}{\lambda}d\langle n\rangle\right)\begin{bmatrix} \exp(-i\Delta\varphi\cos\xi) & 0 \\ 0 & \exp(i\Delta\varphi\cos\xi) \end{bmatrix}$$
(8.21)

ただし，$\Delta\varphi = \pi\Delta nd/\lambda$ であり，屈折率異方性空間分布の振幅を与えている．また，空間変調していない，等方的な位相変化(α と n_0 の寄与部分，行列式の前に出ている部分)は省略できる．(8.21)式を展開すると

$$\mathbf{T}^{(45)} = \sum_{m=-\infty}^{\infty}\begin{bmatrix} i^m J_m(-\Delta\varphi)\exp(im\xi) & 0 \\ 0 & i^m J_m(\Delta\varphi)\exp(im\xi) \end{bmatrix} \quad (8.22)$$

となる．(8.22)式の m は回折光の次数に相当しており，0次および±1次の回折光に対する透過行列は，Bessel 関数の偶奇性を考慮して

$$\mathbf{T}_0^{45} = \begin{bmatrix} J_0(-\Delta\varphi) & 0 \\ 0 & J_0(\Delta\varphi) \end{bmatrix} = J_0(\Delta\varphi)\begin{bmatrix} 1 & 0 \\ 0 & 1 \end{bmatrix} \quad (8.23)$$

$$\mathbf{T}_{\pm 1}^{45} = \pm\exp(\pm i\xi)\begin{bmatrix} iJ_1(-\Delta\varphi) & 0 \\ 0 & iJ_1(\Delta\varphi) \end{bmatrix} = \mp i\exp(\pm i\xi)J_1(\Delta\varphi)\begin{bmatrix} 1 & 0 \\ 0 & -1 \end{bmatrix}$$
(8.24)

となる．これらの透過行列表記は斜め45°に傾いた座標系であることに留意すべきである．実際には，実験室座標系(xy 座標系)に戻す必要があり

$$\mathbf{T} = \mathbf{R}(-45°)\cdot\mathbf{T}^{(45)}\cdot\mathbf{R}(45°) \quad (8.25)$$

として

$$\mathbf{T}_{\pm 1} = \mp i\exp(\pm i\xi) J_1(\Delta\varphi)\begin{bmatrix} 0 & 1 \\ 1 & 0 \end{bmatrix} \quad (8.26)$$

となる．0次光については(8.23)式のままである．

　入射光のJonesベクトルを$\mathbf{P}$と書くと，出力光のJonesベクトル$\mathbf{E}$は

$$\mathbf{E} = \mathbf{T} \cdot \mathbf{P} \quad (8.27)$$

で与えられる．0次光の透過行列は，(8.23)式にあるように単位行列となっているので，入射光の偏光状態には関係なく回折光の偏光状態は変化せず，出力は$[J_0(\Delta\varphi)]^2$で与えられる．入射光としてx軸から角度ϑだけ傾いた直線偏光を考えると，±1次の回折光は(8.26)式から

$$\mathbf{E}_{\pm 1} = \mp i J_1(\Delta\varphi)\begin{bmatrix} 0 & 1 \\ 1 & 0 \end{bmatrix}\begin{bmatrix} \cos\vartheta \\ \sin\vartheta \end{bmatrix} = \mp i J_1(\Delta\varphi)\begin{bmatrix} \sin(\vartheta) \\ \cos(\vartheta) \end{bmatrix} \quad (8.28)$$

となる．(8.28)式から，$\vartheta = 0°$（偏光方位角がx軸方向）であれば，偏光方位角は$\vartheta = 90°$に変換される．また$\vartheta = 90°$であれば，$\vartheta = 0°$に変換されることがわかる．さらに$\vartheta = 45°$であれば，$\cos\vartheta = \sin\vartheta$であるので偏光状態は変化しない．これらの性質は，±1次の回折光に対しては，ちょうど±45°の方向に傾いた$\lambda/2$板と同等に働いていることを意味している．また回折効率は，$[J_1(\Delta\varphi)]^2$で与えられ，入射光の偏光方位角には依存しない．

　さらに，±2次の回折光については

$$\mathbf{E}_{\pm 2} = J_2(\Delta\varphi)\begin{bmatrix} 1 & 0 \\ 0 & 1 \end{bmatrix}\begin{bmatrix} \cos\vartheta \\ \sin\vartheta \end{bmatrix} = J_2(\Delta\varphi)\begin{bmatrix} \cos\vartheta \\ \sin\vartheta \end{bmatrix} \quad (8.29)$$

となり，偏光は変換されない．回折効率は，$[J_2(\Delta\varphi)]^2$で与えられ，入射光の偏光方位角には依存しない．これらの一連の関係はすべてBessel関数の偶奇性に起因しており，奇数次の回折光については(8.26)式と同等の偏光変換がなされ，偶数次の回折光の偏光は変換されないということが一般的に言える．これらの一連の偏光回折特性を図**8.2**にまとめる．

　次に，入射光として円偏光を使った場合について考える．この場合も0次光の透過行列は，(8.23)式にあるように単位行列となっているので，入射光の偏光状態には関係なく偏光状態は変化せず，出力は$[J_0(\Delta\varphi)]^2$で与えられる．入射光として左回り円偏光を入射させた場合の±1次の回折光は

第 8 章 ベクトルホログラム

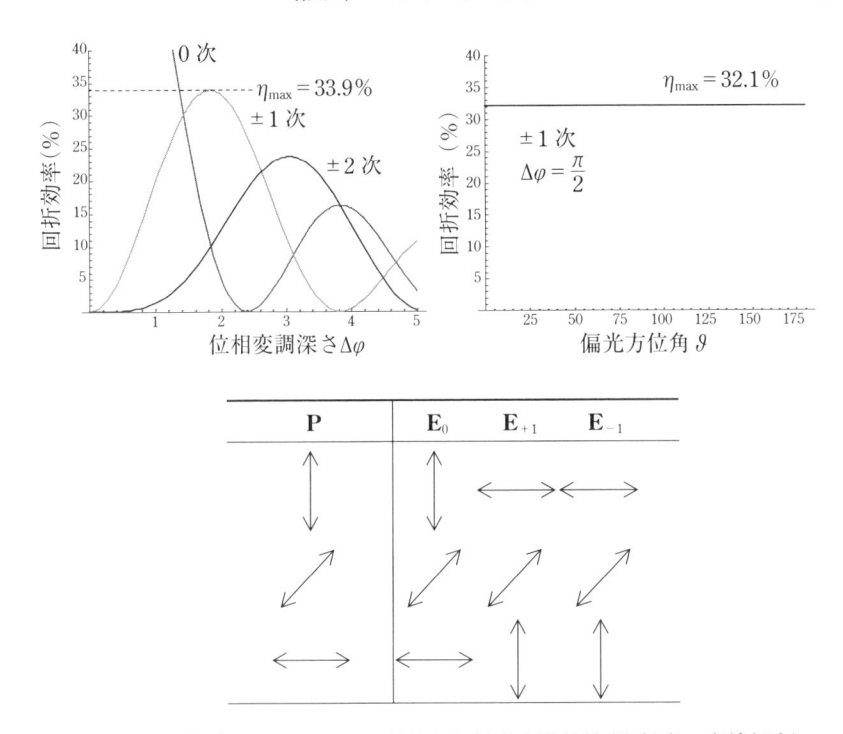

図 8.2 OL 型偏光ホログラムの回折効率と偏光変換特性（入射光：直線偏光）．

$$\mathbf{E}_{\pm 1} = \mp i J_1(\Delta\varphi) \begin{bmatrix} 0 & 1 \\ 1 & 0 \end{bmatrix} \begin{bmatrix} 1 \\ -i \end{bmatrix} = \mp i J_1(\Delta\varphi) \begin{bmatrix} -i \\ 1 \end{bmatrix} \tag{8.30}$$

となり，回折光は右回り円偏光に変換され，回折効率は $[J_1(\Delta\varphi)]^2$ で与えられる．同様に，入射光として右回り円偏光を入射させた場合の ±1 次の回折光は

$$\mathbf{E}_{\pm 1} = \mp i J_1(\Delta\varphi) \begin{bmatrix} 0 & 1 \\ 1 & 0 \end{bmatrix} \begin{bmatrix} 1 \\ i \end{bmatrix} = \mp i J_1(\Delta\varphi) \begin{bmatrix} i \\ 1 \end{bmatrix} \tag{8.31}$$

となり，回折光は左回り円偏光に変換され，回折効率は，$[J_1(\Delta\varphi)]^2$ で与えられる．また ±2 次の回折光については

$$\mathbf{E}_{\pm 2} = J_2(\Delta\varphi) \begin{bmatrix} 1 & 0 \\ 0 & 1 \end{bmatrix} \begin{bmatrix} 1 \\ -i \end{bmatrix} = J_2(\Delta\varphi) \begin{bmatrix} 1 \\ -i \end{bmatrix} \tag{8.32}$$

$$\mathbf{E}_{\pm 2} = J_2(\Delta\varphi)\begin{bmatrix}1 & 0\\0 & 1\end{bmatrix}\begin{bmatrix}1\\i\end{bmatrix} = J_2(\Delta\varphi)\begin{bmatrix}1\\i\end{bmatrix} \tag{8.33}$$

となり,偏光は変換されず,回折効率は $[J_2(\Delta\varphi)]^2$ で与えられる.これらの一連の結果が Bessel 関数の偶奇性に起因していることは,直線偏光の入射光を用いた場合と同様である.これらの一連の偏光回折特性を**図 8.3** にまとめる.

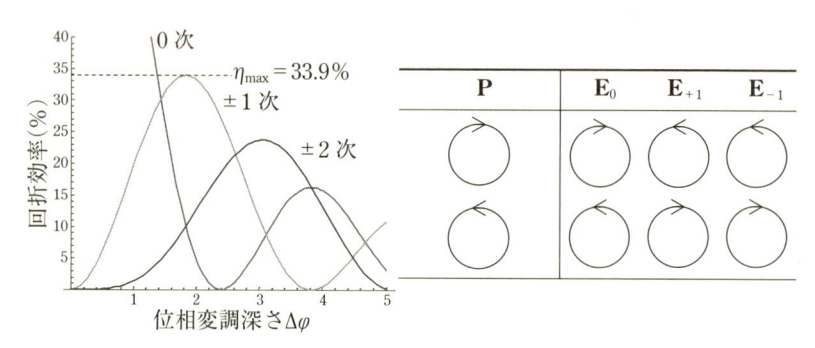

図 8.3 OL 型偏光ホログラムの回折効率と偏光変換特性(入射光:円偏光).

次に,互いに直交した直線偏光の干渉であるが,±45°の偏光方位角での偏光干渉を考える.この場合の偏光干渉は,**表 8.2** のようになる.

表 8.2 ±45°の直線偏光の偏光干渉.

この場合は,(8.24)式に示した透過行列がそのまま実験室座標系で使える.したがって偏光方位角 ϑ の直線偏光を入射すると

$$\mathbf{E}_{\pm 1} = \mp iJ_1(\Delta\varphi)\begin{bmatrix}1 & 0\\0 & -1\end{bmatrix}\begin{bmatrix}\cos\vartheta\\\sin\vartheta\end{bmatrix} = \mp iJ_1(\Delta\varphi)\begin{bmatrix}\cos(-\vartheta)\\\sin(-\vartheta)\end{bmatrix} \tag{8.34}$$

となり,偏光方位角が $-\vartheta$ の直線偏光となる.これは,水平方向を中心とし

第8章　ベクトルホログラム

表 8.3　±45° の直線偏光の偏光干渉で形成された OL 型偏光ホログラムの偏光変換特性.

P	E_0	$E_{\pm 1}$	E_1
↕	↕	↕	↕
↗↙	↙↗	↙↗	↙↗
↔	↔	↔	↔

て偏光方位角が 2.9 回転することであり，偏光ホログラムが水平方位の 1/2 波長板として作用することを示している．偏光変換特性を**表 8.3** にまとめる．

互いに直交した円偏光 (Orthogonal Circular : OC) での書込み

左右の円偏光を干渉させたときの干渉電場は

$$\mathbf{E}_S + \mathbf{E}_R = \frac{2}{\sqrt{2}} \begin{bmatrix} \cos(\xi/2) \\ -\sin(\xi/2) \end{bmatrix} \tag{8.35}$$

となる．このときの偏光状態は偏光方位が位置 x に依存した直線偏光となることがわかり，その方位は位置 x に比例して回転することになる．

表 8.4　左右円偏光 (OC 型) の干渉.

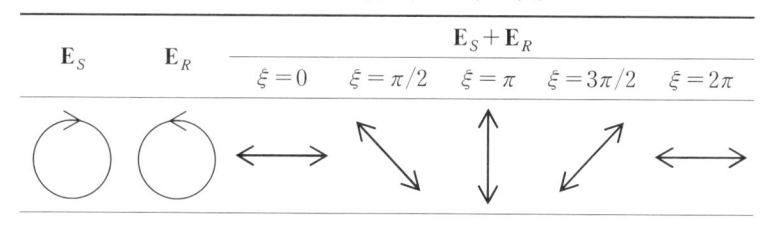

$\mathbf{E}_S$	$\mathbf{E}_R$	$\mathbf{E}_S + \mathbf{E}_R$				
		$\xi=0$	$\xi=\pi/2$	$\xi=\pi$	$\xi=3\pi/2$	$\xi=2\pi$
↻	↻	↔	↙↗	↕	↘↖	↔

この場合には，ξ の値によって（格子の場所によって）偏光方位角が異なるため，ξ に依存した回転行列を考える必要がある．また，生じる偏光はすべての

場所で直線偏光であるので,誘起される複屈折による位相差は ξ によらず $\Delta\varphi = \pi\Delta nd/\lambda$ である.以上のことから,透過行列は次のように与えられる.

$$\begin{aligned}\mathbf{T}(\xi) &= \mathbf{R}\left(-\frac{\xi}{2}\right)\cdot\mathbf{T}(0)\cdot\mathbf{R}\left(\frac{\xi}{2}\right) \\ &= \exp\left(-i\frac{2\pi}{\lambda}dn_0\right)\exp\left(-i\frac{2\pi}{\lambda}d\langle n\rangle\right)\mathbf{R}\left(-\frac{\xi}{2}\right)\cdot\begin{bmatrix}\exp(-i\Delta\varphi) & 0 \\ 0 & \exp(i\Delta\varphi)\end{bmatrix}\cdot\mathbf{R}\left(\frac{\xi}{2}\right) \\ &\propto \begin{bmatrix}\cos(\Delta\varphi)-i\sin(\Delta\varphi)\cos\xi & i\sin(\Delta\varphi)\sin\xi \\ i\sin(\Delta\varphi)\sin\xi & \cos(\Delta\varphi)+i\sin(\Delta\varphi)\cos\xi\end{bmatrix}\end{aligned} \quad (8.36)$$

これは $\mathbf{T} = \mathbf{T}_0 + \mathbf{T}_{\pm 1}$ の形に展開できて

$$\mathbf{T}_0 = \cos(\Delta\varphi)\begin{bmatrix}1 & 0 \\ 0 & 1\end{bmatrix} \quad (8.37)$$

$$\mathbf{T}_{\pm 1} = \frac{\sin(\Delta\varphi)}{2}\exp(\pm i\xi)\begin{bmatrix}1 & \mp i \\ \mp i & -1\end{bmatrix} \quad (8.38)$$

となる.(8.37)式から0次光の透過行列は,単位行列となっているので,入射光の偏光状態には関係なく偏光状態は変化せず,出力は $\cos^2(\Delta\varphi)$ で与えられる.さらに±1次の回折光について考察する.今,入射光のJonesベクトルを次のように書く.

$$\mathbf{P} = \begin{bmatrix}A_x\exp(i\delta) \\ A_y\end{bmatrix} = \begin{bmatrix}\sin\Psi\exp(i\delta) \\ \cos\Psi\end{bmatrix} \quad (8.39)$$

ここで,δ は光電場ベクトル波の y 成分および x 成分の位相差 ($\delta = \delta_y - \delta_x$) であり,$\Psi$ は振幅比角であり $\tan\Psi = A_x/A_y$ で定義される.このとき±1次の回折光は次のように求められる.

$$\begin{aligned}\mathbf{E}_{\pm 1} &= \mathbf{T}_{\pm 1}\cdot\mathbf{P} \\ &= \frac{\sin(\Delta\varphi)}{2}\exp(\pm i\xi)\begin{bmatrix}1 & \mp i \\ \mp i & -1\end{bmatrix}\begin{bmatrix}\sin\Psi\exp(i\delta) \\ \cos\Psi\end{bmatrix} \\ &= \frac{\sin(\Delta\varphi)}{2}\exp(\pm i\xi)\begin{bmatrix}\sin\Psi\exp(i\delta)\mp i\cos\Psi \\ \mp i\sin\Psi\exp(i\delta)-\cos\Psi\end{bmatrix} \\ &= \frac{\sin(\Delta\varphi)}{2}\exp(\pm i\xi)(\sin\Psi\cos\delta + i\sin\Psi\sin\delta \mp i\cos\Psi)\begin{bmatrix}1 \\ \pm i\end{bmatrix}\end{aligned} \quad (8.40)$$

この結果から,OC型偏光ホログラムの回折光は入射光の偏光状態に無関係に

第 8 章　ベクトルホログラム　　　　　　　　　　　155

左右の円偏光となることがわかる．また OL 型偏光ホログラムと異なり，高次回折光は発生しない．(8.40)式より OC 型偏光ホログラムの回折効率は

$$\eta_{\pm} = \frac{\sin^2(\Delta\varphi)}{2}(1 \mp 2\sin\Psi\cos\Psi\sin\delta) \tag{8.41}$$

となり，入射光の偏光状態 (δ, Ψ) に依存する．$\delta = 0$ のときには，入射光の偏光状態は，直線偏光となり，その回折効率は $\eta_{\pm} = \sin^2(\Delta\varphi)/2$ となる．次に回折光の偏光状態について考える．入射光として x 軸から角度 ϑ だけ傾いた直線偏光を考えると，±1 次の回折光は

$$\mathbf{E}_{\pm 1} = \frac{\sin(\Delta\varphi)}{2}\begin{bmatrix} 1 & \mp i \\ \mp i & -1 \end{bmatrix}\begin{bmatrix} \cos\vartheta \\ \sin\vartheta \end{bmatrix} = \frac{\sin(\Delta\varphi)}{2}\begin{bmatrix} \cos\vartheta \mp i\sin\vartheta \\ \mp i\cos\vartheta - \sin\vartheta \end{bmatrix}$$

$$= \frac{\sin(\Delta\varphi)}{2}(\cos\vartheta \mp i\sin\vartheta)\begin{pmatrix} 1 \\ \mp i \end{pmatrix} \tag{8.42}$$

となる．(8.42)式から，回折光の偏光状態は直線偏光方位角 ϑ に依存せず，左右の円偏光として回折される．これらの結果を図 **8.4** にまとめる．

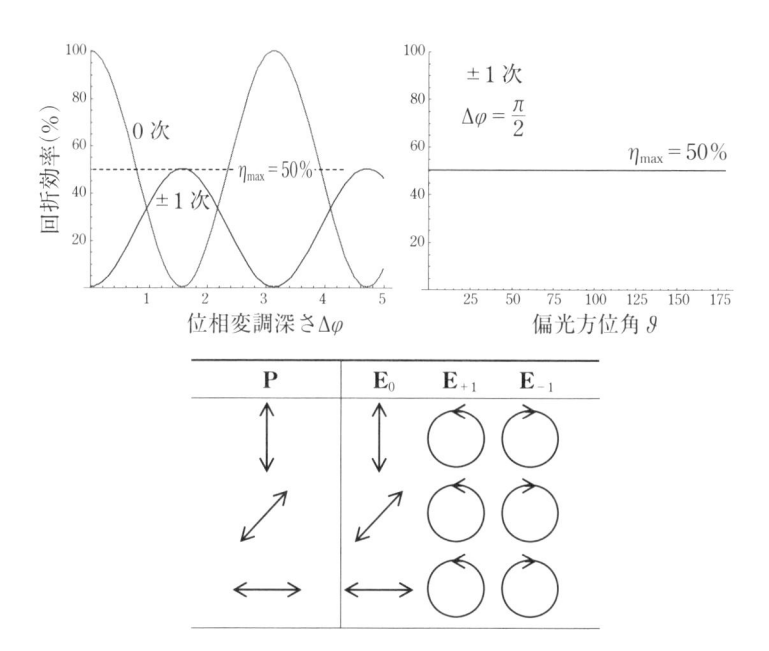

図 **8.4**　OC 型偏光ホログラムの回折効率と偏光変換特性(入射光：直線偏光)．

次に入射光の偏光状態が円偏光の場合を考える．このときには $\tan \Psi = 1$, $\delta = \pi/2$ であり，$\sin \Psi = \cos \Psi = 1/\sqrt{2}$ となり

$$\eta_{\pm} = \frac{\sin^2(\Delta\varphi)}{2}(1 \mp 1) \tag{8.43}$$

となる．(8.43)式からわかるように，入射光の偏光状態が円偏光のときは，±1次の回折光のいずれかの回折効率が最大100%となり反対次数の回折光は発生しない．入射光として右回り円偏光を入射させた場合には，±1次の回折光電場は

$$\mathbf{E}_{\pm 1} = \frac{\sin(\Delta\varphi)}{2}\begin{bmatrix} 1 & \mp i \\ \mp i & -1 \end{bmatrix}\begin{bmatrix} 1 \\ i \end{bmatrix} = \frac{\sin(\Delta\varphi)}{2}\begin{bmatrix} 1 \pm 1 \\ \mp i - i \end{bmatrix} \tag{8.44}$$

となる．(8.44)式から，回折光は+1次側のみの左回り円偏光に偏光変換される．逆に入射光として左回り円偏光を用いると回折光は-1次側のみの右回り円偏光に変換される．以上の結果をまとめると，**図 8.5** のようになる．

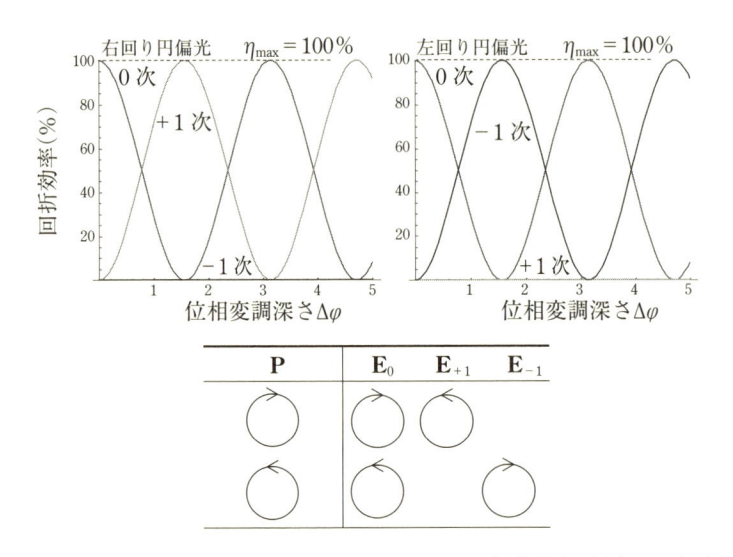

図 8.5 OC 型偏光ホログラムの回折効率と偏光変換特性（入射光：円偏光）．

最後に入射光の偏光状態が一般的に楕円であるときについて考える．楕円偏光のときには，±1次の両方の回折光が発生し，(8.40)式から偏光状態は左右

第 8 章　ベクトルホログラム

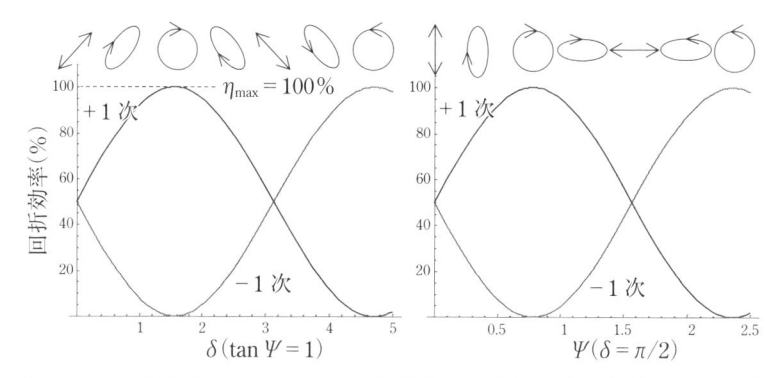

図 8.6 OC 型偏光ホログラムの回折効率の偏光楕円率依存性．$\Delta\varphi = \pi/2$ として計算．

の円偏光となる．回折効率は (8.41) 式で決まり，入射光の偏光状態 (δ, Ψ) に依存する．これらの一連の依存性を図 8.6 にまとめる．**図 8.6** に示すように，回折効率は，偏光方位角に無関係であり（当然直線偏光の場合も偏光方位角に無関係），$\Delta\varphi = \pi/2$ であれば +1 次の回折効率と -1 次の回折効率の和は 100% であり，その比は楕円率に依存する．またすでに述べてきているように，回折光の偏光は常に互いに逆回りの円偏光である．

互いに直交した楕円偏光（Orthogonal Ellipsoid : OE）での書込み

　互いに直交する楕円偏光として，楕円の長軸・短軸比が $a:b$，偏光方位角が $0°$ と $90°$ の右回りおよび左回りの楕円偏光を考える．両者の Jones ベクトルは，$a^2 + b^2 = 1$ とすると

$$\mathbf{E}_S = \begin{bmatrix} -ai \\ b \end{bmatrix} \exp(-i\xi/2) \tag{8.45}$$

$$\mathbf{E}_R = \begin{bmatrix} ib \\ a \end{bmatrix} \exp(i\xi/2) \tag{8.46}$$

で与えられる．このときの干渉縞は**表 8.5** のように偏光変調されたものとなる．

　干渉電場は
$$\mathbf{E} = \mathbf{E}_S + \mathbf{E}_R$$

第2部　偏光伝搬解析の応用

表 8.5　直交した楕円偏光の干渉.

$$= \begin{bmatrix} -ai\exp(-i\xi/2) + ib\exp(i\xi/2) \\ b\exp(-i\xi/2) + a\exp(i\xi/2) \end{bmatrix}$$

$$= \begin{bmatrix} -i(a-b)\cos(\xi/2) - (a+b)\sin(\xi/2) \\ (a+b)\cos(\xi/2) + i(a-b)\sin(\xi/2) \end{bmatrix} \tag{8.47}$$

となる．これから，例えば $\xi=0$ のとき

$$\mathbf{E} = \begin{bmatrix} -i(a-b) \\ a+b \end{bmatrix} \tag{8.48}$$

であり，楕円率が $(a-b)/(a+b)$ の楕円偏光，$\xi=\pi/2$ のとき

$$\mathbf{E} = \frac{a+b+i(a-b)}{\sqrt{2}} \begin{bmatrix} -1 \\ 1 \end{bmatrix} \tag{8.49}$$

となり，斜め 45°の直線偏光となる．このようにして，偏光方位は位置 x に依存した楕円偏光となることがわかり，楕円率は，0から $(a-b)/(a+b)$ まで変化することになる．今，座標軸を 45°回転させて考えると，この場合には，偏光変調された干渉光は**表 8.6** のようになる．

この場合の Stokes パラメータは

$$S_0 = 1 \tag{8.50}$$

表 8.6　斜め 45°の直交した楕円偏光の干渉.

第8章 ベクトルホログラム

$$S_1 = \sin \xi \tag{8.51}$$

$$S_2 = \frac{1}{2}[(a+b)^2 - (a-b)^2]\cos\xi \equiv 2ab\cos\xi \tag{8.52}$$

と書ける．したがって(8.16)式は

$$n_1(x,y) = \begin{bmatrix} \alpha + \beta\sin\xi & 2\beta ab\cos\xi \\ 2\beta ab\cos\xi & \alpha - \beta\sin\xi \end{bmatrix}$$

$$= \alpha\begin{bmatrix} 1 & 0 \\ 0 & 1 \end{bmatrix} + \beta\begin{bmatrix} \sin\xi & 2ab\cos\xi \\ 2ab\cos\xi & -\sin\xi \end{bmatrix} \tag{8.53}$$

となる．(8.53)式の第1項は，等方的な屈折率変化を表していて回折計算では無視できる．今，透過行列は

$$\mathbf{T} = \exp\left[i\frac{2\pi d}{\lambda}(n_0 + n_1)\right] \tag{8.54}$$

で与えられるが，非対角行列に対してこの厳密な展開を行うことは容易ではない．そこで，$\Delta\varphi = \pi\Delta nd/\lambda$ が十分に小さく $J_1(\Delta\varphi) \simeq \sin(\Delta\varphi)/2 \simeq \Delta\varphi/2$ と近似できる場合を考えると，回折光の透過行列は

$$\mathbf{T}_{+1} = \frac{\Delta\varphi}{2}\begin{bmatrix} 1 & 2abi \\ 2abi & -1 \end{bmatrix} \tag{8.55}$$

と書ける．今，入射光として，垂直方向に向いた直線偏光を考えると

$$\mathbf{E}_{+1} = \frac{\Delta\varphi}{2}\begin{bmatrix} 1 & 2abi \\ 2abi & -1 \end{bmatrix}\begin{bmatrix} 0 \\ 1 \end{bmatrix} = \frac{\Delta\varphi}{2}\begin{bmatrix} 2abi \\ -1 \end{bmatrix} \tag{8.56}$$

となる．(8.56)式から偏光方位角は垂直方向に向いた楕円偏光であり，偏光楕円率は $2ab$ となる．また，入射光として斜め$45°$の直線偏光を入射させると

$$\mathbf{E}_{+1} = \frac{\Delta\varphi}{2\sqrt{2}}\begin{bmatrix} 1 & 2abi \\ 2abi & -1 \end{bmatrix}\begin{bmatrix} 1 \\ 1 \end{bmatrix} = \frac{\Delta\varphi}{2\sqrt{2}}\begin{bmatrix} 1 + 2abi \\ -1 + 2abi \end{bmatrix} \tag{8.57}$$

となり，偏光方位は$90°$回転し，偏光楕円率はやはり $2ab$ となる．今 $k = b/a$ とすると，回折光の楕円率は

$$\chi = \frac{2k}{1+k^2} \tag{8.58}$$

となる．また回折効率は

$$\eta_{\pm 1} = \left(\frac{\Delta\varphi}{2}\right)^2\left[\left(\frac{2k}{1+k^2}\right)^2 + 1\right] \tag{8.59}$$

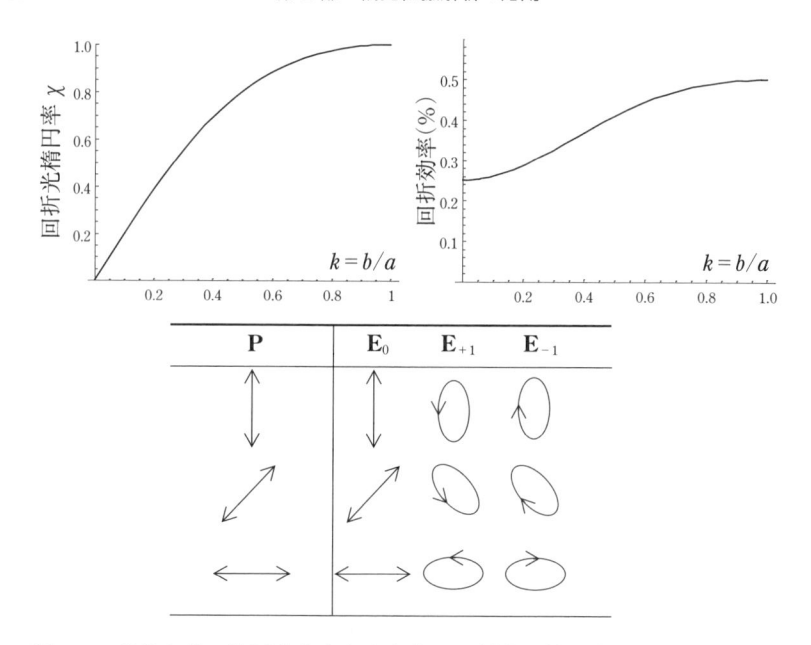

図 8.7 書込み光の楕円率を変えたときの回折光の楕円率と回折効率(入射光：直線偏光)$\Delta\varphi = 0.1$.

で与えられる．これらの結果をまとめると，図 8.7 のようになる．

入射光として右回り円偏光を入射すると

$$\mathbf{E}_{+1} = \frac{\Delta\varphi}{2}\begin{bmatrix} 1 & 2abi \\ 2abi & -1 \end{bmatrix}\begin{bmatrix} 1 \\ i \end{bmatrix} = \frac{\Delta\varphi}{2}(1-2ab)\begin{bmatrix} 1 \\ -i \end{bmatrix} \tag{8.60}$$

となり，左回り円偏光として回折される．回折効率は

$$\eta_{+1} = \left(\frac{\Delta\varphi}{2}\right)^2 \left(1 - \frac{2k}{1+k^2}\right)^2 \tag{8.61}$$

となる．入射光として左回り円偏光を入射すると

$$\mathbf{E}_{+1} = \frac{\Delta\varphi}{2}\begin{bmatrix} 1 & 2abi \\ 2abi & -1 \end{bmatrix}\begin{bmatrix} 1 \\ -i \end{bmatrix} = \frac{\Delta\varphi}{2}(1+2ab)\begin{bmatrix} 1 \\ i \end{bmatrix} \tag{8.62}$$

となり，右回り円偏光として回折される．回折効率は

$$\eta_{+1} = \left(\frac{\Delta\varphi}{2}\right)^2 \left(1 + \frac{2k}{1+k^2}\right)^2 \tag{8.63}$$

第8章　ベクトルホログラム

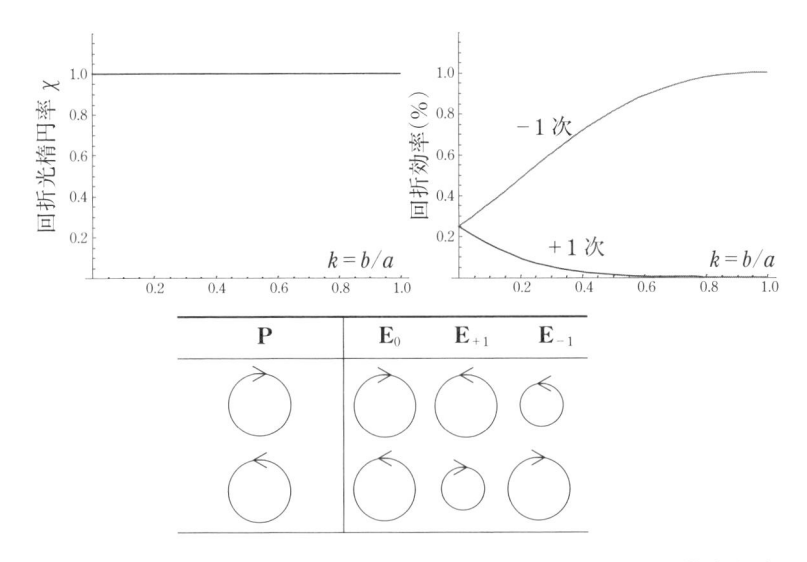

図8.8　書込み光の楕円率を変えたときの回折光の楕円率と回折効率（入射光：円偏光）$\Delta\varphi=0.1$.

となる．これらの結果をまとめると，**図8.8**のようになる．

以上の結果は，あくまで$\Delta\varphi$の値が$J_1(\Delta\varphi)\simeq\sin(\Delta\varphi)/2\simeq\Delta\varphi/2$の関係を満足するくらい小さい条件の下での比較である．これらの関数をプロットすると，**図8.9**のようになり，おおむね$\Delta\varphi\leq0.2$でこの条件が満足されているのがわかる．もしこの範囲を超えた場合の回折特性については数値計算によって求めるのが現実的である．

数値計算においては，回折格子を格子ベクトル方向に分割し，その分割領域内での異方性は均一であると見なす．個々の領域では図8.1に示される複屈折が誘起されており，その透過電場は

$$\mathbf{E}_{\text{out}}=\begin{bmatrix}E'_x\\E'_y\end{bmatrix}=\mathbf{R}(-\phi_{x_0})\begin{bmatrix}\exp\left(-i\dfrac{2\pi\Delta n_{x_0}d}{\lambda}\right) & 0\\ 0 & \exp\left(-i\dfrac{2\pi\Delta n_{x_0}d}{\lambda}\right)\end{bmatrix}\mathbf{R}(\phi_{x_0})\cdot\mathbf{E}_{\text{in}}$$

(8.64)

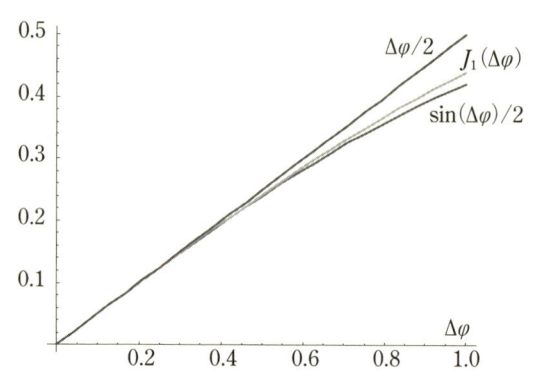

図 8.9 (8.63)式が成立するための主要関数値の比較.図中の3つの関数の値がほぼ等しい範囲で近似が成立する.

と求められる.ただし,添え字の x_0 は格子状の位置を表している.このようにして各位置 x_0 を透過してきた光電場の分布を求めることができるので,回折光として下記のように遠方解を計算する.

$$u_x(x) = \int E'_x \exp\left(i\frac{2\pi z_0}{\lambda}\right)\exp\left(-i\frac{2\pi}{\lambda z_0}xx_0\right)dx_0 \tag{8.65}$$

$$u_y(x) = \int E'_y \exp\left(i\frac{2\pi z_0}{\lambda}\right)\exp\left(-i\frac{2\pi}{\lambda z_0}xx_0\right)dx_0 \tag{8.66}$$

$u_x(x)$ および $u_y(x)$ は,十分遠方である z_0 での回折光の複素電場であるので,これから回折光の偏光状態および回折効率を決めることができる.

互いに直交した振幅の異なる直線偏光での書込み

直線偏光で偏光方向が互いに直交しているが,振幅が異なる場合について考える.振幅の比を $1:a$ とすると,両者の Jones ベクトルは

$$\mathbf{E}_S = \begin{bmatrix} 0 \\ a \end{bmatrix}\exp(-i\xi/2) \tag{8.67}$$

$$\mathbf{E}_R = \begin{bmatrix} 1 \\ 0 \end{bmatrix}\exp(i\xi/2) \tag{8.68}$$

第 8 章　ベクトルホログラム

となる. これらの和をとると

$$\mathbf{E}_S + \mathbf{E}_R = \frac{1}{\sqrt{1+a^2}} \begin{bmatrix} \exp(i\xi/2) \\ a\exp(-i\xi/2) \end{bmatrix} = \frac{1}{\sqrt{1+a^2}} \begin{bmatrix} 1 \\ a\exp(-i\xi) \end{bmatrix} \exp(i\xi/2)$$
(8.69)

となり，偏光分布は**表 8.7**のようになる.

表 8.7　振幅の異なる直線偏光の干渉.

$\mathbf{E}_S$	$\mathbf{E}_R$	$\mathbf{E}_S + \mathbf{E}_R$				
		$\xi = 0$	$\xi = \pi/2$	$\xi = \pi$	$\xi = 3\pi/2$	$\xi = 2\pi$
↕	↔	↗	◯	↙	◯	↗

(8.69)式は，次のように書ける.

$$\mathbf{E}_S + \mathbf{E}_R = \frac{1}{\sqrt{1+a^2}} \begin{bmatrix} 1 \\ a\exp(-i\xi) \end{bmatrix} \exp(i\xi/2)$$

$$= \frac{1}{\sqrt{1+a^2}} \begin{bmatrix} 1 \\ \exp(-i\xi) \end{bmatrix} \exp(i\xi/2) + \frac{1}{\sqrt{1+a^2}} \begin{bmatrix} 0 \\ a-1 \end{bmatrix} \exp(-i\xi/2)$$
(8.70)

(8.70)式の第 1 項は互いに直交する振幅の等しい直線偏光の干渉電場であり，第 2 項は場所によらない一様な直線偏光成分である. 第 1 項に対する透過行列は(8.23)および(8.24)式で与えられている. また第 2 項は，変調しない一様な複屈折を媒体に誘起することになり，回折格子透過の際に一様な位相差を与えることとなる. 結果として $\Delta\varphi = \pi\Delta nd/\lambda$ に対する総透過行列は以下のように与えられる.

$$\mathbf{T}_0 = J_0\left(\frac{2}{1+a^2}\Delta\varphi\right) \begin{bmatrix} \exp\left[i\frac{(a-1)^2}{1+a^2}\Delta\varphi\right] & 0 \\ 0 & \exp\left[-i\frac{(a-1)^2}{1+a^2}\Delta\varphi\right] \end{bmatrix} \begin{bmatrix} 1 & 0 \\ 0 & 1 \end{bmatrix}$$
(8.71)

$$\mathbf{T}_{\pm 1} = J_1\left(\frac{2}{1+a^2}\Delta\varphi\right) \begin{bmatrix} \exp\left[i\frac{(a-1)^2}{1+a^2}\Delta\varphi\right] & 0 \\ 0 & \exp\left[-i\frac{(a-1)^2}{1+a^2}\Delta\varphi\right] \end{bmatrix} \begin{bmatrix} 0 & 1 \\ 1 & 0 \end{bmatrix}$$
(8.72)

今,入射光として偏光方位角が ϑ の直線偏光を入射させた場合を考えると,0次光は

$$\begin{aligned}\mathbf{E}_0 &= J_0\left(\frac{2}{1+a^2}\Delta\varphi\right) \begin{bmatrix} \exp(i\varepsilon\Delta\varphi) & 0 \\ 0 & \exp(-i\varepsilon\Delta\varphi) \end{bmatrix} \begin{bmatrix} 1 & 0 \\ 0 & 1 \end{bmatrix} \begin{bmatrix} \cos\vartheta \\ \sin\vartheta \end{bmatrix} \\ &= J_0\left(\frac{2}{1+a^2}\Delta\varphi\right) \begin{bmatrix} \cos\vartheta\exp(i\varepsilon\Delta\varphi) \\ \sin\vartheta\exp(-i\varepsilon\Delta\varphi) \end{bmatrix}\end{aligned}$$
(8.73)

となる.ただし

$$\varepsilon = \frac{(a-1)^2}{1+a^2}$$
(8.74)

とおいている.(8.73)式から $\vartheta = 0, \pi/2$ のときは直線偏光のままである.また,xy 両成分の電場振幅比 (A_y/A_x) で決まる振幅比角 α(楕円の長軸の方位とは異なることに注意が必要である)は

$$\alpha = \tan^{-1}\left(\frac{\sin\vartheta}{\cos\vartheta}\right) = \vartheta$$
(8.75)

となり,入射偏光方位角と一致する.楕円の長軸の方位である偏光方位角は

$$\psi = \frac{1}{2}\tan^{-1}\left[\tan(2\alpha)\cos(2\varepsilon\Delta\varphi)\right]$$
(8.76)

で与えられる.入射光の偏光方位角が $\vartheta = 0, \pi/4, \pi/2$ のときは,出射光の偏光方位角は入射光と変わらないが,その他の場合には,(8.76)式に応じて,偏光方位角も変換されることとなる.楕円偏光の長軸と短軸の比で定義する楕円率は

$$k = \tan\chi$$
(8.77)

ただし

$$\chi = \frac{1}{2}\sin^{-1}\left[\sin(2\alpha)\sin(2\varepsilon\Delta\varphi)\right]$$
(8.78)

である.また0次光強度は

第 8 章　ベクトルホログラム

$$I_0 = \left[J_0\!\left(\frac{2}{1+a^2}\Delta\varphi \right) \right]^2 \tag{8.79}$$

となる．

次に ±1 次回折光の電場は

$$\begin{aligned}
\mathbf{E}_{\pm 1} &= J_1\!\left(\frac{2}{1+a^2}\Delta\varphi \right)\begin{bmatrix} \exp[i\varepsilon\Delta\varphi] & 0 \\ 0 & \exp[-i\varepsilon\Delta\varphi] \end{bmatrix}\begin{bmatrix} 0 & 1 \\ 1 & 0 \end{bmatrix}\begin{bmatrix} \cos\vartheta \\ \sin\vartheta \end{bmatrix} \\
&= J_1\!\left(\frac{2}{1+a^2}\Delta\varphi \right)\begin{bmatrix} \sin\vartheta\exp[i\varepsilon\Delta\varphi] \\ \cos\vartheta\exp[-i\varepsilon\Delta\varphi] \end{bmatrix}
\end{aligned} \tag{8.80}$$

となり，振幅比角 a は，45° の方向に傾いた $\lambda/2$ 板を透過した場合と同等に変換される（入射偏光が x 軸方向を向いていれば y 軸方向に，45° を向いていれば変換されない）．±1 次回折光の楕円率は 0 次光と同じである．また，回折効率は

$$\eta_{\pm 1} = \left[J_1\!\left(\frac{2}{1+a^2}\Delta\varphi \right) \right]^2 \tag{8.81}$$

で与えられ，入射光の偏光方位角には依存しない．

ここまでの結果をまとめると，図 **8.10** のようになる．0 次光および回折光は，書込み直線偏光の振幅比 a が大きくなると，より楕円率の大きな楕円偏光として回折される．また回折効率は，振幅比 a が大きくなると小さくなる．s 偏光および p 偏光に対する偏光変換特性は，振幅が同じ OL 型回折格子と同じであり，回折光は直線偏光のままで偏光方位角を 90° 回転させる．入射光が斜め 45° の場合には偏光方位角は変わらないが，(8.77) 式にしたがって楕円偏光となる．入射光の偏光方位角がこれ以外の場合には，振幅比角 a は 45° の方向に傾いた $\lambda/2$ 板を透過した場合と同等に変換され，(8.77) 式にしたがって楕円偏光となる．長軸の向きである偏光方位角は (8.76) 式で決定される．

次に，入射光が右回りの円偏光であるとすると 0 次光の電場は

$$\begin{aligned}
\mathbf{E}_0 &= J_0\!\left(\frac{2}{1+a^2}\Delta\varphi \right)\begin{bmatrix} \exp(i\varepsilon\Delta\varphi) & 0 \\ 0 & \exp(-i\varepsilon\Delta\varphi) \end{bmatrix}\begin{bmatrix} 1 & 0 \\ 0 & 1 \end{bmatrix}\begin{bmatrix} 1 \\ i \end{bmatrix} \\
&= J_0\!\left(\frac{2}{1+a^2}\Delta\varphi \right)\begin{bmatrix} \exp(i\varepsilon\Delta\varphi) \\ \exp\!\left(i\dfrac{\pi}{2}-i\varepsilon\Delta\varphi\right) \end{bmatrix}
\end{aligned} \tag{8.82}$$

となる．振幅比角 a は

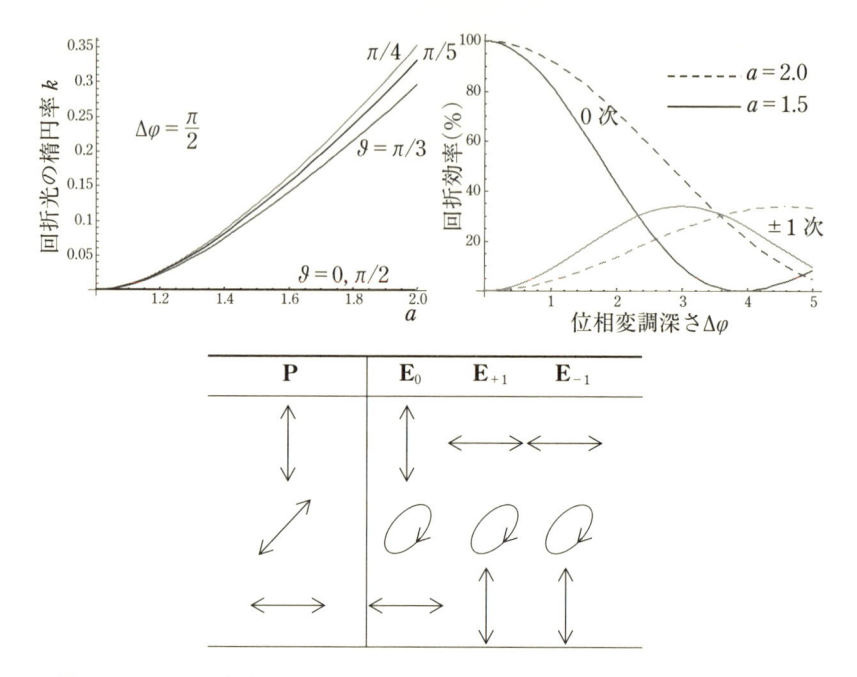

図 **8.10** 互いに直交した振幅の異なる直線偏光での書込みにおける回折特性(入射光:直線偏光).

$$\alpha = \tan^{-1}(1) = \frac{\pi}{4} \tag{8.83}$$

となり,常に斜め 45° を向いている.また,楕円の長軸の方位である偏光方位角も斜め 45° を向くことになる.また楕円率は

$$k = \tan\chi \tag{8.84}$$

ただし

$$\chi = \frac{1}{2}\sin^{-1}\left[\sin\left(2\varepsilon\Delta\varphi - \frac{\pi}{2}\right)\right] = \varepsilon\Delta\varphi - \frac{\pi}{4} \tag{8.85}$$

である.また 0 次光強度は

$$I_0 = \left[J_0\left(\frac{2}{1+a^2}\Delta\varphi\right)\right]^2 \tag{8.86}$$

第8章　ベクトルホログラム　　　　　　　　　　　　　　　167

となる．±1次の回折光の電場は

$$\mathbf{E}_{\pm 1} = J_1\left(\frac{2}{1+a^2}\Delta\varphi\right)\begin{bmatrix}\exp[i\varepsilon\Delta\varphi] & 0 \\ 0 & \exp[-i\varepsilon\Delta\varphi]\end{bmatrix}\begin{bmatrix}0 & 1 \\ 1 & 0\end{bmatrix}\begin{bmatrix}1 \\ i\end{bmatrix}$$

$$= J_1\left(\frac{2}{1+a^2}\Delta\varphi\right)\begin{bmatrix}\exp[i\varepsilon\Delta\varphi] \\ \exp\left[i\dfrac{\pi}{2}-i\varepsilon\Delta\varphi\right]\end{bmatrix} \qquad (8.87)$$

となる．偏光楕円率は

$$k = \tan\chi \qquad (8.88)$$

ただし

$$\chi = \frac{1}{2}\sin^{-1}\left[\sin\left(2\varepsilon\Delta\varphi + \frac{\pi}{2}\right)\right] = \varepsilon\Delta\varphi + \frac{\pi}{4} \qquad (8.89)$$

であるが，この定義においては $-\pi/4 \leq \chi \leq -\pi/4$ でなければならない．したがって，改めて偏光方位と長軸・短軸の長さ関係を考慮すると，偏光楕円率は0次回折光と同じで偏光方位角が斜め $-45°$ であるとわかる．ここまでの結

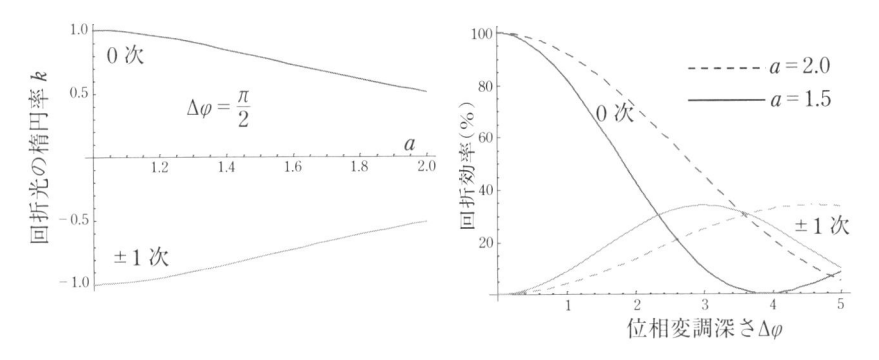

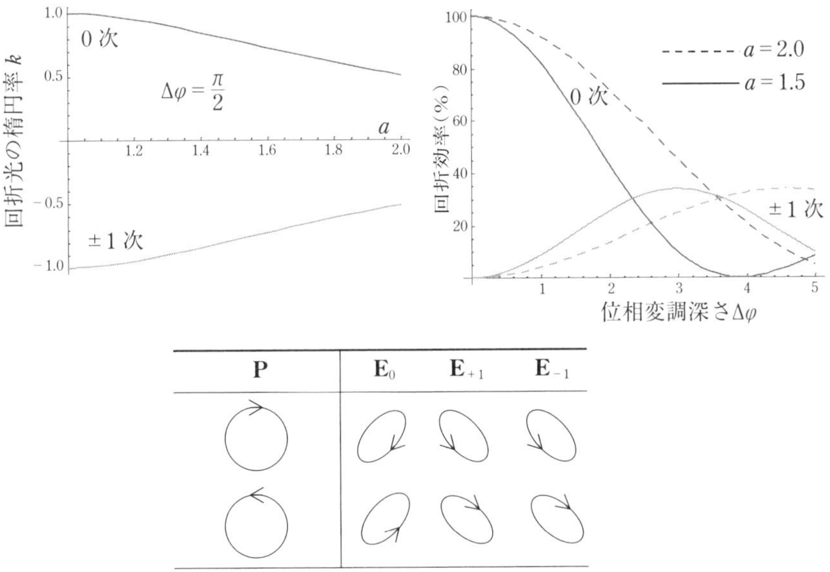

図 8.11　互いに直交した振幅の異なる直線偏光での書込みにおける回折特性（入射光：円偏光）．

果をまとめると，**図8.11**のようになる．0次光および回折光は，振幅比 a が1のとき（OL型回折格子のとき）には円偏光であるが，a が大きくなると，楕円偏光として回折される．このときの長軸の傾きは，それぞれ 45°，$-45°$ である．また，回折効率は，振幅比 a が大きくなると小さくなる．回折効率と a の関係は入射光が直線偏光の場合と変わらない．偏光変換特性は図8.11にまとめてある．

互いに直交した振幅の異なる円偏光での書込み

振幅が異なり，その比が $1:a$ である左右の円偏光での書込みを考える．両者の Jones ベクトルは

$$\mathbf{E}_S = \begin{bmatrix} 1 \\ -i \end{bmatrix} \exp(-i\xi/2) \tag{8.90}$$

$$\mathbf{E}_R = \begin{bmatrix} a \\ ai \end{bmatrix} \exp(i\xi/2) \tag{8.91}$$

で与えられる．したがって干渉電場は

$$\mathbf{E}_S + \mathbf{E}_R = \frac{1}{\sqrt{2(a^2+1)}} \begin{bmatrix} (a+1)\cos(\xi/2) + i(a-1)\sin(\xi/2) \\ i(a-1)\cos(\xi/2) - (a+1)\sin(\xi/2) \end{bmatrix} \tag{8.92}$$

となる．この際の電場分布は**表8.8**のように与えられる．

表8.8 振幅の異なる直交した円偏光の干渉．

$\mathbf{E}_S$	$\mathbf{E}_R$	$\mathbf{E}_S + \mathbf{E}_R$				
		$\xi=0$	$\xi=\pi/2$	$\xi=\pi$	$\xi=3\pi/2$	$\xi=2\pi$

表8.8に示されているように，偏光はすべて楕円偏光となり，長軸と短軸の比で決まる楕円率は，$(a-1)/(a+1)$ となる．また偏光方位角は $\xi/2$ である．したがって，$\Delta\varphi = \pi\Delta n d/\lambda$ に対する透過行列は

$$\mathbf{T}(\xi) = \mathbf{R}\left(-\frac{\xi}{2}\right) \cdot \mathbf{T}(0) \cdot \mathbf{R}\left(\frac{\xi}{2}\right)$$

第 8 章 ベクトルホログラム

$$= \exp\left(-i\frac{2\pi}{\lambda}dn_0\right)\exp\left(-i\frac{2\pi}{\lambda}d\langle n\rangle\right)\mathbf{R}\left(-\frac{\xi}{2}\right)\cdot\begin{bmatrix}\exp\left[-i\dfrac{2a}{a^2+1}\Delta\varphi\right] & 0 \\ 0 & \exp\left[i\dfrac{2a}{a^2+1}\Delta\varphi\right]\end{bmatrix}\cdot\mathbf{R}\left(\frac{\xi}{2}\right)$$

$$\propto \begin{bmatrix}\cos(\varepsilon\Delta\varphi)-i\sin(\varepsilon\Delta\varphi)\cos\xi & i\sin(\varepsilon\Delta\varphi)\sin\xi \\ i\sin(\varepsilon\Delta\varphi)\sin\xi & \cos(\Delta\varphi)+i\sin(\varepsilon\Delta\varphi)\cos\xi\end{bmatrix} \tag{8.93}$$

となる．ただし

$$\varepsilon = \frac{2a}{a^2+1} \tag{8.94}$$

である．(8.93)式で与えられた透過行列は，偏光変換特性は2光波の振幅比に関係なく，振幅比が1:1の場合と同じであり，回折効率だけが，(8.94)式で決まる位相差の減衰分だけ低下することを示している．このことは，振幅の異なる円偏光の干渉を，振幅の同じ円偏光の干渉と均一な円偏光の和であると考え，円偏光は異方性を誘起しない媒体を仮定していることを考慮すれば自明である．

互いに平行な直線偏光での書込み

互いに平行な直線偏光で書込んだ場合について考える．両者のJonesベクトルは，

$$\mathbf{E}_S = \frac{1}{\sqrt{2}}\begin{bmatrix}1\\0\end{bmatrix}\exp(-i\xi/2) \tag{8.95}$$

$$\mathbf{E}_R = \frac{1}{\sqrt{2}}\begin{bmatrix}1\\0\end{bmatrix}\exp(i\xi/2) \tag{8.96}$$

で与えられる．したがって干渉電場は

$$\mathbf{E}_S+\mathbf{E}_R = \begin{bmatrix}\sqrt{2}\cos(\xi/2)\\0\end{bmatrix} \tag{8.97}$$

となる．この際の電場分布は**表 8.9**のように与えられる．

このような干渉光波のStokesパラメータは次のように与えられる．

$$S_0 = 1+\cos\xi \tag{8.98}$$

$$S_1 = 1+\cos\xi \tag{8.99}$$

表 8.9 平行な直線偏光の干渉.

$\mathbf{E}_S$	$\mathbf{E}_R$	$\mathbf{E}_S+\mathbf{E}_R$				
		$\xi=0$	$\xi=\pi/2$	$\xi=\pi$	$\xi=3\pi/2$	$\xi=2\pi$
↔	↔	↔	↔	·	↔	↔

$$S_2 = 0 \tag{8.100}$$

したがって，透過行列は

$$\mathbf{T} = \begin{bmatrix} \exp\left[i\frac{2\pi}{\lambda}(\alpha+\beta)(1+\cos\xi)\right] & 0 \\ 0 & \exp\left[i\frac{2\pi}{\lambda}(\alpha-\beta)(1+\cos\xi)\right] \end{bmatrix}$$

$$= \begin{bmatrix} \exp[i\Delta\varphi_\parallel(1+\cos\xi)] & 0 \\ 0 & \exp[i\Delta\varphi_\perp(1+\cos\xi)] \end{bmatrix} \tag{8.101}$$

となる．ただし

$$\Delta\varphi_\parallel = \frac{2\pi\Delta n_\parallel d}{\lambda} \tag{8.102}$$

$$\Delta\varphi_\perp = \frac{2\pi\Delta n_\perp d}{\lambda} \tag{8.103}$$

と定義している．さらに，誘起された屈折率楕円の長軸に平行な方向の屈折率変化量 $\Delta n_\parallel$ および垂直な方向の屈折率変化量 $\Delta n_\perp$ は，次のように書ける．

$$\Delta n_\parallel = n_\mathrm{e} - n_0 \tag{8.104}$$

$$\Delta n_\perp = n_\mathrm{o} - n_0 \tag{8.105}$$

この定義からわかるように，位相変化量の符号は，照射前の屈折率（等方性を仮定）と照射後の常光・異常光屈折率の大小関係で決まり，正負いずれでも取り得る．さらに，互いに平行な偏光干渉の場合には，光化学反応種が空間的に分布をもつため，物質の移動が誘起され，表面にレリーフ構造が発生することがある．表面レリーフ構造が与える位相差は空間的に等方的であり，(8.102)式，(8.103)式を以下のように書き直せばよい．

第8章　ベクトルホログラム

$$\Delta\varphi_{\parallel} = \frac{2\pi\Delta n_{\parallel} d}{\lambda} + \frac{2\pi\langle n\rangle\Delta d}{\lambda} \tag{8.106}$$

$$\Delta\varphi_{\perp} = \frac{2\pi\Delta n_{\perp} d}{\lambda} + \frac{2\pi\langle n\rangle\Delta d}{\lambda} \tag{8.107}$$

ここで，$\langle n\rangle$ は平均屈折率，Δd はレリーフの振幅を表している．また，ここでは，屈折率変調格子とレリーフ格子の間に空間的位相差は存在しない（一方の山は他方の山もしくは谷と一致）としている．山と山が一致するのか山と谷が一致するのかによって Δd は正負いずれでも取り得る．回折光は，あくまで位相差によって発生するので，発生した回折光をいくら分析しても，(8.106)式，(8.107)式のすべてのパラメータを一意的に決定することは不可能であり，例えばレリーフの深さは表面粗さ計（AFMなど）などの手段にたよって決定する必要があることに注意が必要である．

(8.101)式からわかるように，この場合には，対角行列の各成分が異なるため，一般的に偏光に依存した回折効率が得られることとなる．(8.101)式は

$$\mathbf{T} = \begin{bmatrix} \exp(i\Delta\varphi_{\parallel}) & 0 \\ 0 & \exp(i\Delta\varphi_{\perp}) \end{bmatrix} \begin{bmatrix} \exp[i\Delta\varphi_{\parallel}\cos\xi] & 0 \\ 0 & \exp[i\Delta\varphi_{\perp}\cos\xi] \end{bmatrix} \tag{8.108}$$

と書ける．これを Fourier 級数展開すると

$$\mathbf{T} = \begin{bmatrix} \exp(i\Delta\varphi_{\parallel}) & 0 \\ 0 & \exp(i\Delta\varphi_{\perp}) \end{bmatrix}$$
$$\sum_{m=-\infty}^{\infty} \begin{bmatrix} i^m J_m(\Delta\varphi_{\parallel})\exp(im\xi) & 0 \\ 0 & i^m J_m(\Delta\varphi_{\perp})\exp(im\xi) \end{bmatrix} \tag{8.109}$$

となる．したがって

$$\mathbf{T}_{\pm 1} = i \begin{bmatrix} \exp(i\Delta\varphi_{\parallel}) & 0 \\ 0 & \exp(i\Delta\varphi_{\perp}) \end{bmatrix} \begin{bmatrix} J_1(\Delta\varphi_{\parallel}) & 0 \\ 0 & J_1(\Delta\varphi_{\perp}) \end{bmatrix} \tag{8.110}$$

を得る．

今，入射光として偏光方位角が ϑ の直線偏光を入射させた場合を考えると

$$\begin{aligned} \mathbf{E}_{\pm 1} &= i \begin{bmatrix} \exp(i\Delta\varphi_{\parallel}) & 0 \\ 0 & \exp(i\Delta\varphi_{\perp}) \end{bmatrix} \begin{bmatrix} J_1(\Delta\varphi_{\parallel}) & 0 \\ 0 & J_1(\Delta\varphi_{\perp}) \end{bmatrix} \begin{bmatrix} \cos\vartheta \\ \sin\vartheta \end{bmatrix} \\ &= i \begin{bmatrix} J_1(\Delta\varphi_{\parallel})\cos\vartheta\exp(i\Delta\varphi_{\parallel}) \\ J_1(\Delta\varphi_{\perp})\sin\vartheta\exp(i\Delta\varphi_{\perp}) \end{bmatrix} \end{aligned} \tag{8.111}$$

となる. xy 両成分の電場振幅比 (A_y/A_x) で決まる振幅比角 α(楕円の長軸の方位とは異なることに注意が必要である)は

$$\alpha = \tan^{-1}\left(\frac{J_1(\Delta\varphi_\perp)\sin\vartheta}{J_1(\Delta\varphi_\parallel)\cos\vartheta}\right) \tag{8.112}$$

となる. 楕円の長軸の方位である偏光方位角は

$$\phi = \frac{1}{2}\tan^{-1}\{\tan(2\alpha)\cos[2(\Delta\varphi_\parallel - \Delta\varphi_\perp)]\} \tag{8.113}$$

で与えられる. 楕円偏光の長軸と短軸の比で定義する楕円率は

$$k = \tan\chi \tag{8.114}$$

ただし

$$\chi = \frac{1}{2}\sin^{-1}\{\sin(2\alpha)\sin[2(\Delta\varphi_\parallel - \Delta\varphi_\perp)]\} \tag{8.115}$$

となる. ±1 次の回折効率は, 以下のようになる.

$$\eta_{\pm 1} = [J_1(\Delta\varphi_\parallel)\cos\vartheta]^2 + [J_1(\Delta\varphi_\perp)\sin\vartheta]^2 \tag{8.116}$$

図 8.12 に回折効率の入射偏光方位角依存性を示す. 非照射部の屈折率 n_0, 照射部の異常光屈折率 n_e, 照射部の常光屈折率 n_o の関係によって, たとえ同

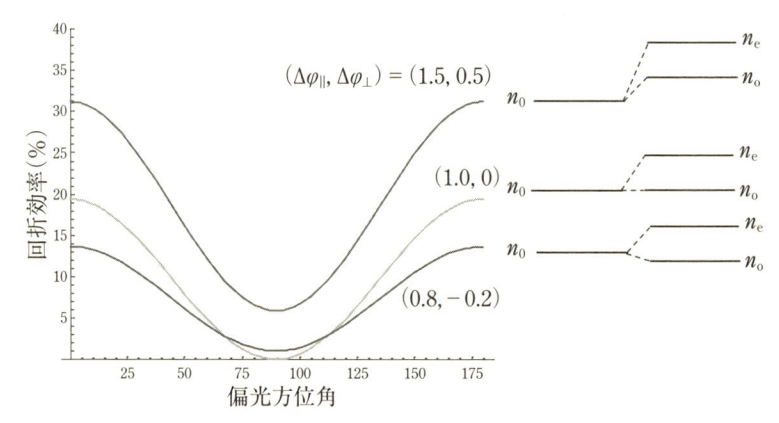

図 8.12 互いに平行な直線偏光での書込みにおける回折特性(入射光:直線偏光).

第 8 章　ベクトルホログラム

じ大きさの異方性が誘起されていても，回折効率の偏光方位角依存性は異なるので注意が必要である．以上の結果は，表 8.9 に示したような格子ベクトルと光学軸が平行な場合の特性であるが，格子ベクトルと光学軸が直交する場合には回折効率の偏光方位角依存性の凹凸が反転する．さらに，$\Delta\varphi_\parallel = -\Delta\varphi_\perp$ の条件を満足する場合には，たとえ局所的には異方性が存在していても全体としての回折効率は入射光の偏光方位角に依存しなくなる．

　以上のように，互いに平行な直線偏光での書込みでは，1 軸異方性を有する異方性回折格子が形成され，回折効率が直線偏光方位角に依存する．さらに具体的に，背景の屈折率 n_0 との関係も含めて，どのような異方性回折格子が形成されているのかを解析するためには，回折光の偏光状態を観察することが考えられる．誘起される屈折率楕円体の長軸および短軸に平行な偏光方位角の直線偏光を入射光とした場合，回折光の偏光状態は変化しないことが容易に予想されるため，どのような偏光状態の入射光を使うべきなのかを考察する必要がある．今，入射光の偏光状態を一般的に書くと

$$\mathbf{E}_\mathrm{p} = \frac{1}{\sqrt{a^2+b^2}} \begin{bmatrix} a\cos\phi - ib\sin\phi \\ a\sin\phi + ib\cos\phi \end{bmatrix} \tag{8.117}$$

となる．ただし，すでに定義されているように，a, b は楕円の長軸，短軸であり，偏光楕円率は $k = b/a$ で定義される（$k > 0$ のとき右回り，$k < 0$ のとき左回り，$k = 0$ のとき直線偏光，$k = 1$ のとき円偏光）．また，ϕ は偏光方位角である．(8.110) 式および (8.117) 式を用いて，一次回折光の電場は

$$\begin{aligned}
\mathbf{E}_{\pm 1} &= \mathbf{T}_{\pm 1} \cdot \mathbf{E}_\mathrm{p} \\
&= \frac{i}{\sqrt{a^2+b^2}} \begin{bmatrix} \exp(i\Delta\varphi_\parallel) & 0 \\ 0 & \exp(i\Delta\varphi_\perp) \end{bmatrix} \begin{bmatrix} J_1(\Delta\varphi_\parallel) & 0 \\ 0 & J_1(\Delta\varphi_\perp) \end{bmatrix} \\
&\quad \begin{bmatrix} a\cos\phi - ib\sin\phi \\ a\sin\phi + ib\cos\phi \end{bmatrix}
\end{aligned} \tag{8.118}$$

となる．実験的に実際に観察される polar plot は

$$\mathbf{E}_\mathrm{out}(\theta) = \mathbf{R}(-\theta) \cdot \begin{bmatrix} 1 & 0 \\ 0 & 0 \end{bmatrix} \cdot \mathbf{R}(\theta) \mathbf{E}_{\pm 1} \tag{8.119}$$

$$I(\theta) = |\mathbf{E}_\mathrm{out}(\theta)|^2 \tag{8.120}$$

となる．以上の結果を用いて，斜め 45° の直線偏光および円偏光を用いた場合の回折光の偏光状態を**図 8.13** に示す．

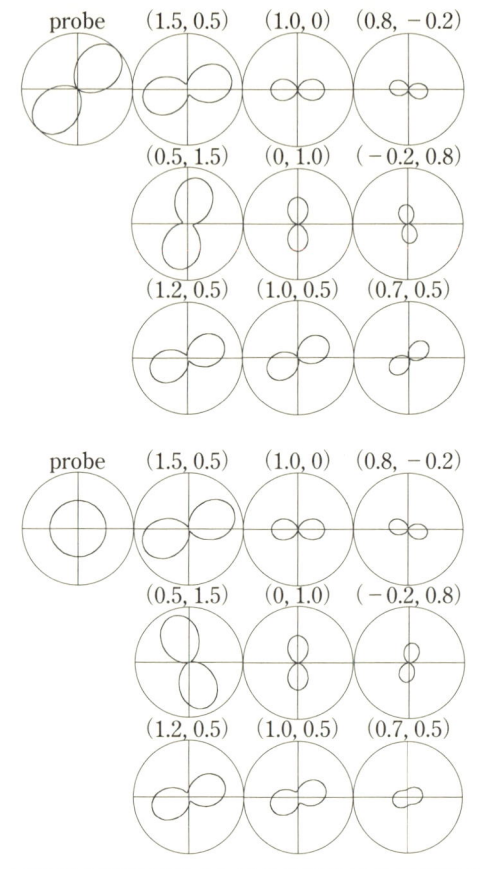

図 8.13 互いに平行な直線偏光での書込みにおける回折光の偏光状態．括弧内は $(\Delta\varphi_\parallel, \Delta\varphi_\perp)$ の各種組み合わせである．回折光の polar plot は入射光(probe)に比べて 20% の大きさの座標軸．

8.3 薄いベクトルホログラム（偏光ホログラム）中の偏光伝搬，FDTD 法による解析

偏光変換特性など薄いベクトルホログラム（偏光ホログラム）の偏光回折特性を理解する上で，偏光回折した結果だけでなく，異方性回折格子中での光波伝

第 8 章　ベクトルホログラム

搬を詳細に理解することは重要である．こういった目的のためには，FDTD法を用いることが有効である[35,36]．ここでは OC 型偏光ホログラム (8.2 節参照) を取り上げ，そのベクトルホログラム中の光電場の伝搬について議論する．

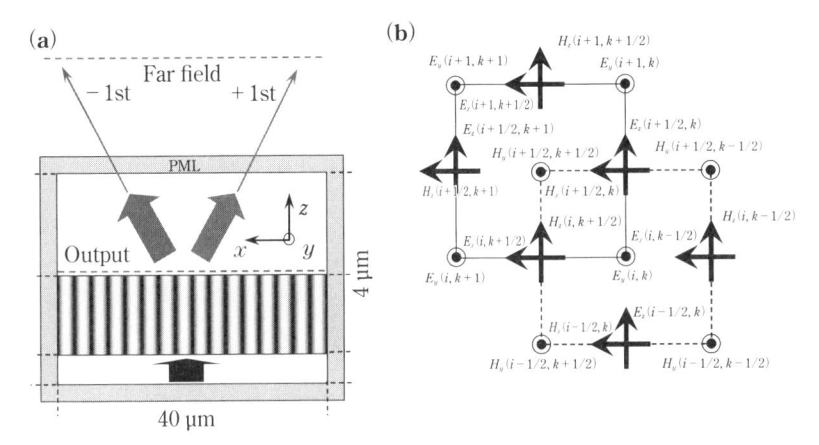

図 8.14　ベクトルホログラム中の光波伝搬解析のための FDTD モデル (Ono ら[35] より抜粋)．

解析モデルを図 8.14 に示す．解析モデルにおいて，格子周期 $\Lambda = 2.0\,\mu m$，膜厚を $d = 300\,nm$ とし，複屈折 $\Delta n = 0.2$ ($n_e = 1.7$, $n_o = 1.5$) としている．また，入射光の条件は，波長 $\lambda = 633\,nm$，ビーム径 $L = 20\,\mu m$ のガウシアンビームとしている．FDTD 法では，ベクトルホログラム中の偏光伝搬の詳細が議論できるだけでなく，Output ラインにおける空間電場成分を Fourier 変換することにより，遠方部での光波の強度 (回折光強度) および偏光状態について解析を行うことができる．

図 8.15 に実際に OC 型偏光ホログラム中の光電場伝搬を FDTD 法によって計算した結果を示す．図 8.15 の結果から入射光の偏光として s 偏光を入射すると，回折格子を光波が通過することにより +1 次光と -1 次光の両方に回折光が生じていることがわかる．また，偏光ホログラム通過後には入射光である s 偏光成分 (E_y) の他に p 偏光成分 (E_x, E_y) が生じているのを確認することができ，このことから偏光状態が変換されていることが確認できる．また，右回り円偏光を入射すると -1 次光は生じず +1 次光のみが生じていることが

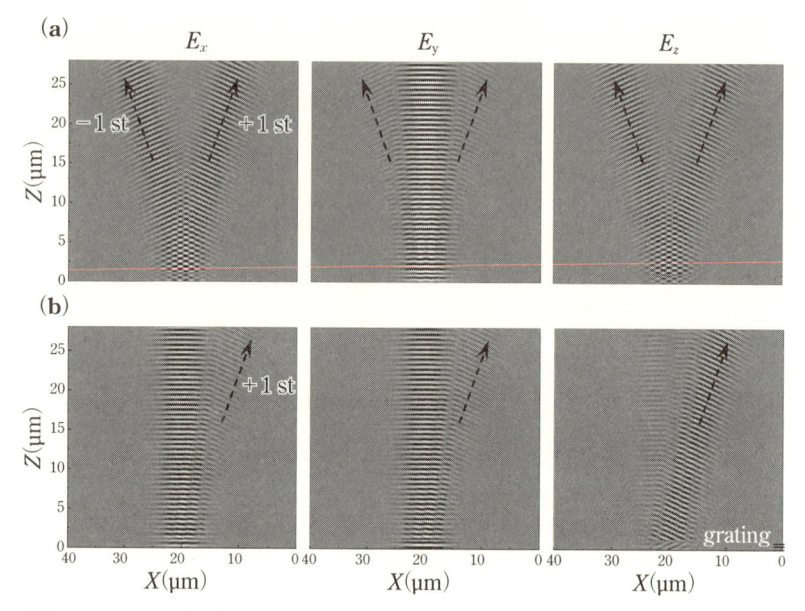

図 8.15 OC 型偏光ホログラム中の光電場伝搬特性．入射光の偏光状態は，(a) s 偏光，(b) 右回り円偏光としている (Ono ら[35] より抜粋)．

わかる．

次に，遠方部における光波の回折特性について解析した結果を**図 8.16** に示す．図 8.16 に示されているように，s, p 偏光などの直線偏光を入射すると ±1 次光が互いに逆回りの円偏光に変換され，円偏光を入射すると ±1 次光のどちらかが消失し，もう一方が円偏光として出力されていることが確認できる．また，円偏光入射時の回折効率は直線偏光入射時の 2 倍となっていることがわかる．これらの特性は 8.2 節で示したマトリックス光学 (Jones 解析) に基づく理論解析結果と一致している．

さらに膜厚の変化による回折特性の変化について解析した結果を**図 8.17** に示す．ここで，入射光の偏光状態は右回り円偏光とし，＋1 次光の回折特性について解析を行っており，(a) が回折効率，(b) が偏光楕円率の結果を表している．また，FDTD 法において解析する際に回折格子と空気層の間に反射防止膜を配置した場合についても同様に解析を行っている．図 8.17 において，

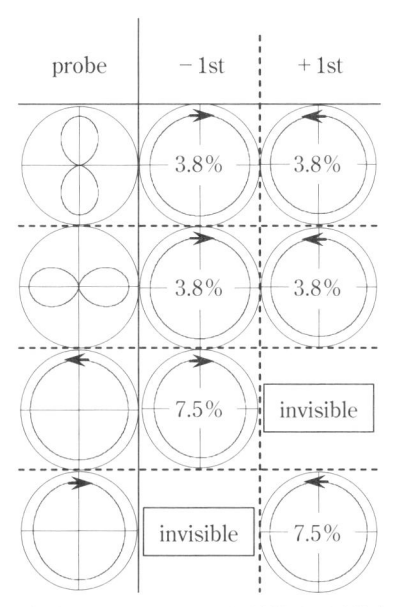

第8章　ベクトルホログラム　　　　177

図 8.16　OC 型偏光ホログラムの回折特性(回折効率と偏光状態).

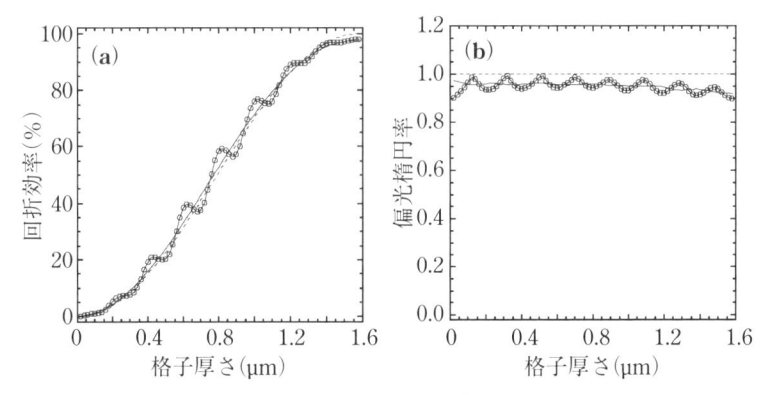

図 8.17　回折効率と回折光の楕円率の格子厚さ依存性. ○は反射防止膜のない場合の FDTD による計算結果, 実線は反射防止膜を設けた場合の FDTD による計算結果, さらに波線は Jones 解析による計算結果(Ono ら[35])より抜粋).

プロットと実線で示しているのが反射防止膜を付けていない条件であり，実線のみが反射防止膜を付けたものである．また，波線で示しているのがJones法による結果である．解析結果を見ると，反射防止膜を付けていない条件においては，膜厚の変化に対して回折効率および偏光楕円率が上下に変動しているが，反射防止膜を付けるとその変動がなくなっているということがわかる．つまり，このような変動は回折格子内部による多重反射によるものであることがわかり，FDTD法では境界面での光波の反射も含めた光学計算が成されていることになる．反射防止膜を付けたFDTD法とJones法による結果を比較すると，回折効率においてはよく一致していると考えることができるが，偏光楕円率を見るとFDTD法においては，膜厚が大きくなることにより楕円率が減少していることがわかる．これは，膜厚が大きくなることによりRaman-

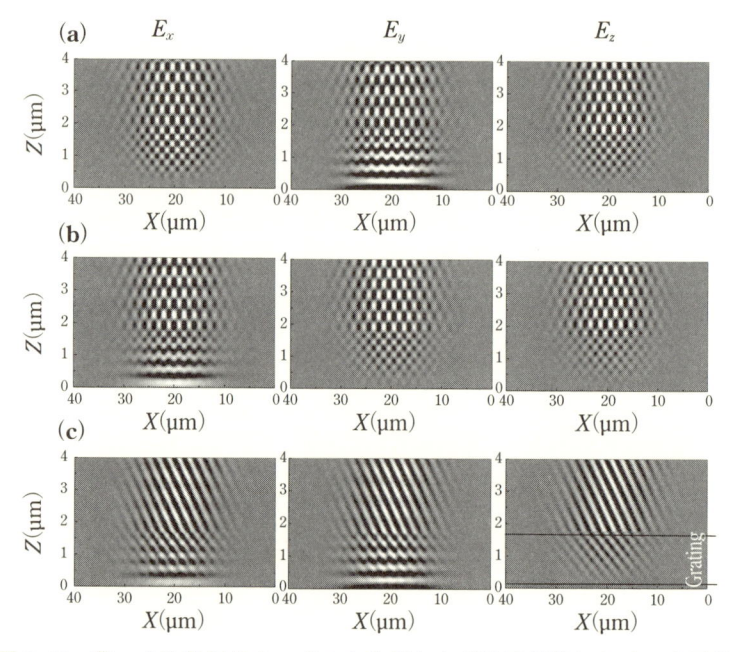

図 8.18　薄いOC型偏光ホログラム内部および格子近傍における光電場．入射偏光は，(a) s 偏光，(b) p 偏光，(c) 右回り円偏光である（Ono ら[35]より抜粋）．

第8章　ベクトルホログラム　　　179

Nath型(薄い格子)からBragg型(厚い格子)へと遷移していくためであると考えられる．Jones法においては，垂直入射であり1軸方向へ伝搬するという近似を用いているため，膜厚に対して偏光状態は変化しない．このように，FDTD法を使うことによって，より現実的かつ詳細な偏光回折特性の解析を行うことができる．

偏光が，遠方の回折光として出力されるまでに回折格子内部でどのような変化を経て回折されていくかはとても興味の持たれるところである．FDTD法では，偏光伝搬での時系列での解析が可能であり，回折格子内部および格子近傍における光波の伝搬について明らかにすることができる．

図 **8.18** に示した OC 型偏光ホログラムの条件は，格子周期 $\Lambda = 2.0\,\mu\mathrm{m}$，膜厚 $d = 1.58\,\mu\mathrm{m}$，複屈折 $\Delta n = 0.2$ であり，この条件においては回折効率が100 % となるので 0 次回折光は生じない．図 8.17 に示したように FDTD 法では，偏光素子の内部での光電場の伝搬の様子を詳細に解析することで，偏光素子機能の物理的考察が可能となる．

8.4　厚いベクトルホログラムの解析

格子が厚くなると，いわゆる Bragg 回折が起こることは，異方性格子であっても等方性格子であっても状況は同じである．ここでは，厚いベクトルホログラムの Bragg 型回折の FDTD 解析の結果について紹介する．まずは，Bragg 型回折格子における大きな特徴のひとつである回折特性の入射角依存性について，入射光の偏光状態を変化させることによる特性の変化について解析を行う．今，ベクトルホログラムの記録条件として互いに逆回りの円偏光干渉(Orthogonal Circular；OC 型)を取り扱うこととする．FDTD の解析モデルを図 **8.19**，解析結果を図 **8.20** に示す．

厚い等方性回折格子の Bragg 回折の条件は，(5.57)式で与えられており，その条件に基づくと，$\theta_\mathrm{B} = 18.45°$ と見積もられ，図 8.20 で示した最大回折効率が得られる角度と一致する．この特性は，等方性回折格子の Bragg 回折と同じであるが，ベクトルホログラムの場合には，偏光依存性が顕著に出ている．すなわち，左回り円偏光を入射した場合には，− 側から入射した場合にのみ右回り円偏光の回折光を生じ，+ 側から入射しても回折光が生じていない．

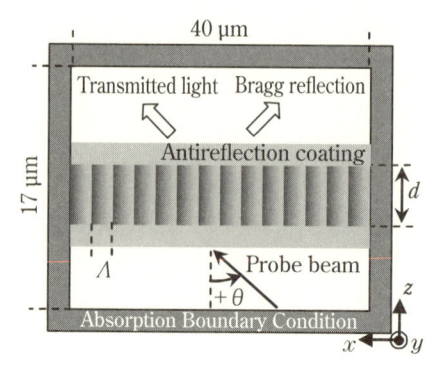

図 8.19 Bragg 型ベクトルホログラムの FDTD 解析モデル．格子周期 $\Lambda = 1.0\,\mu m$，膜厚 $d = 5.0\,\mu m$，複屈折 $\Delta n = 0.002 (n_e = 1.601, n_o = 1.599)$，波長 $\lambda = 0.633\,\mu m$ (Ono ら[36]より抜粋).

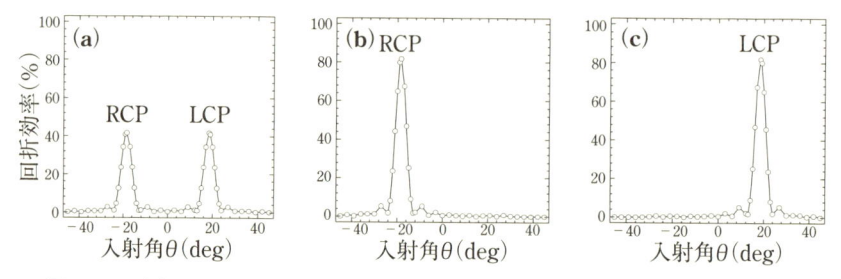

図 8.20 厚い OC 型ベクトルホログラムの回折効率の入射角依存性．プローブの偏光状態は(a) s 偏光，(b) 左回り円偏光，(c) 右回り円偏光．RCP (Right-hand Circularly Polarization), LCP (Left-hand Circularly Polarization)は各回折光の偏光状態を示している (Ono ら[36]より抜粋).

一方，右回り円偏光を入射すると，逆に＋側のみに左回り円偏光の回折光が生じ，s 偏光の場合は－側と＋側の両方に回折光が生じている．また，Bragg 角における回折効率を比較すると，左回り円偏光と右回り円偏光の最大値は s 偏光に対して 2 倍になる．FDTD 解析法では，解析領域近傍での電場分布を同定できる．

図 8.21 に示した光波伝搬図を見ると，右回り円偏光を入射した場合は，回

第 8 章 ベクトルホログラム

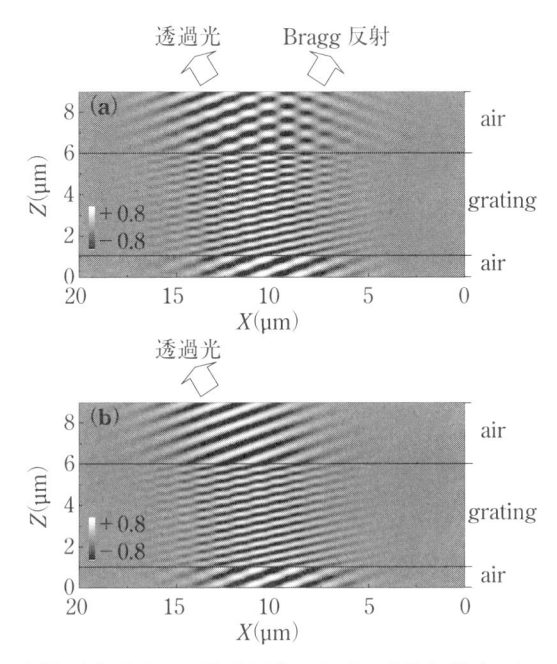

図 8.21 回折格子内部および格子近傍における光波伝搬 (E_x). プローブの偏光状態は, (a) 右回り円偏光, (b) 左回り円偏光.

折格子内部において徐々に反射に起因する成分が生じ, 格子近傍では透過光と反射光が生じていることを確認できる.

また, ベクトルホログラムの記録条件として互いに直交した直線偏光干渉 (Orthogonal Linear；OL 型) の場合の回折特性は, **図 8.22** のようになる.

回折光の偏光状態は s 偏光を入射すると p 偏光に変換され, 円偏光を入射すると逆回りの円偏光に変換されているということがわかる.

以上のように FDTD 法は, 異方性を含むさまざまな誘電率テンソル下での光波伝搬を解析できる優れた数値計算法である. しかしながら, 現象の物理的背景を理解するためには, FDTD 法のような数値計算法だけでなく, できる限り解析的な解を求めることは大変重要である. ここでは FDTD 法で行われた解析を Kogelnik の結合波理論の拡張によって行う方法を紹介する. 解析例として, **図 8.23** に示すような座標において, 波長および強度が等しくコヒー

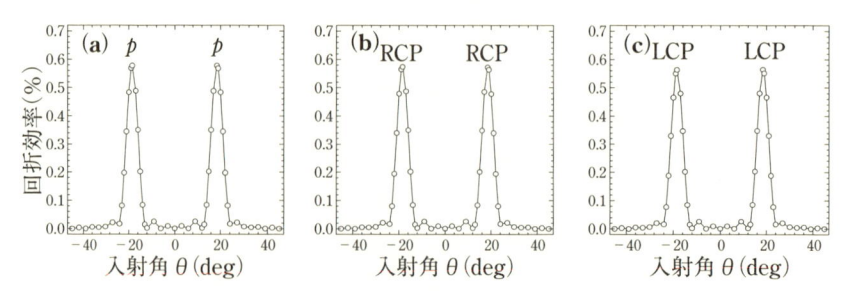

図 8.22 厚い OL 型ベクトルホログラムの回折効率の入射角依存性. プローブの偏光状態は（a）s 偏光,（b）左回り円偏光,（c）右回り円偏光. RCP, LCP は各回折光の偏光状態を示している.

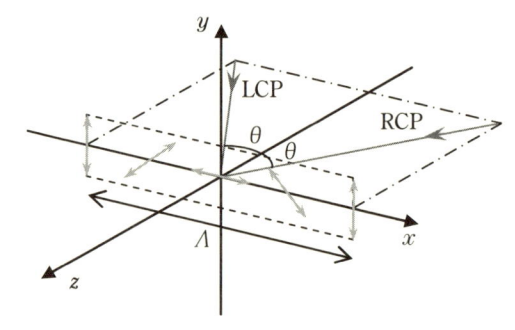

図 8.23 厚い OC 型ベクトルホログラム解析における座標系の定義. 破線で囲まれた部分の矢印は干渉光の偏光状態を表す(Sasaki ら[37]より抜粋).

レントな左回り(LCP)および右回り(RCP)円偏光の干渉について考える.

今, $\theta > 0$ とし, それぞれの入射角を $\pm\theta$ とする. $\theta \ll 1$ の場合を考えることで電場の z 成分を無視すると, 両者の電場ベクトルは

$$\mathbf{E}_{\mathrm{LCP}} = A \begin{bmatrix} 1 \\ i \end{bmatrix} \exp[ik(x\sin\theta + z\cos\theta)] \tag{8.121}$$

$$\mathbf{E}_{\mathrm{RCP}} = A \begin{bmatrix} 1 \\ -i \end{bmatrix} \exp[ik(-x\sin\theta + z\cos\theta)] \tag{8.122}$$

と書くことができる. ここで, A は振幅, $k = 2\pi/\lambda$ は記録光の波数である.

干渉光電場は

第8章 ベクトルホログラム

$$\mathbf{E}_{\mathrm{LCP}} + \mathbf{E}_{\mathrm{RCP}} = 2A \begin{bmatrix} \cos(\pi x/\Lambda) \\ -\sin(\pi x/\Lambda) \end{bmatrix} e^{ikz\cos\theta} \tag{8.123}$$

ただし $\Lambda = \lambda/(2\sin\theta)$ であり,格子の周期を表している.(8.123)式は直線偏光を表すものであり,その方位角は位置 x に比例して変化することとなり,その周期は Λ であることがわかる.

次に,照射した直線偏光の方位に対し,偏光記録媒体の面内において直交する方向を光学軸とした1軸異方性が誘起される媒質へ,(8.123)式で表される干渉光を照射したときに形成される誘電率分布を定式化する.1軸異方性媒体の誘電率テンソルは,電気的主軸系において

$$\boldsymbol{\varepsilon}_{\mathrm{local}} = \varepsilon_0 \begin{bmatrix} n_{\mathrm{e}}^2 & 0 & 0 \\ 0 & n_{\mathrm{o}}^2 & 0 \\ 0 & 0 & n_{\mathrm{o}}^2 \end{bmatrix} \tag{8.124}$$

と表される.ここで,ε_0 は真空の誘電率,n_{e} は異常光屈折率,n_{o} は常光屈折率をそれぞれ表す.光学軸の方位と x 軸との成す角 ϕ は,(8.123)式から

$$\phi = \frac{\pi}{\Lambda} x \tag{8.125}$$

で与えられる.(8.124)および(8.125)式を用いると,干渉光の照射により形成される格子の誘電率テンソルは,図8.23に示す座標系において

$$\boldsymbol{\varepsilon}(x) = \mathbf{R}(-\phi)\boldsymbol{\varepsilon}_{\mathrm{local}}\mathbf{R}(\phi) \tag{8.126}$$

と書くことができる.ここで,$\mathbf{R}$ は xy 面内における回転行列であり

$$\mathbf{R}(\phi) = \begin{bmatrix} \cos\phi & \sin\phi & 0 \\ -\sin\phi & \cos\phi & 0 \\ 0 & 0 & 1 \end{bmatrix} \tag{8.127}$$

で与えられる.今,格子の波数を $q = 2\pi x/\Lambda$ とすると,(8.126)式は

$$\boldsymbol{\varepsilon}(x) = \varepsilon_0 \begin{bmatrix} \beta + \alpha\cos(qx) & \alpha\sin(qx) & 0 \\ \alpha\sin(qx) & \beta - \alpha\cos(qx) & 0 \\ 0 & 0 & n_{\mathrm{o}}^2 \end{bmatrix} \tag{8.128}$$

となる.ここで

$$\alpha = \frac{n_{\mathrm{e}}^2 - n_{\mathrm{o}}^2}{2} \tag{8.129}$$

である．今，(8.128)式を

$$\varepsilon(x) = \varepsilon_0 \begin{bmatrix} \beta & 0 & 0 \\ 0 & \beta & 0 \\ 0 & 0 & n_o^2 \end{bmatrix} + \varepsilon_0 \alpha \begin{bmatrix} \cos(qx) & \sin(qx) & 0 \\ \sin(qx) & -\cos(qx) & 0 \\ 0 & 0 & 0 \end{bmatrix} \quad (8.131)$$

と書き直す．(8.131)式の第2項は，誘電率の摂動成分を表し

$$\Delta\varepsilon(x) = \frac{\varepsilon_0 \alpha}{2} \begin{bmatrix} 1 & -i & 0 \\ -i & -1 & 0 \\ 0 & 0 & 0 \end{bmatrix} e^{iqx} + \frac{\varepsilon_0 \alpha}{2} \begin{bmatrix} 1 & i & 0 \\ i & -1 & 0 \\ 0 & 0 & 0 \end{bmatrix} e^{-iqx} \quad (8.132)$$

となる．入射光を単色平面波とし，その電場ベクトルを

$$\mathbf{E}_i = A_i \mathbf{J}_i \exp[i(kx\sin\theta_i + kz\cos\theta_i)] \quad (8.133)$$

とする．ここで，A_i は振幅，$\mathbf{J}_i$ は偏光を表すベクトル，θ_i は入射角である．同様に，1次の透過回折のみを考え，回折角を $-\theta_i$ とすることで，回折光の電場ベクトルを，

$$\mathbf{E}_d = A_d \mathbf{J}_d \exp[i(-kx\sin\theta_i + kz\cos\theta_i)] \quad (8.134)$$

と表す．ここで，A_d は振幅，$\mathbf{J}_d$ は偏光を表すベクトルである．誘電率の摂動成分と入射光の電界により，分極

$$\Delta\mathbf{P} = \Delta\varepsilon(x)\mathbf{E}_i \quad (8.135)$$

が生じ，これが回折光を放射するものと考える．Bragg条件を満たす入射角の大きさを θ_B とすると

$$\sin\theta_B = \frac{\lambda}{2\Lambda} \quad (8.136)$$

であることから

$$q = 2k\sin\theta_i \quad (8.137)$$

とする．(8.132)，(8.133)，(8.137)式を(8.135)式へ代入し，位相項が(8.132)式のそれと同一となるものを回折光の電場と考え，入射光と回折光の偏光状態について検討を行った結果を**表8.10**にまとめる．

第8章 ベクトルホログラム

表 8.10 入射光と回折光の偏光状態の関係．RCP は右回り円偏光，LCP は左回り円偏光を表す（Sasaki ら[37]より抜粋）．

$\mathbf{J}_\mathrm{i}$	$\mathbf{J}_\mathrm{d}$	
	$\theta_\mathrm{i} = \theta_\mathrm{B}$	$\theta_\mathrm{i} = -\theta_\mathrm{B}$
$\begin{bmatrix}1\\0\end{bmatrix}$ (p-polarization)	$\dfrac{1}{\sqrt{2}}\begin{bmatrix}1\\i\end{bmatrix}$	$\dfrac{1}{\sqrt{2}}\begin{bmatrix}1\\-i\end{bmatrix}$
$\begin{bmatrix}0\\1\end{bmatrix}$ (s-polarization)	$\dfrac{1}{\sqrt{2}}\begin{bmatrix}1\\i\end{bmatrix}$	$\dfrac{1}{\sqrt{2}}\begin{bmatrix}1\\-i\end{bmatrix}$
$\dfrac{1}{\sqrt{2}}\begin{bmatrix}1\\-i\end{bmatrix}$ (RCP)	$\dfrac{1}{\sqrt{2}}\begin{bmatrix}1\\i\end{bmatrix}$	$\mathbf{0}$
$\dfrac{1}{\sqrt{2}}\begin{bmatrix}1\\i\end{bmatrix}$ (LCP)	$\mathbf{0}$	$\dfrac{1}{\sqrt{2}}\begin{bmatrix}1\\-i\end{bmatrix}$

表 8.10 は，入射角が比較的小さい場合に対して，電場の z 成分を無視することにより，$\mathbf{J}_\mathrm{i}$ および $\mathbf{J}_\mathrm{d}$ を x 成分と y 成分からなるベクトルと見なしたときの結果である．ただし，$|\mathbf{J}_\mathrm{i}| = |\mathbf{J}_\mathrm{d}| = 1$ である．$\theta_\mathrm{i} = \theta_\mathrm{B}$ の場合は，入射光が左回り円偏光の場合を除き，回折光の偏光状態は左回り円偏光となっている（すなわち，入射光が右回り円偏光成分を持つ場合に回折が生じ，その偏光は左回り円偏光となっている）．一方，$\theta_\mathrm{i} = -\theta_\mathrm{B}$ の場合は，入射光が右回り円偏光の場合を除き，回折光の偏光状態は右回り円偏光となっている（すなわち，入射光が左回り円偏光成分を持つ場合に回折が生じ，その偏光は右回り円偏光となっている）．これらの結果は，FDTD 法で得られた図 8.20 および図 8.22 の結果と一致している．

次に互いに逆回りの円偏光間において結合が生じるものと仮定し，その回折効率を Kogelnik の結合波理論により計算する．今，**図 8.24** に示すように，格子ベクトルが

$$\mathbf{K} = \frac{2\pi}{\Lambda}\begin{bmatrix}\sin\varphi\\0\\\cos\varphi\end{bmatrix} \tag{8.138}$$

で表される厚い格子に，入射光 R が角度 Θ_i で入射し，回折光 S が出射するものとする．ここで，ϕ は格子と x 軸との成す角である．

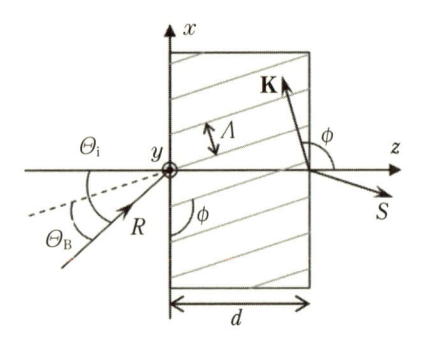

図 8.24 結合波理論において用いる入射光,回折光,格子ベクトルの関係図(Sasaki ら[37] より抜粋).

結合波理論では,$R(z)$ が z 方向へ伝搬する際に $S(z)$ との間に結合が生じ,$R(z)$ から $S(z)$ へとエネルギーの遷移が行われると考える.今,$R(z)$ と $S(z)$ は同一波長を有する s 偏光の平面波であるとし,格子は

$$\varepsilon = \bar{\varepsilon} + \varepsilon_1 \cos(\mathbf{K} \cdot \mathbf{r}) \tag{8.139}$$

で表される誘電率の正弦分布からなるものとする.ここで,$\bar{\varepsilon}$ は格子の平均誘電率,ε_1 は誘電率変調の振幅,$\mathbf{r}$ は位置ベクトルをそれぞれ表す.格子内部の光波は,波動方程式

$$\nabla^2 E(x,z) + k^2 \varepsilon E(x,z) = 0 \tag{8.140}$$

を満足することから,(8.139)式を(8.140)式に代入し

$$k^2 = \beta^2 - 2\kappa\beta [\exp(i\mathbf{K} \cdot \mathbf{r}) + \exp(-i\mathbf{K} \cdot \mathbf{r})] \tag{8.141}$$

を得る.ここで,β は平均波数であり

$$\beta = \frac{2\pi\sqrt{\bar{\varepsilon}}}{\lambda} \tag{8.142}$$

である.また,κ は結合定数であり

$$\kappa = \frac{\pi \varepsilon_1}{2\lambda\sqrt{\bar{\varepsilon}}} \tag{8.143}$$

で与えられる.結合定数は,R と S の結合の度合いを表すものであり,$\kappa = 0$

第8章 ベクトルホログラム

は両者の間に結合がなく回折光が生じないことを意味する．なお，格子の平均屈折率を $\bar{n}$，屈折率変調の振幅を n_1 とし，$\bar{n} \gg n_1$ とすると

$$\kappa = \frac{\pi n_1}{\lambda} \tag{8.144}$$

となる．今，R および S の伝搬ベクトルをそれぞれ $\boldsymbol{\rho}, \boldsymbol{\sigma}$ とすると，格子内部の全光電場は

$$E = R(z)\exp(i\boldsymbol{\rho} \cdot \mathbf{r}) + S(z)\exp(i\boldsymbol{\sigma} \cdot \mathbf{r}) \tag{8.145}$$

と書くことができる．$\boldsymbol{\rho}$ と z 軸との成す角は Θ_i であるから

$$\boldsymbol{\rho} = \beta \begin{bmatrix} \sin \Theta_\mathrm{i} \\ 0 \\ \cos \Theta_\mathrm{i} \end{bmatrix} \equiv \begin{bmatrix} \rho_x \\ 0 \\ \rho_z \end{bmatrix} \tag{8.146}$$

となり

$$\boldsymbol{\sigma} = \boldsymbol{\rho} - \mathbf{K} \tag{8.147}$$

なる関係の成り立つことから

$$\boldsymbol{\sigma} = \beta \begin{bmatrix} \sin \Theta_\mathrm{i} - \dfrac{K}{\beta} \sin \varphi \\ 0 \\ \cos \Theta_\mathrm{i} - \dfrac{K}{\beta} \cos \varphi \end{bmatrix} \equiv \begin{bmatrix} \sigma_x \\ 0 \\ \sigma_z \end{bmatrix} \tag{8.148}$$

が得られる．ただし，$K = |\mathbf{K}|$ とする．

Bragg 条件は，格子内部において格子と R の成す角を Θ_B とすると

$$\sin \Theta_\mathrm{B} = \frac{\lambda}{2\bar{n}\Lambda} \tag{8.149}$$

で与えられる．今，これを満たす入射角と波長をそれぞれ Θ_0, λ_0 とし，入射角および波長における Bragg 条件からのずれを，$\Delta\Theta, \Delta\lambda$ とすることで

$$\Theta_\mathrm{i} = \Theta_0 + \Delta\Theta \tag{8.150}$$

$$\lambda = \lambda_0 + \Delta\lambda \tag{8.151}$$

とする．図 8.24 に示したように

$$\Theta_\mathrm{B} = \frac{\pi}{2} - (\varphi - \Theta_\mathrm{i}) \tag{8.152}$$

であるため，Bragg 条件 (8.149) 式は

第2部　偏光伝搬解析の応用

$$\cos(\varphi - \Theta_1) = \frac{K}{2\beta} = \frac{K\lambda}{4\pi\bar{n}} \tag{8.153}$$

と書き直すことができる．$\Delta\Theta, \Delta\lambda$ はともに小さいものとすることで(8.153)式を微分すると

$$4\pi\bar{n}\sin(\varphi - \Theta_0)\Delta\Theta = K\Delta\lambda \tag{8.154}$$

が得られ，これにより角度のずれと波長のずれの関係を求めることができる．

(8.145)式を(8.140)式で与えられる波動方程式に代入し，$\exp(i\boldsymbol{\rho}\cdot\mathbf{r})$ および $\exp(i\boldsymbol{\sigma}\cdot\mathbf{r})$ の係数をそれぞれ等しいとすると

$$\frac{d^2R}{dz^2} - i2\rho_z\frac{dR}{dz} + 2\kappa\beta S = 0 \tag{8.155}$$

$$\frac{d^2S}{dz^2} - i2\sigma_z\frac{dS}{dz} + (\beta^2 - \sigma^2)S + 2\kappa\beta R = 0 \tag{8.156}$$

となる．ただし，$\sigma = |\boldsymbol{\sigma}|$ である．ここで，(8.147)式より，$\rho = |\boldsymbol{\rho}|$ として

$$\beta^2 - \sigma^2 = \beta^2 - \rho^2 + 2\boldsymbol{\rho}\cdot\mathbf{K} - K^2 = 2\rho K\cos[(\varphi - \Theta_0) - \Delta\Theta] - K^2 \tag{8.157}$$

が得られる．一方，(8.150)，(8.151)および(8.153)式より

$$\cos[(\varphi - \Theta_0) - \Delta\Theta] = \cos(\varphi - \Theta_0)\cos\Delta\Theta + \sin(\varphi - \Theta_0)\sin\Delta\Theta$$
$$\simeq \cos(\varphi - \Theta_0) + \Delta\Theta\sin(\varphi - \Theta_0)$$
$$\simeq \frac{K}{2\beta} + \Delta\Theta\sin(\varphi - \Theta_0) \tag{8.158}$$

となることから，(8.157)式は

$$\beta^2 - \sigma^2 \simeq 2\rho K\left[\frac{K}{2\beta} + \Delta\Theta\sin(\varphi - \Theta_0)\right] - K^2$$
$$\simeq 2\rho K\Delta\Theta\sin(\varphi - \Theta_0) \simeq 2\beta K\Delta\Theta\sin(\varphi - \Theta_0) \tag{8.159}$$

となる．今，Bragg条件からのずれを表すパラメータとして

$$\Gamma = \frac{\beta^2 - \sigma^2}{2\beta} \tag{8.160}$$

を定義すると，(8.154)，(8.159)式より

$$\Gamma \simeq \Delta\Theta K\sin(\varphi - \Theta_0) \simeq \frac{\Delta\lambda K^2}{4\pi\bar{n}} \tag{8.161}$$

第 8 章　ベクトルホログラム

が得られる.ここで,R および S は z 方向へ緩やかに変化するものと考え,(8.155),(8.156)式における 2 階微分の項を無視し(slowly varying approximation),(8.160)式を用いると

$$c_R \frac{dR}{dz} = -i\kappa S \tag{8.162}$$

$$c_S \frac{dS}{dz} + i\Gamma S = -i\kappa R \tag{8.163}$$

となる.ただし

$$c_R = \frac{\rho_z}{\beta} = \cos\Theta_i \tag{8.164}$$

$$c_S = \frac{\sigma_z}{\beta} = \cos\Theta_i - \frac{K}{\beta}\cos\varphi \tag{8.165}$$

である.(8.162)および(8.163)式が今後用いる結合方程式である.これらの式は,z 方向への振幅の変化 dR/dz および dS/dz は,結合定数 κ によって決まり,Bragg 条件から外れると位相項 ΓS が影響して回折の様子が変わることを表している.

結合方程式を解くために,入射光および回折光を

$$R(z) = r_1 \exp(\gamma_1 z) + r_2 \exp(\gamma_2 z) \tag{8.166}$$

$$S(z) = s_1 \exp(\gamma_1 z) + s_2 \exp(\gamma_2 z) \tag{8.167}$$

と考える.ここで,$\gamma_1, \gamma_2, r_1, r_2, s_1, s_2$ は定数である.γ_1 および γ_2 は,(8.166),(8.167)式を(8.162),(8.163)式に代入して

$$c_R \gamma_m r_m = -i\kappa s_m \quad (m=1,2) \tag{8.168}$$

$$(c_S \gamma_m + i\Gamma) s_m = -i\kappa r_m \quad (m=1,2) \tag{8.169}$$

となり,これらをかけ合わせることにより 2 次方程式

$$c_R \gamma_m (c_S \gamma_m + i\Gamma) = -\kappa^2 \tag{8.170}$$

が得られることから,これを解くことで

$$\gamma_{1,2} = -i\frac{\Gamma}{2c_S} \pm \frac{1}{2}\left[\left(\frac{\Gamma}{c_S}\right)^2 - \frac{4\kappa^2}{c_R c_S}\right]^{1/2} \tag{8.171}$$

として求められる.r_1, r_2, s_1, s_2 は境界条件により決まる定数である.透過型格

子の場合，格子は yz 面に対してほぼ平行であることから，$z=0$ の面に入射した光 R のエネルギーは，格子を通過する間に結合を生じ，$z=d$ から出射する回折光 S へと移動する．すなわち，入射光が単位振幅を有するとして

$$R(0) = 1 \tag{8.172}$$

$$S(0) = 0 \tag{8.173}$$

と表すことができる．これらに (8.166)，(8.167) 式を代入すると

$$r_1 + r_2 = 1 \tag{8.174}$$
$$s_1 + s_2 = 0 \tag{8.175}$$

となり，(8.170) 式から

$$s_1 = -s_2 = \frac{-i\kappa}{c_S(\gamma_1 - \gamma_2)} \tag{8.176}$$

となる．これを (8.167) 式へ代入すると

$$S(d) = \frac{i\kappa}{c_S(\gamma_1 - \gamma_2)} [\exp(\gamma_2 d) - \exp(\gamma_1 d)] \tag{8.177}$$

となり，これと (8.171) 式から

$$S(d) = -i \frac{\sqrt{c_R/c_S} \exp(-i\xi) \sin\sqrt{\nu^2 + \xi^2}}{\sqrt{1 + (\xi^2/\nu^2)}} \tag{8.178}$$

$$\nu = \frac{\pi n_1 d}{\lambda \sqrt{c_R c_S}} \tag{8.179}$$

$$\xi = \frac{\Gamma d}{2c_S} \tag{8.180}$$

が得られ，回折光の複素振幅が求められることとなる．ここで，回折効率は

$$\eta = \frac{|c_S|}{c_R} S(d) S^*(d) \tag{8.181}$$

で与えられることから

$$\eta = \frac{\sin^2\sqrt{\xi^2 + \nu^2}}{1 + (\xi^2/\nu^2)} \tag{8.182}$$

となる．特に，傾斜のない格子 ($\varphi = \pi/2$ の格子) の場合，$c_R = c_S = \cos\Theta_0$ で

あることから

$$\eta = \sin^2\left(\frac{\pi n_1 d}{\lambda \cos \Theta_0}\right) \tag{8.183}$$

となり，一般的によく知られた厚い格子の回折効率の表式が得られるが，本理論で用いられている近似として
・偏光を考慮していない(入射光および回折光ともにs偏光と仮定している)．
・屈折率の変調領域と自由空間との境界における回折を無視している．
・高次の回折を無視している．
・格子内部での光の複素振幅の2次微分を無視している．
が上げられる．これらの近似を取り除いたより厳密な結合波理論も多く提案されているが，それらの多くは項数の多い微分方程式を数値計算によって解く必要を有するものである．

以上に示した結合波理論を，図8.23に示した偏光回折格子に適用することを試みる．本格子は，$\theta_i = \theta_B$のときに入射光の右回り円偏光成分が左回り円偏光として，$\theta_i = -\theta_B$のときに入射光の左回り円偏光成分が右回り円偏光としてそれぞれ回折される．ここで，右回り円偏光と左回り円偏光は互いに直行した偏光であり，任意の完全偏光は両者の和として表現することができることから，右回り円偏光成分に対する回折効率をη_+，左回り円偏光に対する回折効率をη_-とし，回折効率を

$$\eta = \eta_+ + \eta_- \tag{8.184}$$

として考える．回折効率の入射角依存性を計算するため，$\varphi = \pi/2$とし，右回りおよび左回り円偏光成分に対するBragg条件からずれを

$$\xi_\pm = \frac{(\Theta_i \mp \Theta_B)\sin[(\pi/2) - \Theta_B]}{2\cos\Theta_B} \tag{8.185}$$

とそれぞれ定義し，(8.182)式を用いて

$$\eta_+ = \frac{\sin^2\sqrt{\xi_+^2 + \nu^2}}{1 + (\xi_+^2/\nu^2)}|E_{\mathrm{RCP}}|^2 \tag{8.186}$$

$$\eta_- = \frac{\sin^2\sqrt{\xi_-^2 + \nu^2}}{1 + (\xi_-^2/\nu^2)}|E_{\mathrm{LCP}}|^2 \tag{8.187}$$

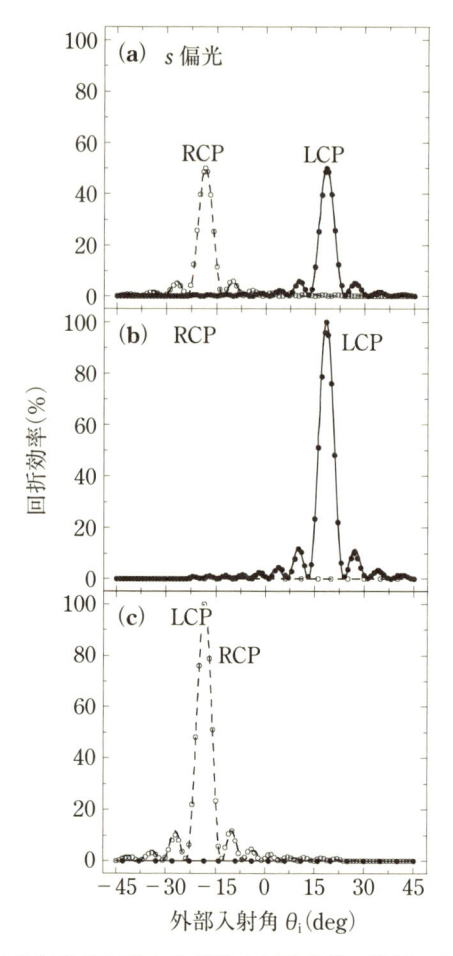

図 8.25 回折効率の入射角依存性と入射光の偏光状態の関係．ただし，$\lambda = 633$ nm, $\Lambda = 1\,\mu$m, $\bar{n} = 1.6$, $\Delta n = n_{\mathrm{e}} - n_{\mathrm{o}} = 2.07 \times 10^{-2}$, $d = 15\,\mu$m であり，入射光の偏光状態は，(a) 直線偏光，(b) 左回り円偏光，(c) 右回り円偏光．実線・波線が結合波理論による計算結果，黒丸・白丸が FDTD 法による計算結果 (Sasaki ら[37] より抜粋).

とする．ここで，E_{RCP} は入射偏光の右回り円偏光成分を，E_{LCP} は左回り円偏光成分をそれぞれ表すものであり，単位振幅を有する入射偏光に対し，その x

成分を E_x, y 成分を E_y とすると

$$\begin{bmatrix} E_{\text{LCP}} \\ E_{\text{RCP}} \end{bmatrix} = \mathbf{U} \begin{bmatrix} E_x \\ E_y \end{bmatrix} \tag{8.188}$$

で求められる．ここで，$\mathbf{U}$ は基底変換のための行列であり

$$\mathbf{U} = \frac{1}{\sqrt{2}} \begin{bmatrix} 1 & -i \\ i & -1 \end{bmatrix} \tag{8.189}$$

である．

以上の解析理論により，厚いベクトルホログラムからの回折特性をFDTD法により数値解析した結果と比較した結果を図 8.25 に示す．両者は大変よく一致している．

8.5 異方性を有する偏光記録媒体への3次元ベクトルホログラム記録

前項までは，ベクトルホログラムを記録する偏光記録媒体は等方性材料と仮定し，第1部で説明した偏光解析の手法を駆使して解析する方法を紹介した．ところで，偏光記録媒体においては，記録媒体自身が結晶や液晶である場合が多くあり，その場合には偏光記録する前から偏光記録媒体自身が固有の光学異

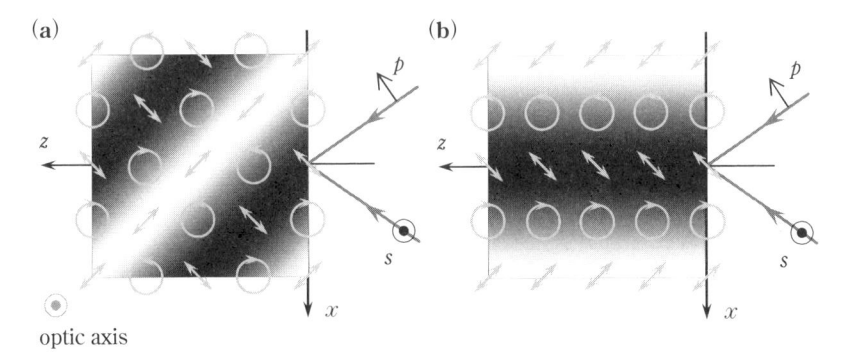

図 8.26 （a）異方性媒体および（b）等方性媒体への偏光ホログラム記録における媒体内部での偏光分布の例．異方性媒体中では伝搬の影響により z 方向へも偏光変調を生じる．

194   第2部　偏光伝搬解析の応用

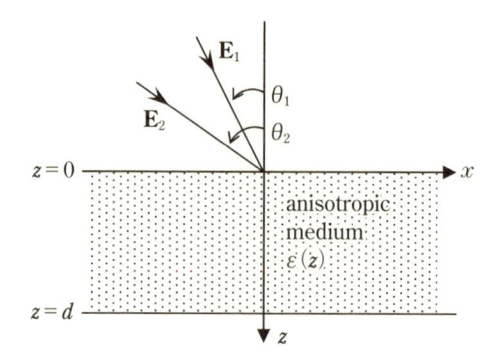

図 8.27 2つの偏光の干渉による3次元ベクトルホログラム記録を考えるための座標系．入射面は面とし，入射角度は矢印の方向を正とする．偏光記録媒体は1軸異方性媒体を想定し，x および y 方向へ誘電率の変化はないものとする．

方性を有することになる．記録材料自身が光学異方性を有していると，図 8.26(a)に示すように記録干渉光自体の偏光状態が厚さ方向で変調されることになる．このようにして偏光記録媒体中には媒体の厚さ方向も含めて光学異方性が変調された3次元ベクトルホログラムが記録されることとなる[38,39,41]．このような場合のベクトルホログラム記録の取り扱いについて理解することは，実用上も有益であるだけでなく，本書で取り扱ってきた「偏光伝搬解析技術」を駆使する必要があり，偏光伝搬解析の応用実例として本書の最終項に記載するのにふさわしい．

今，図 8.27 に示すような配置により異方性媒体へ2光波の干渉によりベクトルホログラム記録を行うことを考える．ここで，2光波は同一波長でコヒーレントな偏光であるとし，それぞれの Jones ベクトルを E_1, E_2 と表すものとする．また，両光波は空気中から記録媒体へ入射面を xz 面として入射するものとし，それぞれの入射角を θ_1, θ_2 とする．

記録媒体は膜の法線が z 軸と平行に配置された1軸異方性媒体とし，その誘電率テンソルは z 方向にのみ変化を有するものとする．このような系において，θ_1 および θ_2 は比較的小さく，入射界面における両光波の反射を無視すると，媒体中での干渉光の電場の空間分布は

$$\mathbf{E}(x,z) = \mathbf{J}_1(z)\mathbf{E}_1 \exp(ik_{x1}x) + \mathbf{J}_2(z)\mathbf{E}_2 \exp(ik_{x2}x) \tag{8.190}$$

と表すことができる．ここで，$\mathbf{J}_1$ および $\mathbf{J}_2$ は入射角が θ_1 および θ_2 の記録光に対する拡張 Jones 行列をそれぞれ表す．また，入射界面において位相が x 軸方向へ連続であることから，

$$k_{x1} = \frac{2\pi}{\lambda_{\text{pump}}} \sin \theta_1 \tag{8.191}$$

$$k_{x2} = \frac{2\pi}{\lambda_{\text{pump}}} \sin \theta_2 \tag{8.192}$$

となる．ただし，λ_{pump} は記録光の波長である．

まず異方性媒体中での記録光の偏光干渉電場の計算を行う．記録媒体は光学軸が軸に平行な1軸異方性膜とし，屈折率を $n_\text{o} = 1.52$，$n_\text{e} = 1.75$，膜厚を $d = 10\,\mu\text{m}$ とする．また，入射界面を $z = 0$ とする．記録光の波長は $\lambda_{\text{pump}} = 532\,\text{nm}$，入射角は $\theta_1 = -\theta_2 = -1.5°$ とする．このような条件のもと，2光波の強度は互いに等しいとし，その偏光状態を（a）ともに s 偏光，（b）ともに $+45°$ 方位の直線偏光，（c）ともに右回り円偏光，（d）s 偏光と p 偏光，（e）$\pm 45°$ 方位の直線偏光，（f）右回りおよび左回りの円偏光とした場合の媒体内部における干渉電場の偏光分布を Stokes パラメータの分布として図 8.28 に示す．また，$n_\text{o} = n_\text{e} = 1.6$ とすることで記録媒体に等方性膜を仮定した場合の計算結果を，図 8.28 に対する比較対象として図 8.29 に示す．（a）の場合，異方性媒質中での電場分布と等方性媒体中での電場分布に違いが生じていないことがわかる．これは，異方性媒体の光学軸と s 偏光の方位が平行となっていることから，両光波は異方性を感じないことに起因する．（b）および（c）の場合は，異方性媒体中では z 方向へも偏光が変調されていることがわかる．これは両光波が媒体の異方性を感じて伝搬するためである．

（b）と（c）における偏光分布は S_2 および S_3 の分布が z 方向へそれぞれ半周期ずれたものとなっている．これは入射界面における偏光分布から容易に推測される結果である．（d）の場合，両光波は光軸と直交あるいは平行な偏光であることから，それぞれは媒体の異方性を感じることはないが，媒体を伝搬するにしたがって両者に位相差が生じるため z 方向へ偏光分布が生じることになる．（e）および（f）の場合は，（b）および（c）の場合と同様に考えることがで

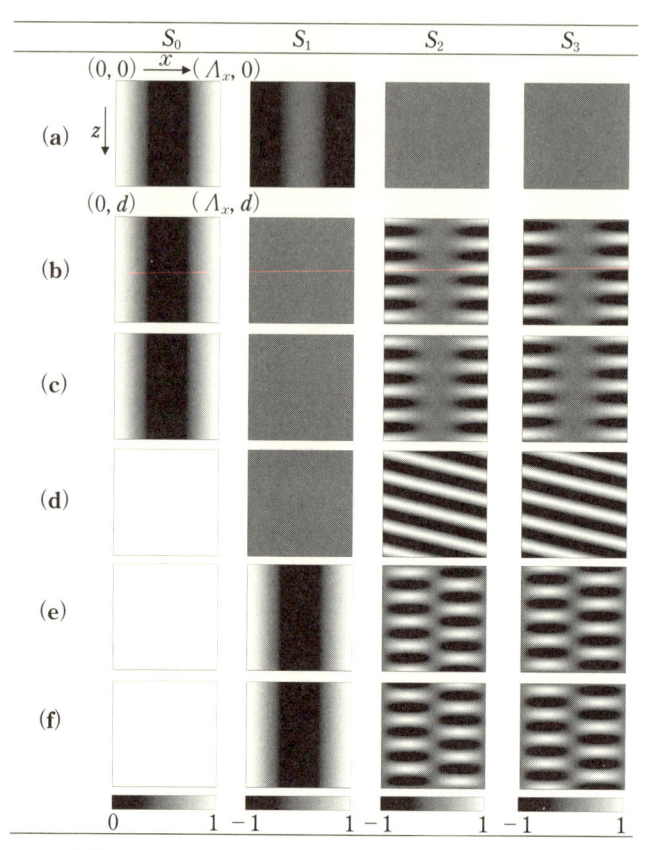

図8.28 異方性媒体中における干渉光の規格化したStokesパラメータの空間分布．2光波の偏光状態は，（a）ともにs偏光，（b）ともに$+45°$方位の直線偏光，（c）ともに右回り円偏光，（d）s偏光とp偏光，（e）$\pm 45°$方位の直線偏光，（f）右回りおよび左回りの円偏光．Λ_xはx方向への分布の1周期，dは膜厚であり，ともに10 μmである．

きる．これらの結果から，異方性媒体中では伝搬による偏光および位相差の変化に起因し，干渉光の偏光分布が伝搬方向へも変調し得るものであることがわかる．

　記録光の媒体中での偏光状態が決まると，それに対応して偏光記録媒体中に

第8章 ベクトルホログラム 197

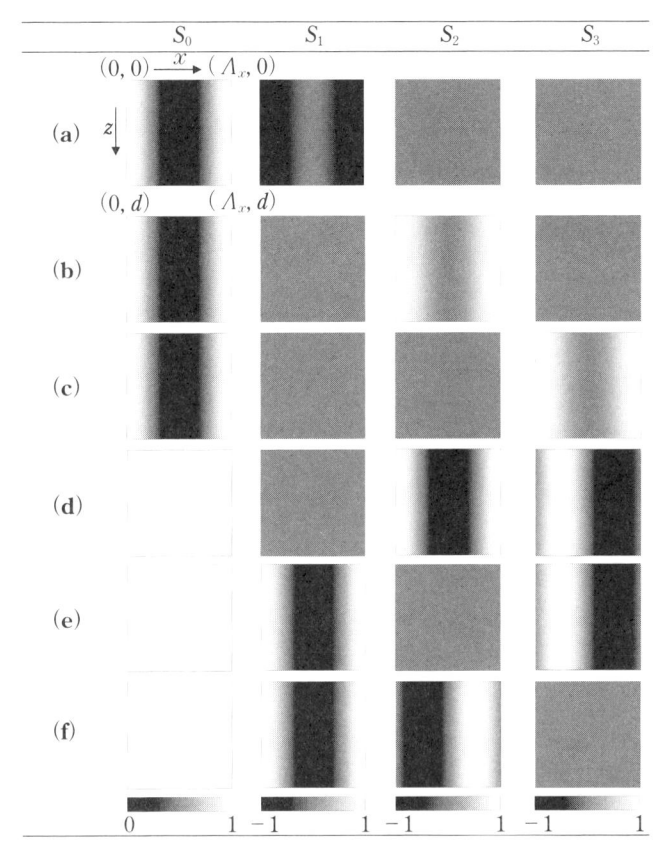

図 8.29 等方性媒体中における干渉光の規格化した Stokes パラメータの空間分布．2光波の偏光状態は，(a)ともに s 偏光，(b)ともに +45°方位の直線偏光，(c)ともに右回り円偏光，(d) s 偏光と p 偏光，(e) ±45°方位の直線偏光，(f)右回りおよび左回りの円偏光．Λ_x は x 方向への分布の1周期，d は膜厚であり，ともに 10 μm である．

光学異方性が誘起されることになる．ここでは，代表的な液晶系の偏光記録媒体を想定し，記録光波の偏光電場によって液晶分子配向(ダイレクタ)が回転する場合についてその解析方法を紹介する．つまり，3次元ベクトルホログラム記録により形成される格子構造の示す回折特性を理論的に検討するため，偏光

干渉光の照射により媒体中に誘起されるダイレクタ分布をモデル化する．今，(8.138)式により得られる干渉光の偏光分布からダイレクタ分布を定式化することを考える．このためには媒体中における干渉光の伝搬する方向を決める必要があり，ここではz軸とその方向との成す角を，$\Theta_s = \sin^{-1}[(\sin\theta_s/\bar{n})]$として考える．ここで，$\bar{n}$は媒体の平均的な屈折率とする．これを用い，干渉光の偏光を定義する面を新たに$x'y'$面とした$x'y'z'$座標系を

$$\begin{bmatrix} x' \\ y' \\ z' \end{bmatrix} = \mathbf{R}^{-1}(\Theta_s) \begin{bmatrix} x \\ y \\ z \end{bmatrix} \tag{8.193}$$

と定義する．ここで，$\mathbf{R}^{-1}(\Theta_s)$は$xz$面における回転行列

$$\mathbf{R}(\Theta_s) = \begin{bmatrix} \cos\Theta_s & 0 & -\sin\Theta_s \\ 0 & 1 & 0 \\ \sin\Theta_s & 0 & \cos\Theta_s \end{bmatrix} \tag{8.194}$$

の逆行列である．xyz座標系における初期状態でのダイレクタは，ダイレクタと面(基板面)の成す角をθ_0，x軸とダイレクタのxy面への射影の成す角をϕ_0とすると

$$\mathbf{n} = \begin{bmatrix} \cos\theta_0 \cos\phi_0 \\ \cos\theta_0 \sin\phi_0 \\ \sin\theta_0 \end{bmatrix} \tag{8.195}$$

で与えられる．これを用いると，$x'y'z'$座標系における初期状態でのダイレクタは

$$\mathbf{n}' = \mathbf{R}^{-1}(\Theta_s)\mathbf{n} \tag{8.196}$$

となる．一方で，$\mathbf{n}'$と$x'y'$面の成す角をθ_0'，x'軸と$\mathbf{n}'$の$x'y'$面への射影の成す角をϕ_0'とすると

$$\mathbf{n}' = \begin{bmatrix} \cos\theta_0' \cos\phi' \\ \cos\theta_0' \sin\phi' \\ \sin\theta_0' \end{bmatrix} \tag{8.197}$$

とも書くことができる．これを用い，$x'y'z'$座標系における分子再配列後のダイレクタを

$$\mathbf{n}'_{\text{re}} = \begin{bmatrix} \cos(\theta'_0 + \theta'_{\text{re}})\cos(\phi'_0 + \phi'_{\text{re}}) \\ \cos(\theta'_0 + \theta'_{\text{re}})\sin(\phi'_0 + \phi'_{\text{re}}) \\ \sin(\theta'_0 + \theta'_{\text{re}}) \end{bmatrix} \tag{8.198}$$

と考える．ここで，θ'_{re} および ϕ'_{re} が実際に誘起された $x'y'z'$ 座標系におけるダイレクタの傾き角であり，これを干渉光の偏光と関連付けることを考える．以下，簡単のため誘起されるダイレクタの傾き角は小さいものとし，θ'_{re} および ϕ'_{re} の大きさは光の強度に比例するものと仮定する．また，偏光の方位と直交する方向にダイレクタが傾くものと考える（これは，液晶系偏光記録媒体の種類による）．これらの仮定のもと，傾き角は吸収量に関係するものとし，$\mathbf{E} \equiv (E'_x, E'_y)$ として得られる電場の x' 成分 E'_x と電界の y' 成分 E'_y とから決まる干渉光の Stokes パラメータを用いて

$$\theta'_{\text{re}} = C_\theta |\mathbf{n}' \cdot \mathbf{E}_\text{n}| S_0 \tag{8.199}$$

$$\phi'_{\text{re}} = C_\phi |\mathbf{n}' \cdot \mathbf{E}_\text{n}| [S_1 \sin(2\phi'_0) - S_2 \cos(2\phi'_0)] \tag{8.200}$$

となると考える．ここで，C_θ および C_ϕ は光強度に対する比例定数であり，偏光記録媒体の感受率を表す．また，$\mathbf{E}_\text{n}$ は干渉光の規格化した電場ベクトルであり

$$\mathbf{E}_\text{n} = \frac{1}{\sqrt{|E'_x| + |E'_y|}} \begin{bmatrix} E'_x \\ E'_y \\ 0 \end{bmatrix} \tag{8.201}$$

で与えられる．(8.199)および(8.200)式を(8.198)式へ代入することで，$x'y'z'$ 座標系における分子再配列後のダイレクタが求められ，これを用いると xyz 座標系における液晶分子再配列後のダイレクタは

$$\mathbf{n}_{\text{re}} = \mathbf{R}(\Theta_s) \mathbf{n}'_{\text{re}} \equiv \begin{bmatrix} n_x \\ n_y \\ n_z \end{bmatrix} \tag{8.202}$$

と求めることができる．一方で，xyz 座標系における液晶分子再配列後のダイレクタは

$$\mathbf{n}_{\text{re}} = \begin{bmatrix} \cos\theta\cos\phi \\ \cos\theta\sin\phi \\ \sin\theta \end{bmatrix} \tag{8.203}$$

とも書くことができる．ここで，θ は xy 面と分子再配列後のダイレクタの成す角，ϕ は x 軸と分子再配列後のダイレクタの xy 面への射影の成す角であり

$$\theta(x,z) = \sin^{-1} n_z \tag{8.204}$$

$$\phi(x,z) = \sin^{-1}(n_y/\cos\theta) \tag{8.205}$$

と書ける．最終的に xyz 座標系において，誘起された傾き角の空間分布は

$$\theta_{\mathrm{re}}(x,z) = \theta - \theta_0 \tag{8.206}$$

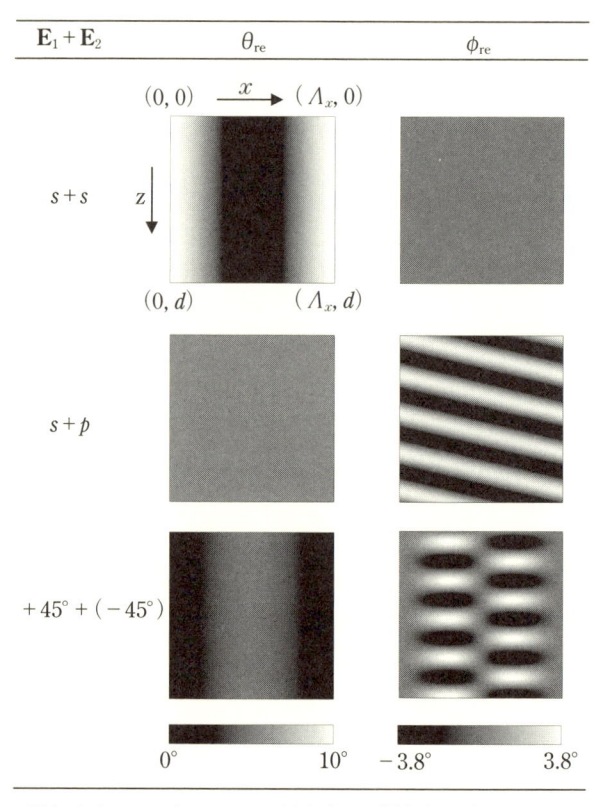

図 **8.30** 誘起されるダイレクタの傾き角の計算結果（$\phi_0 = 90°, \theta_s = 0°$）．計算条件は図 8.28 に対するものと同様．

第 8 章　ベクトルホログラム

$$\phi_{\mathrm{re}}(x,z) = \phi - \phi_0 \qquad (8.207)$$

と求められる．ここで，以上のモデルを用いて，図 8.28 の（a），（d），（e）に示した条件において形成されたものを考える．それぞれの条件に対して誘起されるダイレクタの傾き角の空間分布を，**図 8.30** に示す．これらを計算するためには，記録光の強度および誘起されるダイレクタの傾き角の光強度に対する比例定数 C_θ, C_ϕ を決定する必要があるが，ここでは仮に，$C_\theta = 4.9 \times 10^{-2}\,\mathrm{cm^2/W}$，$C_\phi = 4.8 \times 10^{-2}\,\mathrm{cm^2/W}$ としている．

図 8.30 に示したダイレクタの傾き角度の 3 次元空間分布に対してどのような回折特性を示すかを以下に計算していく．回折特性は，まず屈折率異方性分布を透過した後の光波電界分布を計算し，次にそれを Fourier 変換して遠方回折電場を計算することによって求められる．3 次元ベクトルホログラムで取り扱う異方性分布は 3 次元的に分布していると同時に斜めからの光波入射も取り扱う必要がある．ここでは，このような系を取り扱える方法として拡張 Jones 法と FDTD 法を取り上げ両者の比較を行う．

はじめに，拡張 Jones 行列法の適用法について説明する．異方的構造体を x 方向および z 方向へ微細に分割して考える．分割された領域内で誘電率テンソルは均一であるとし，それぞれの領域に対して拡張 Jones 行列を定義する．すなわち，系全体の拡張 Jones 行列を形式的に x 方向への関数であると考えることにより，観測光の入射角度に応じて透過光の Jones ベクトルもまた形式的に x の関数であると考える．実験において観測するのは周期構造の回折特性であるので，透過光の Jones ベクトルの各成分をそれぞれ Fourier 変換することにより回折光の電界分布を計算する．

次に，FDTD 法の適用法について説明する．計算モデルを **図 8.31** に示す．解析空間は 2 次元とし，z 方向へ順に空気層，反射防止膜，異方的構造体，反射防止膜，空気層を設けている．なお，解析領域の周囲には PML を設置している．一方の空気層に光源を仮定して解析領域全体での電磁場分布の計算を行った後，もう一方の空気層における反射防止膜透過後の各電場成分の x 方向への分布を透過光の電界分布として抽出し，各成分を Fourier 変換することで回折光の電場分布を算出する．

図 8.30 に示した配向分布に対し，観測光を方位が 90° の直線偏光とし，その入射角を変化させた場合の ±1 次の回折効率を拡張 Jones 法および FDTD 法

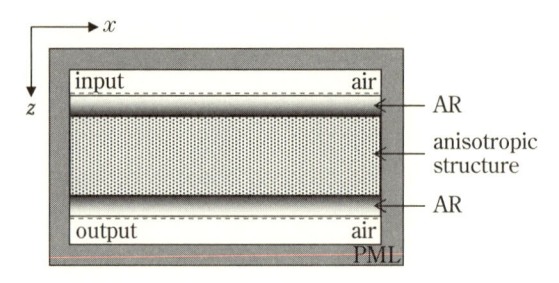

図 8.31 FDTD 法による光学特性の計算に用いたモデル（AR, antireflection layer；PML, perfectly matched layer）．PML も含めた全解析領域（x 方向 × z 方向）のサイズは 162 μm × 15 μm，PML の厚さは 1 μm，各 AR の厚さ（z 方向への幅）は 1 μm，各空気層の厚さ（z 方向への幅）は 1.5 μm，$\Delta x = \Delta z = 20$ nm，$\Delta t = 4.7 \times 10^{-2}$ fs，$\lambda_{\text{probe}} = 633$ nm．

を用いて計算した．この結果を**図 8.32** に示す．

　回折効率は回折光の強度と全透過光強度の比として算出している．s 偏光と s 偏光の干渉により誘起された分子再配列に対して両手法により計算された回折効率は，垂直入射あるいは入射角が比較的小さい領域において比較的よく一致しているが，入射角が大きくなるにしたがって両者のずれは大きくなっている．これは，拡張 Jones 行列法において媒体中における各領域での境界の効果を考慮していないことに起因するものと推測される．言い換えると，垂直入射を考える上では FDTD 法を用いずとも拡張 Jones 行列法によって実験結果を説明できることが考えられる．s 偏光と p 偏光の干渉により誘起された分子再配列に対しては，両者の間で ±1 次の回折光強度の入射角に対する依存性が顕著に異なるという（+1 次光が微弱となる）傾向は一致しているが，その依存性自体は大きく異なるものである．±45°方位の直線偏光の干渉による記録に対しても，両者の結果は大きく異なるものとなっている．以上，図 8.32 に示した結果から，拡張 Jones 行列法を用いて回折光強度の入射角依存性を検討することは難しいと考えられる．したがって，実際の回折特性の全般の検討としては FDTD 法による計算が必要である．しかしながら，垂直入射に対しては両計算結果が比較的よく一致する場合もあるため，場合によっては使い分けることも必要である．例えば仮想的に記録光強度を変化させることで誘起される

第8章 ベクトルホログラム

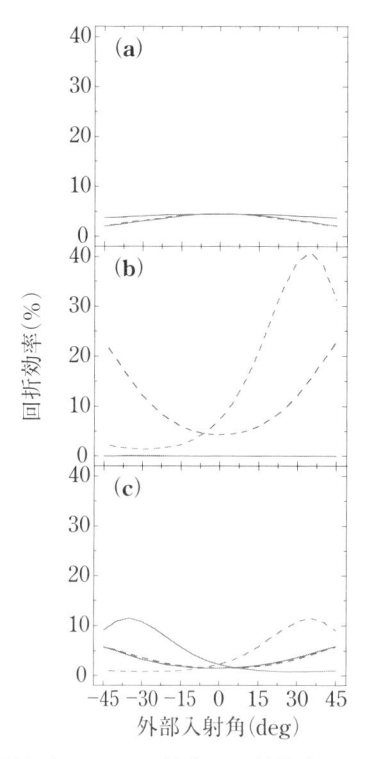

図 **8.32** 図 8.30 に示したモデルに対する回折効率の FDTD 法および拡張 Jones 法による計算結果の比較．記録光の偏光状態は，（a）s 偏光と s 偏光，（b）s 偏光と p 偏光，（c）$+45°$ 方位の直線偏光と $-45°$ 方位の直線偏光．入射光は $90°$ 方位の直線偏光．

ダイレクタの傾き角の大きさを変えた配向分布モデルに対し，その回折効率を垂直入射に限定して両手法により計算し，結果を比較した．図 **8.33** にこの計算結果を示す．図 8.33 に示した計算結果は，記録光強度以外の条件は図 8.32 に示した計算結果のものと同様であり，観測光の偏光も $90°$ の直線偏光としている．この結果から，図 8.32 に示した結果と同様に，s 偏光と s 偏光の干渉による記録に対して両計算結果はよく一致するものとなった．一方で，その他 2 つの記録条件に対しても，励起光強度の上昇に伴う回折効率の増減の傾向は拡

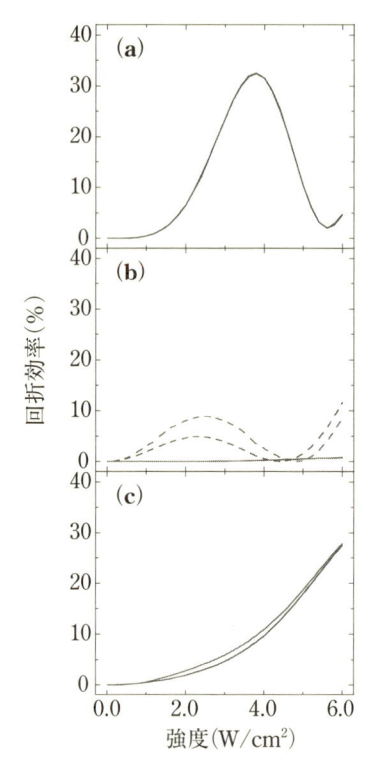

図 8.33 観測光を垂直入射 ($\theta_{in}=0$) に限定した場合の FDTD 法と拡張 Jones 行列法による回折効率の計算結果の比較. 記録光の偏光状態は, (a) s 偏光と s 偏光, (b) s 偏光と p 偏光, (c) $+45°$ 方位の直線偏光と $-45°$ の直線偏光. 観測光は $90°$ 方位の直線偏光としている.

張 Jones 行列法によってもある程度再現可能であることがわかった. 両数値計算に必要な計算時間は, 拡張 Jones 行列法の方が大幅に短い(本検討に限っていえば FDTD 法に比べ 10^{-5} 倍程度で済む)ことから, これらの知見は例えば実験結果との対比から各計算パラメータを大まかに決める場合や, およその回折特性を知るといった観点からすると有益なものであると思われる.

参 考 文 献

1) 鶴田匡夫,「応用光学Ⅰ,Ⅱ」, 培風館(1990).
2) Eugene Hecht, 尾崎義治・朝倉利光 訳,「ヘクト光学Ⅰ,Ⅱ,Ⅲ」, 丸善(2004).
3) 吉原邦夫,「物理光学」, 共立出版(1984).
4) Max Born and Emil Wolf, 草川徹・横田英嗣 訳,「光学の原理Ⅰ,Ⅱ,Ⅲ」, 東海大学出版会(1991).
5) 會田軍太夫,「波動光学入門」, 東京電機大学出版会(1980).
6) 応用物理学会光学懇話会 編,「結晶光学」, 森北出版(2003).
7) R. C. Jones, A New Calculus for the Treat of Optical Systems I, J. Opt. Soc. Am. **31**, 488-493(1941).
8) H. Hurwitz and R. C. Jones, A New Calculus for the Treat of Optical Systems II, J. Opt. Soc. Am. **31**, 493-499(1941).
9) R. C. Jones, A New Calculus for the Treat of Optical Systems III, J. Opt. Soc. Am. **31**, 500-503(1941).
10) R. C. Jones, A New Calculus for the Treat of Optical Systems IV, J. Opt. Soc. Am. **32**, 486-493(1942).
11) R. C. Jones, A New Calculus for the Treat of Optical Systems V, J. Opt. Soc. Am. **37**, 107-110(1947).
12) R. C. Jones, A New Calculus for the Treat of Optical Systems V, J. Opt. Soc. Am. **37**, 110-112(1947).
13) R. C. Jones, A New Calculus for the Treat of Optical Systems VI, J. Opt. Soc. Am. **38**, 671-685(1948).
14) W. A. Shurcliff, 福富武夫・有賀那加夫・三輪啓二 訳,「偏光とその応用」, 共立出版(1968).
15) A. Gerrard and J. M. Burch, *"Introduction to Matrix Methods in Optics"*, Dover Publication, Inc. New York(1994).
16) P. Yeh and C. Gu, *"Optics of Liquid Crystal Displays"*, John Wiley and Sons, Inc. New York(1999).
17) P. Yeh, J. Opt. Soc. Am. **72**, 507(1982).

18) A. Lien, J. Appl. Phys. **67**, 2853 (1990).
19) A. Lien, Appl. Phys. Lett. **57**, 2767 (1990).
20) A. Lien, Liq. Cryst. **22**, 171 (1997).
21) 赤羽正志, 液晶 **4**, 165 (2000).
22) W. H. Southwell, Opt. Lett. **8**, 584 (1983).
23) P. Hariharan, *"Optical Holography"*, Cambridge University Press, New York (1996).
24) K. S. Yee, IEEE Trans. Antennas Propag. **14**, 302 (1966).
25) A. Taflove and S. C. Hagness, *"Computational Electrodynamics : The Finite-Difference Time-domain Method"*, Artech House, Inc. Boston (2005).
26) J. P. Berenger, J. Comput. Phys. **114**, 185 (1994).
27) 市川裕之, 光学 **27**, 647 (1998).
28) 市川裕之, 光学 **37**, 340 (2006).
29) E. E. Kriezis and S. J. Elston, Opt. Commun. **177**, 69 (2000).
30) C.-L. Ting, C.-C. Liao and A.-Y. Fuh, Opt. Express **14**, 5594 (2006).
31) C. Oh and M. J. Escuti, Opt. Express **14**, 11870 (2006).
32) C. Oh and M. J. Escuti, Phys. Rev. A **76**, 043815 (2007).
33) J.-P. Berenger, J. Comput. Phys. **114**, 185 (1994).
34) L. Nikolova and P. S. Ramanujam, *"Polarization Holography"*, Cambridge University Press, Cambridge (2009).
35) H. Ono, T. Sekiguchi, A. Emoto and N. Kawatsuki, Jpn. J. Appl. Phys. **47**, 3559 (2008).
36) H. Ono, T. Sekiguchi, A. Emoto, T. Shioda and N. Kawatsuki, Jpn. J. Appl. Phys. **47**, 7963 (2008).
37) T. Sasaki, K. Miura, O. Hanaizumi, A. Emoto and H. Ono, Appl. Opt. **49**, 5205 (2010).
38) T. Sasaki, H. Ono and N. Kawatsuki, Appl. Opt. **47**, 2192 (2008).
39) T. Sasaki, H. Ono and N. Kawatsuki, J. Appl. Phys. **104**, 043524 (2008).
40) H. Ono and N. Kawatsuki, Photoinduced Reorientation of Photo-Cross-Linkable Polymer Liquid Crystals and Applications to Highly Functionalized Optical Devices, in *"Hand book of Organic Electronics and Photonics"*, American Scientific Publishers (2008).
41) T. Sasaki, A. Emoto, K. Miura, O. Hanaizumi, N. Kawatsuki and H. Ono, Three-Dimensional Vector Holograms in Photoreactive Anisotropic Media, in

"Holograms-Recording Materials and Applications", InTech(2011).

索　引

あ
Ampère の法則 ················· 4

い
Yee 格子 ····················· 117
異常光屈折率 ·········· 28,172,183
異常光線 ····················· 27
異常波 ······················· 27
位相型回折格子 ················ 88
位相差 ··················· 8,16,58
位相子 ······················· 16
位相速度 ····················· 21
位相変調の深さ ················ 94
異方性回折格子 ················ 90
異方性媒体 ············ 19,26,122
In-line hologram ············· 109

う
ウォークオフ ·················· 28

え
液晶 ························ 129
　　──ダイレクタ ··········· 131
　　コレステリック── ······· 136
s 偏光 ······················· 18
FDTD 法 ················· 117,175
円偏光 ······················· 10

お
Off-axis hologram ············ 111

か
回折格子 ·················· 68,85
　　位相型── ················ 88
　　異方性── ················ 90

振幅型── ··················· 87
回転行列 ········ 40,58,138,153,183,198
Gauss の法則 ·················· 4
拡張 Jones 行列 ·············· 50,195
可視度 ······················ 111
完全 Jones ベクトル ··········· 37
完全偏光 ····················· 16

き
規格化 Jones ベクトル ········· 37
境界条件 ·················· 30,50
局所伝搬行列 ················· 54
共役像 ······················ 110
虚像 ························ 110
Kirchhoff の公式 ············· 77
記録対象物 ·················· 109

く
空間周波数 ··················· 80
Courant の安定化条件 ········ 125
屈折率楕円体 ················· 25
グリーンの定理 ··············· 76
クロスニコル配置 ·········· 43,131

け
結合定数 ·················· 91,186
結合波理論 ················ 91,181
結合方程式 ·················· 189
検光子 ······················· 43

こ
光学軸 ··················· 16,24
格子ベクトル ··············· 87,91
構造性複屈折 ················· 29
Kogelnik ····················· 91

210　　　　　　　　　　　　　索　引

固有偏光……………………………38
コレステリック液晶………………136

さ

3次元ベクトルホログラム ………194
参照光………………………………109

し

実像…………………………………110
充填率…………………………………30
主屈折率………………………………25
主軸………………………………20,25
主断面…………………………………27
主平面…………………………………27
主誘電率…………………………20,25
常光屈折率…………………28,172,183
常光線…………………………………27
消光比…………………………………63
消衰係数………………………………39
Jones 行列……………………39,90,129
　　　拡張――…………………50,195
Jones ベクトル…………………37,194
　　　完全――………………………37
　　　規格化――……………………37
振幅型回折格子………………………87
振幅比角…………………13,154,164,172

す

数値電磁解析法……………………117
Stokes パラメータ
　　　………………13,147,148,158,169,195
Stokes ベクトル…………………13,57
Snell の法則…………………………55
slowly varying approximation……93,189

せ

正常波…………………………………27
Senarmont 複屈折測定法………47,61

た

体積型格子……………………………91
楕円偏光………………………………8
楕円率…………………………………13
　　――角………………………13,65

ち

直線偏光………………………………10

て

電荷の保存則…………………………4
電気的主軸……………………………20
伝搬行列………………………………53

と

等位相面………………………………6
等方性媒体………………………26,122
Tranverse Electric（TE）偏光……18
Tranverse Magnetic（TM）偏光……18

な

ナノインプリント…………………35,106

に

2色性…………………………………39

ね

ネマチック液晶相…………………129

は

Perfectly Marched Layer…………126
波数……………………………………6
　　――ベクトル………………20,50,91
波動方程式……………………………5
波面……………………………………6
パラレルニコル配置…………………43

ひ

p 偏光…………………………………18

微分伝搬行列………………………53	p———……………………………18
非偏光………………………………16,57	非———…………………………16,57
表面レリーフ………………………106	部分———………………………16,57
	———の干渉……………………69
ふ	偏光感受率…………………………145
Farady の電磁誘導の法則…………4	偏光記録媒体…………………145,193
Fourier 級数展開……………88,98,171	偏光子………………………………43
Fourier 変換…………………………80	偏光楕円率………………………63,65
Fourier hologram…………………112	偏光度………………………………16
複屈折……………………………16,27	偏光の干渉…………………………69
構造性———………………29	偏光変調干渉………………………69
物体光………………………………109	偏光方位角……………………10,12,65
部分偏光…………………………16,57	偏光ホログラム……………………145
部分偏光子…………………………58	
Fraunhofer 回折…………………79,88	**ほ**
Bragg 回折…………………………179	ポアンカレ球………………………15
Bragg 角……………………………92	ポインティングベクトル………6,22
Bragg 条件………………………92,139	放射効率……………………………31
Bragg 領域…………………………139	法線速度面…………………………23
Fresnel 回折…………………………79	polar plot……………………………63
Fresnel-Kirchhoff の回折式………78	ホログラフィ………………………109
Fresnel-Kirchhoff の回折理論……75	ホログラム…………………………109
Fresnel の法線速度面………………23	In-line———………………109
Fresnel の法線方程式………………23	Off-axis———………………111
	3次元ベクトル———………194
へ	Fourier———…………………112
平面波………………………………6	ベクトル———……………145,193
———近似……………………80	偏光———……………………145
ベクトルホログラム…………145,193	———記録………………68,115,145
Helmholtz 方程式………………75,91	———レンズ…………………115
偏光	Lensless Fourier———………114
s———………………………18	
円———………………………10	**ま**
完全———……………………16	Maxwell の方程式………………3,117
固有———……………………38	
楕円———……………………8	**み**
直線———……………………10	Müller 計算……………………57,61
TE———………………………18	
TM———………………………18	

ゆ

誘電感受率……………………………32
誘電率テンソル……19, 122, 138, 183, 194
誘電率の主値……………………………20

よ

4×4 行列法………………………………51

ら

$\lambda/2$ 板………………………………17, 41
$\lambda/4$ 板………………………………17, 42

れ

レリーフ格子……………………………171
Lensless Fourier hologram…………114
連続体理論………………………………132

著者略歴

小野　浩司（おの　ひろし）

1963 年	岡山県生まれ
1985 年	大阪大学・基礎工学部・物性物理工学科 卒業
1987 年	大阪大学大学院・基礎工学研究科・物理系専攻・博士前期課程 修了
1987 年	（株）クラレ中央研究所
1996 年	長岡技術科学大学・電気系 講師
1998 年	長岡技術科学大学・電気系 助教授
2004 年	長岡技術科学大学・電気系 教授
	現在に至る

この間 1992 年～1993 年 東京大学・理学部・物理学科 研究員

博士（工学）（1995 年 4 月，大阪大学）

偏光伝搬解析の基礎と応用
ジョーンズ計算法の基礎と偏光干渉，偏光回折，液晶の光学

2015 年 4 月 15 日　第 1 版 発行

著　者Ⓒ　小　野　浩　司
発　行　者　　内　田　　　学
印　刷　者　　山　岡　景　仁

著者の了解により検印を省略いたします

発行所　株式会社　内田老鶴圃　〒112-0012 東京都文京区大塚 3 丁目 34 番 3 号
　　　　電話（03）3945-6781（代）・FAX（03）3945-6782
http://www.rokakuho.co.jp/
印刷・製本/三美印刷 K.K.

Published by UCHIDA ROKAKUHO PUBLISHING CO., LTD.
3-34-3 Otsuka, Bunkyo-ku, Tokyo 112-0012, Japan

U. R. No. 611-1

ISBN 978-4-7536-5034-7 C3042

材料学シリーズ
液晶の物理
折原 宏 著　A5・264頁・本体3600円

物質の構造　マクロ材料からナノ材料まで
Allen・Thomas 著／斎藤 秀俊・大塚 正久 共訳　A5・548頁・本体8800円

材料学シリーズ
入門 表面分析　固体表面を理解するための
吉原 一紘 著　A5・224頁・本体3600円

材料学シリーズ
入門 結晶化学　増補改訂版
庄野 安彦・床次 正安 著　A5・228頁・本体3800円

材料学シリーズ
高温超伝導の材料科学　応用への礎として
村上 雅人 著　A5・264頁・本体3800円

プラズマ基礎工学　増補版
堤井 信力 著　A5・296頁・本体3800円

プラズマ気相反応工学
堤井 信力・小野 茂 著　A5・256頁・本体3800円

イオンビーム工学　イオン・固体相互作用編
藤本 文範・小牧 研一郎 共編　A5・376頁・本体6500円

イオンビームによる物質分析・物質改質
藤本 文範・小牧 研一郎 共編　A5・360頁・本体6800円

遍歴磁性とスピンゆらぎ
高橋 慶紀・吉村 一良 共著　A5・272頁・本体5700円

光の量子論　第2版
R.Loudon 著／小島 忠宣・小島 和子 共訳　A5・472頁・本体6000円

震災後の工学は何をめざすのか
東京大学大学院工学系研究科 編　A5・384頁・本体1800円

表示価格は税別の本体価格です．

材料学シリーズ

X線構造解析　原子の配列を決める
早稲田 嘉夫・松原 英一郎 著　A5・308頁・本体3800円

－ファンダメンタルコース－
第1章　X線の基本的な性質　電磁波としてのX線／連続X線／特性X線／X線の吸収／特性X線のフィルター／X線の発生および検出
第2章　結晶の幾何学　1次元対称性／7種類の結晶系と14種類のブラベー格子／具体的な結晶に見られる幾何学的特徴
第3章　結晶面および方位の記述法　格子面と格子方向の記述／ステレオ投影
第4章　原子および結晶による回折　1個の自由な電子による散乱／1個の原子による散乱／結晶による回折／ブラッグの条件とX線散乱角／単位胞（単位格子）からの散乱／構造因子の計算例
第5章　粉末試料からの回折　ディフラクトメータの原理／粉末試料からの回折X線強度の算出／粉末結晶試料における回折強度の一般式
第6章　簡単な結晶の構造解析　立方晶系の結晶の場合／正方晶系，六方晶系の場合／標準物質の回折データとの比較による解析（Hanawalt法）／標準的な粉末結晶試料に対するX線構造解析の限界
第7章　結晶物質の定量および微細結晶粒子の解析　回折ピークの積分強度を用いる結晶物質の定量／結晶粒の大きさと不均一歪みの測定

－アドバンストコース－
第8章　実格子と逆格子　単純単位胞／逆格子ベクトルの数学的定義／ブラッグの回折条件と逆格子との関係／エバルト球による回折条件の解析
第9章　原子による散乱強度の導出　1個の自由電子からの干渉性散乱強度／1個の原子からの干渉性散乱強度／X線異常分散項
第10章　小さな結晶からの回折および積分強度　小さな結晶からの散乱強度／ラウエの式／原子の熱振動による効果／小さな単結晶の積分強度／モザイク結晶の積分強度／粉末結晶試料の積分強度／積分強度による構造が未知な物質の解析
第11章　結晶における対称性の解析　2次元の点群／2次元のネット／2次元の空間群／3次元の対称性／International Tablesの見方
第12章　非晶質物質による散乱強度　ランダムな方位の物質における散乱強度／単一成分の液体あるいは非晶質固体（ガラス）／多成分の液体あるいは非晶質固体（ガラス）／最小2乗法による解析／非晶質系の構造解析の具体的な手順
第13章　異常散乱による複雑系の精密構造解析　異常散乱の特徴および装置例／異常散乱による構造解析例
一般的な参考図書／各章の参考文献／演習問題
付　録　1. 主要な物理定数／2. 元素の原子量，質量吸収係数および密度／3. 原子散乱因子／4. コンプトン散乱因子／5. 主要標準試料の回折データ／6. 立方晶系と六方晶系のミラー指数／7. 主要結晶構造における距離と配位数の関係

X線分光分析
加藤 誠軌　編著／田口 昌司・赤井 孝夫　著　A5・368頁・本体3800円
　X線と分光法の入門／X線についての基礎知識／X線分光分析装置／蛍光X線分析法／電子線励起X線分光法／X線天文学

X線で何がわかるか
加藤 誠軌　著　A5・160頁・本体1800円
　X線入門／X線透過法／X線分光法／X線回折法／X線天文学

表示価格は税別の本体価格です．

材料学シリーズ
材料物性と波動
コヒーレント波の数理と現象

石黒 孝・小野 浩司・濱崎 勝義 著　　A5・148頁・本体 2600 円

1. 波動のコヒーレンス
   波動の美しさ／波動の可干渉性（コヒーレンス）／光波の可干渉性（コヒーレンス）／コヒーレントな光波／時間的コヒーレンスと空間的コヒーレンス
2. 波の数理
   波とは—基礎事項—／Euler の無理数と Euler の式／Euler の式の導出法／Fourier 級数展開と Fourier 変換／ディジタルフィルタ回路（Fourier 変換の例）
3. 波の回折現象
   平面波と球面波／Huygens の原理と回折実験の意味／Kirchhoff の回折理論と Fourier 変換／レンズの作用
4. 実空間と逆空間
   一次元および二次元回折格子の Fourier 変換／散乱ベクトルと逆格子ベクトル／三次元格子と物質構造／回折実験と逆格子
5. コヒーレント波動の実際
   レーザー光の偏光・回折・干渉／X 線回折／電子線／超伝導電子波

セラミックス基礎講座 3
X 線回折分析

加藤 誠軌 著　　A5・356頁・本体 3000 円

1. X 線入門一日コース
   X 線は社会にどれほど貢献しているか／X 線の歴史／まず実験してみよう／粉末 X 線回折計による測定例
2. X 線と結晶についての基礎知識
   X 線についての基礎知識／結晶についての基礎知識／無機化合物の結晶構造／結晶による X 線の回折
3. X 線回折装置
   X 線発生装置／ゴニオメーター／検出器と計数記録回路／粉末 X 線回折写真装置
4. 粉末 X 線回折の実際
   試料の作成と X 線回折計の準備／定性分析／粉末 X 線回折図形の解釈／定量分析／単位格子の形と大きさの測定／粉末法による結晶構造解析／結晶子の大きさと不均一歪／非晶質の構造解析
5. 特殊な装置を必要とする粉末 X 線回折法
   特殊な条件下での粉末 X 線回折／特殊な状態にある試料の粉末 X 線回折／小角散乱／集合組織／応力測定
6. 単結晶による X 線回折
   単結晶構造解析／単結晶の方位決定／X 線トポグラフ法

表示価格は税別の本体価格です．　　　　　http://www.ROKAKUHO.co.jp/